普通高等院校环境科学与工程类系列规划教材

环境规划与管理

（第2版）

主　编　刘立忠　杨　毅

中国建材工业出版社

图书在版编目(CIP)数据

环境规划与管理 / 刘立忠，杨毅主编. —2版. -北京：中国建材工业出版社，2023.8(2025.1重印)
普通高等院校环境科学与工程类系列规划教材
ISBN 978-7-5160-3773-7

Ⅰ.①环… Ⅱ.①刘… ②杨… Ⅲ.①环境规划－高等学校－教材②环境管理－高等学校－教材 Ⅳ.①X32

中国国家版本馆CIP数据核字(2023)第119463号

内 容 简 介

本书融合了国家在环境规划与管理领域的新理论和方法，汇总环境规划的基本程序和典型环境规划的内容，突出实践和实例应用，培养学生的创新意识和创新思维，具有新颖、系统、全面、科学和实用的特点。全书共10章，涵盖环境规划与管理的政策、法规、制度、标准、管理体系、理论基础、综合分析方法，环境规划的基本内容程序、实践，环境管理的模式和手段，不同区域、行业的环境管理，以及环境监察等内容。

本书可作为普通高等院校环境科学与工程学科所属专业的基础课程教材，也可作为相关专业科研及管理人员的参考用书。

环境规划与管理（第2版）
HUANJING GUIHUA YU GUANLI (DI-ER BAN)
主　编　刘立忠　杨　毅

出版发行：中国建材工业出版社
地　　址：北京市西城区白纸坊东街2号院6号楼
邮　　编：100054
经　　销：全国各地新华书店
印　　刷：北京雁林吉兆印刷有限公司
开　　本：787mm×1092mm　1/16
印　　张：15
字　　数：370千字
版　　次：2023年8月第2版
印　　次：2025年1月第2次
定　　价：53.00元

本社网址：www.jskjcbs.com，微信公众号：zgjskjcbs
请选用正版图书，采购、销售盗版图书属违法行为

本书如有印装质量问题，由我社事业发展中心负责调换，联系电话：(010) 63567692

前言
（第2版）

本书第1版自2015年出版以来，深受广大读者喜爱，为推动生态文明建设和环境规划与管理工作起到了一定的作用，本书配套的线上资源已在中国大学MOOC上线运行。

《环境规划与管理》第1版出版以来，人们对环境规划与管理的原理和方法的认识在不断深化，环境规划与管理的原理和方法也在不断发展。针对近年来我国环境保护的新政策体系、方法等的出台，《环境规划与管理》（第2版）在第1版的基础上进行修改、补充和完善。本书增加了“绿水青山就是金山银山”等生态文明建设理论，融合了国家在环境规划与管理领域的新理论和方法；在环境规划的基本程序和典型环境规划的内容中，突出实践和实例应用，培养学生的创新意识和创新思维。全书内容紧凑，环环相扣，教材具有新颖、系统、全面、科学和实用的特点。

本书可供环境类专业本科生和研究生使用，建议教学为32～48学时。

全书由刘立忠、杨毅担任主编。第1、2、3、4、7、10章由西安建筑科技大学刘立忠、杨毅负责编写，第6、8章由西安建筑科技大学吕永涛负责编写，第5章由刘立忠、吕永涛负责编写，第9章由西安建筑科技大学刘伟、杨毅负责编写。本书编写过程中参阅并引用了国内外有关书籍、文献和资料，并得到了许多老师和同事的帮助和支持；西安建筑科技大学和兄弟院校多届本科生和研究生为本书的修订提出了积极建议，西安建筑科技大学李凡、陈庆奎等在资料收集、加工等方面给予了诸多帮助，在此一并表示感谢。

由于编者学识水平有限，书中错误与不足之处在所难免，热诚欢迎读者批评指正。

编者

2023年3月

前　言

《环境规划与管理》是高等学校环境类专业的核心课程之一，其内容经历了多年的应用和教学实践，通过近年不断深化教学改革而逐渐完善。编者精心总结相关教学改革成果，并按照我国高等学校本科环境类专业课程的基本要求，编写了普通高等院校环境科学与工程类规划教材《环境规划与管理》。本教材适合48学时左右的教学安排。

本教材分为10章，第1～4章阐述了环境规划与管理的基础理论和技术方法；第5～6章阐述了环境规划的基本程序和典型环境规划的内容，突出了实践应用的特点，逐步培养学生的创新意识和创新思维；第7～10章阐述了各环境要素和自然资源的环境管理内容，增加了行业环境管理的内容，并对区域环境管理和环境监察做了必要的阐述。全书内容紧凑，环环相扣，具有新颖、系统、全面、科学和实用的特点，注意了与相关课程的区别和联系。

本书由刘立忠副教授主编，张承中教授主审。参加编写的有：西安建筑科技大学刘立忠（第1、2、3、4、5、7、10章）、吕永涛（第5、6、8章）和刘伟（第9章）。编写本书时参阅并引用了国内外有关书籍、文献和资料，并得到了许多老师和同事的帮助和支持；西安建筑科技大学的多届本科生和研究生为本教材的修订提出了积极建议，在资料收集、加工等方面给予了诸多帮助，在此一并表示感谢。

由于编者学识水平有限，书中错误与不足之处在所难免，热诚欢迎读者批评指正。

编者

2015年8月

目　录

第1章 绪　　论

学 习 提 示

学习目标：掌握环境规划与管理的基本概念，了解其思想与理论的产生和发展、对象和手段、研究内容的基本框架。

学习重点：环境规划与管理的基本概念。

学习难点：环境规划与管理思想理论研究内容的基本框架。

1.1 环境规划与管理

1.1.1 环境规划与管理的含义

1972年第一次联合国人类环境会议在斯德哥尔摩召开，世界各国共同讨论了当代环境问题，探讨了保护全球环境战略，讨论了经济发展与环境问题的相互联系和相互依赖的关系，各国一致认识到社会经济发展规划中缺乏环境规划是导致环境问题产生的重要原因，并在《联合国人类环境会议宣言》（以下简称《人类环境宣言》）中明确指出“合理的计划是协调发展的需要和保护与改善环境的需要相一致的”“人的定居和城市化工作须加以规划，以避免对环境的不良影响，并为大家取得社会、经济和环境三方面的最大利益”“必须委托适当的国家机关对国家的环境资源进行规划、管理或监督，以期提高环境质量”，提出了“保护和改善人类环境是关系到全世界各国人民的幸福和经济发展的重要问题，也是全世界各国人民的迫切希望和各国政府的责任”。根据会议所提出的环境规划原则，各国逐步开展环境规划工作。

1. 环境规划的含义

环境规划是国民经济和社会发展的有机组成部分，是人类为使环境与经济和社会协调发展而对自身活动和环境所做的空间和时间上的合理安排，是规划管理者对一定时期内环境保护目标和措施作出的具体规定，是一种带有指令性的环境保护方案。其目的是指导人们进行各项环境保护活动，按既定的目标和措施合理分配排污削减量，约束排污者的行为，改善生态环境，防止资源破坏，保障环境保护活动纳入国民经济和社会发展计划，以最小的投资获取最佳的环境效益，促进环境、经济和社会的可持续发展。

环境规划实质上是一种克服人类经济社会活动和环境保护活动盲目和主观随意性的科学决策活动，是人类为协调人与自然的关系，使人与自然达到和谐而采取的主要行动。《中华人民共和国环境保护法》（以下简称《环境保护法》，2014年4月24日第十二届全国人民代表大会常务委员会第八次会议修订）第四条规定：“保护环境是国家的基本国策。国家采取有利于节约和循环利用资源、保护和改善环境、促进人与自然和谐的经济、技术政策和措施，使经济社会发展与环境保护相协调。”第十三条规定：“县级以上人民政府应当将环境保护工作纳入国民经济和社会发展规划。”《中华人民共和国环境保护法》为制定环境规划提供了法律依据。

2. 环境管理的含义

20世纪70年代以前，环境问题常被认为是单纯的污染问题，通常采取运用工程技术措施进行治理，并运用法律、行政等手段限制排污。人们逐步认识到为治理污染采取工程技术措施代价太大，环境问题不仅仅是污染问题，必须在发展的同时采取预见性措施，合理利用资源，有效预防污染。环境管理的概念就是在这种认识的基础上提出来的。

1974年由联合国环境规划署和联合国贸易与发展会议（UNCTAD）联合召开了资源利用、环境与发展战略方针专题讨论会，提出发展是为了满足人类的需要，但又不能超出生物圈的承载能力的看法，协调环境与发展目标的方法就是环境管理。

1987年，刘天齐主编的《环境技术与管理工程概论》认为环境管理就是通过全面规划，协调发展与环境的关系；运用经济、法律、技术、行政、教育等手段，限制人类损害环境质量的活动；达到既要发展经济满足人类的基本需要，又不超出环境的容许极限。

1992年赖斯等在《环境管理》著作中引用现代管理程序学派代表人物哈罗德·孔茨和西里尔·奥唐奈对管理的定义：“通过在有组织的群体里建立一个有利于人们发挥其成绩的环境，以实现既定的目标。”环境管理包括规划、指导、组织、协调、控制和监督职能，认为任何管理活动在本质上是履行上述职能，实施同样的程序（过程）。环境管理的本质可认为是实现特定的环境目标。

环境管理是现代管理学的一个重要分支，经过40多年的发展，环境管理的概念和内容都得到了不断地完善。环境管理是运用行政、法律、经济、教育和科学技术手段，协调社会经济发展同环境保护之间的关系，处理国民经济各部门、各社会集团和个人有关环境问题的相互关系，使社会经济发展在满足人们物质和文化生活需要的同时，防治环境污染和维护生态平衡。环境管理的内容可分为环境计划的管理、环境质量的管理和环境技术的管理。

环境计划的管理包括工业交通污染防治计划、城市污染控制计划、流域污染控制计划、自然环境保护计划，以及环境科学技术发展计划、宣传教育计划等；还包括在调查、评价特定区域的环境状况的基础上综合制定的区域环境规划。环境质量的管理主要有组织制定各种环境质量标准、各类污染物排放标准和监督检查工作；组织调查、监测和评价环境质量状况以及预测环境质量变化的趋势。环境技术的管理主要包括确定环境污染和破坏的防治技术路线和技术政策、确定环境科学技术发展方向、组织环境保护的技术咨询和情报服务、组织国内和国际的环境科学技术合作交流等。

3. 环境规划与环境管理的关系

从时空特征出发，环境规划被看作探索未来的科学方法，而环境管理更关心当前环境问题的解决，并通过各种管理手段为实现环境目标而努力。环境规划与管理是环境保护工作行之有效的主要途径，二者紧密相连难以分割，二者又存在各自独立的内容和体系。

（1）规划职能是环境管理的首要职能

从现代管理的职能来看，存在“规划、组织和控制”的三职能说，“规划、组织、指挥、协调和控制”的五职能说，“规划、组织、用人、指导、协调、报告和预算”的七职能说三种观点，但均将“规划”职能作为管理的首要职能。

环境规划为环境管理提供依据。环境规划通过对存在问题进行分析，设定环境目标，并拟定相应的治理措施（包括工程措施和管理行动），通常表现为5年制环境保护规划、专项规划（按污染要素）等，为环境管理确定行动方案，确保环境规划目标的实现。

在环境管理中，有环境预测、决策和规划这三个概念，既相联系又相区别。环境预测是环境决策的依据；环境规划是环境决策的具体安排，它产生于环境决策之后；预测是规划的前期准备工作，是使规划建立在科学分析基础上的前提。可见环境规划是环境预测与环境决策的产物，是环境管理的重要内容和主要手段。因此，从环境管理职能来看，环境规划是环境管理部门的一项重要的职能。环境管理过程中，对存在的新问题及时反馈，通过反馈机制，可使下一轮规划的编制更为合理。

（2）环境规划与环境管理的共同核心是环境目标

环境管理是关于特定环境目标而实行的管理活动。环境目标可根据环境质量保护和改善的需要，采用多种表达形式（精确的量化目标，如环境标准；某种期望，如保护特定景观的美学价值；道德伦理目标，如保护濒危物种等）。而环境规划的核心也是环境目标决策，涉及目标的辨识和目标实现手段的选择。为实现共同的环境目标，使环境规划与环境管理具备共同的工作基础。

（3）环境规划与环境管理具有共同的理论基础

从学科领域来看，环境规划属于规划学的分支，环境管理属于管理学的分支，在内容和方法学体系上存在一定差异。但是，从理论基础分析，现代管理学、生态学、环境经济学、环境法学、系统工程学和社会伦理学等又是二者共同的基础，同属自然科学与社会科学交叉渗透的跨学科领域。

1.1.2 环境规划与管理的对象和手段

1. 环境规划与管理的对象

环境规划与管理是从现代管理学角度研究环境、经济和社会系统的结构和运动规律的学科，是一门边缘性、综合性、实践性的专业管理学科。任何管理活动都是针对一定的管理对象而展开的。研究管理对象，也就是研究“管什么”的问题。

（1）现代系统管理的“五要素论”

管理学由“现代管理”发展到“系统管理”，在研究对象上，由重视物的因素发展到重视人的因素，又发展到重视资金、信息和时空等环境要素。对于环境规划与管理，其研究对象包括人、物、资金、信息和时空5个方面。

① 人

人是第一个主要对象，限制人类损害环境质量的行为可看作环境规划与管理的一个任务，管理过程各个环节的主体是人，人与人的行为是管理过程的核心。

② 物

物是重要研究对象，环境规划和管理是实现预定环境目标而组织和使用各种物质资源的过程，即资源的开发利用和流动全过程的管理，其根本目标是协调发展与环境的关系。物的管理可侧重于研究合理开发利用资源，保护环境资源，维护环境资源的持续利用，避免造成难以恢复的严重破坏，要通过改变传统的发展模式和消费模式去实现，保护环境就是保护生产力；要管理好资源并合理开发利用，要规划和管理好物质生产、能量交换、消费方式和废物处理各个领域。

③ 资金

资金是系统赖以实现其目标的重要物质基础，也是环境规划与管理的研究对象。从社会经济角度出发，经济发展消耗了环境资源，降低了环境质量，但又为社会创造了新增资本。资金管理则应研究如何运用新增资本和拿出多少新增资本去补偿环境资源的损失。在我国社会主义市场经济体制条件下，在政府的宏观调控下，市场价格机制应该在规范对环境的态度和行为方面发挥越来越重要的作用。

④ 信息

信息是指能够反映管理内容的，可以传递和加工处理的文字、数据或符号，常见形式有资料、报表、指令、报告和数据等。只有通过信息的不断交换和传递，把各个要素有机结合起来，才能实现科学的规划管理。信息是系统的“神经”，是规划与管理的重要对象。

⑤ 时空

任何管理活动都是在一定的时空条件下进行的，环境规划与管理的一个突出特点是时空特性日益突出，时空条件是环境规划与管理的重要研究对象。规划和管理活动处在不同的时空区域，就会产生不同的管理效果。各种管理要素的组合和安排，存在一定的时序性，空间区域的差别是环境容量和功能区划的基础，而这些时空条件又构成了成功管理的必要前提。

（2）人类社会经济活动主体

环境规划与管理是以环境与经济协调发展为前提，对人类的社会经济活动进行引导并加以约束，使人类社会经济活动与环境承载力相适应。因此，环境规划与管理的对象可以是人类社会经济活动，其研究对象包括个人、企业和政府 3 个方面。

① 个人

个人作为社会经济活动的主体，主要是指个体的人为了满足自身生存和发展的需要，通过生产劳动或购买去获得用于消费的物品和服务。个人行为是环境规划与管理的主要对象之一，要减轻个人的消费行为对环境的不良影响，首先必须唤醒公众的环境意识，同时还要采取各种技术的和管理的措施加强约束力。社会公德主要规范要求公民具有“文明礼貌、助人为乐、爱护公物、保护环境、遵纪守法”的素质，要求我们在正确处理人类自身的发展与自然环境的发展之间关系问题上要有科学的态度，把维护自然生态平衡作为自己的道德责任。热爱大自然是环境道德的一个重要内容和一个基本要求，是对大多数人的利益的维护，是对人类的生存利益的关心，也是对子孙后代利益的关心。

② 企业

企业是物质财富生产的主要组织形式，是国民经济运行大系统中的子系统。其全部营销活动是在社会“生态环境”中进行的，企业的经济活动与任务，通过市场营销活动实施，企业的活力通过营销活动体现，企业在动态的环境下保持其旺盛的生命力。企业作为社会经济活动的主体，其主要目标通常是通过向社会提供产品或服务来获得利润。无论企业的性质有何不同，在它们的生产过程中，都必须要向自然界索取自然资源，并将其作为原材料投入生产活动中，同时排放出一定数量的污染物。企业行为是环境规划与管理的又一重要对象。

③ 政府

政府作为社会经济活动的主体，其宏观调控对环境所产生的影响具有极大的特殊性，牵涉面广、影响深远又不易察觉。政府行为对环境的影响有直接的一面，又有间接的一面；有重大的正面影响，又可能有巨大的难以估计的负面影响，具有复杂和深刻的特点。促进宏观决策的科学化是解决政府行为所造成环境问题的必要前提。

2. 环境规划与管理的手段

环境规划与管理的目的是促进社会、经济和环境的可持续发展，包括政府强化环境规划与管理、公众参与、全球合作实现可持续性发展等众多内涵。其手段包括以下 5 个方面：

（1）行政手段

行政手段，是国家通过行政机构，根据国家行政法规所赋予的组织和指挥权力，制定方针、政策，建立法规、颁布标准，进行监督协调，采取带强制性的行政命令、指示、规定等措施，对环境资源保护工作实施规划和管理。行政手段在现实生活中还是很常见的，比如工商局的检查、税务局的查税、政府的命令等。行政手段具有权威性、强制性、垂直性、具体性、非经济利益性和封闭性的特点。

行政手段具有能维持行政管理系统的集中统一、能比较灵活地处理各种特殊问题和利于政府直接领导、协调和控制关系国计民生事业发展的优点，但也具有不利于发挥下级的积极性、主动性和创造性，信息传递迟缓、接受率低的缺点。因此，对于行政手段，必须从实际出发，按客观规律办事，正确命令指示。

（2）法律手段

法律手段是指国家依靠法律的强制力量来规范经济活动，保障经济政策目标的手段，是国家通过立法和司法，调节和规范经济活动。依法管理环境是控制并消除污染，保障自然资源合理利用，并维护生态平衡的重要措施。

环境规划与管理一方面要靠立法，把国家对环境保护的要求、做法，全部以法律形式固定下来，强制执行，目前已初步形成了由国家宪法、环境保护基本法、环境保护单行法规和地方性法规等所组成的我国环境保护法规体系。另一方面还要靠执法。

环境行政执法是环境规划与管理的一种强制性手段，环境行政执法是指依法享有环境管理权的行政主体，依职权使用法律手段对环境行政相对人采取的直接影响其权利义务的环境行政行为，并进行其他环境监督管理的活动。环境行政执法包括环境行政许可、现场检查、“三同时”验收、限期治理、调查取证、环境行政处罚等。环境行政执法具有环境法和行政法的双重特点，并且遍及环境管理的各个角落，是环境管理过程中极为有效的手段。但是，目前我国在环境行政执法过程中却存在着很多问题（如执法力度不够、督察落实不力、以罚代管、疏于监管等）。

（3）经济手段

经济手段是指利用价值规律，运用价格、税收、信贷等经济杠杆，控制生产者在资源开发中的行为，限制损害环境的社会经济活动，奖励积极治理污染的单位，促进节约和合理利用资源，充分发挥价值规律在环境管理过程的杠杆作用。经济杠杆是对社会经济活动进行宏观调控的价值形式和价值工具，主要包括价格、税收、信贷和工资等，也是国家运用经济政策和计划，通过对经济的调整来影响和调节经济活动的措施。环境规划与管理的经济手段包括排污收费、排污权交易、资源征税、排污罚款以及废物减量减免税等。

（4）技术手段

技术手段是指借助先进的污染治理技术和过程管理技术达到保护环境目标的手段，这些手段既能提高生产率，又能把对环境污染和生态破坏控制到最小限度，主要包括制定环境标准、通过环境监测和环境统计对本地区及本行业污染状况进行调查、编写环境报告书和环境公报、组织开展环境影响评价工作、交流推广无污染和少污染的清洁生产工艺及先进治理技术等。

(5) 宣传教育手段

宣传教育是环境规划与管理必不可少的手段。环境宣传既是普及环境科学知识，又是一种思想动员，通过网络、微博、报刊、杂志、电影、广播、展览、专题讲座、文艺演出等各种形式进行广泛宣传，使公众了解环境保护的重要意义和内容，提高全民族的环境意识，激发公民保护环境的热情和积极性，把保护环境、热爱大自然、保护大自然变成自觉行动，形成强大的社会舆论，从而制止浪费资源、破坏环境的行为。环境保护部宣传教育中心成立于1996 年，是环境保护部面向各界进行宣传教育和能力培训的技术支持单位，包括宣传室、教育室、培训室、音像室、综合室等部门和《世界环境》杂志编辑部，该中心承担由环境保护部、教育部等部门共同开展的全国绿色学校、绿色社区创建活动，通过活动的开展提高中小学环境教育和环境管理水平，增强师生的环境素养和实践能力，推动社区居民开展环境自治，提高社会公民的环境意识，来实现科学管理环境以及提倡社会监督的环境管理措施，改变传统生活方式，改善城市社区环境质量。

1.1.3 环境规划与管理的任务和作用

1. 环境规划与管理的任务

文化决定着人类的行为，只有转变了过去那种视环境为征服对象的文化，才能从根本上去解决环境问题，环境文化的建设是环境规划与管理的一项长期的根本的任务。人类的社会行为分为政府行为、市场行为和公众行为三种。政府行为是总的国家的管理行为，诸如制定政策、法律、法令、发展计划并组织实施等；市场行为是指各种市场主体包括企业和生产者个人在市场规律的支配下，进行商品生产和交换的行为；公众行为则是指公众在日常生活中诸如消费、休闲和旅游等方面的行为。这三种行为都可能会对环境产生不同程度的影响。因此，转变人类社会的基本观念和调整人类社会的行为，提倡环境友好型行为方式是环境规划与管理的基本任务。

2. 环境规划与管理的作用

(1) 促进环境与经济、社会可持续发展

环境规划与管理的重要作用就在于协调环境与经济、社会的关系，预防环境问题的发生，促进环境与经济、社会的可持续发展。

(2) 保障环境保护活动纳入国民经济和社会发展计划

环境保护是我国经济生活中的重要组成部分，它与经济、社会活动有着密切联系，必须将环境保护活动纳入国民经济和社会发展计划之中，进行综合平衡，才能得以顺利进行。环境规划就是环境保护的行动计划，而环境管理则是实施环境规划的基本保障。

(3) 实施环境政策、法规和制度的主要途径

所谓政策、法规和制度，系指国家或地区为实现一定历史时期的路线和任务而规定的行动准则。我国已颁布的一系列环境法规“三大政策”和“八项环境管理制度”需要通过强化环境规划与管理得以实施，环境规划与管理已成为我国实施环境政策、法规和制度的主要途径。

(4) 实现以较小的投资获取较佳的环境效益

环境是人类生存的基本要素，又是经济发展的物质源泉，在有限的资源和资金条件下，如何用较小的资金，实现经济和环境的协调发展，显得十分重要。环境规划与管理正是运用科学的方法，在发展经济的同时，实现以较小的投资获取较佳环境效益、社会效益和经济效益的有效措施。

1.2 环境规划与管理思想与理论的产生和发展

1.2.1 当代环境规划与管理思想与理论

1.《寂静的春天》

美国海洋生物学家蕾切尔·卡逊于1962年出版了《寂静的春天》一书，书中描述了“杀虫剂污染使许多鸟种绝迹，从南极的企鹅到北极的白熊，甚至在爱斯基摩人身上都发现了DDT成分”的场景，人类可能将面临一个没有鸟、蜜蜂和蝴蝶的世界。该书通过描述污染物迁移、转化的规律，阐明了人类同自然界的密切关系，初步揭示了污染对生态系统的影响，提出了现代生态学研究所面临的生态污染问题。这本书在世界范围内引起人们对野生动物的关注，唤起了人们的环境意识，引发了公众对环境问题的注意，促使环境保护问题提到了各国政府面前，各种环境保护组织纷纷成立，也促使联合国于1972年6月12日在斯德哥尔摩召开了“人类环境大会”，并由各国签署了《人类环境宣言》，开始了环境保护事业。中国的环境保护事业也是从停止沙城农药厂的DDT生产开始的，而后全面禁止了DDT的生产和使用。

蕾切尔·卡逊作为环境保护的先驱人物而载入环境管理思想与理论的发展历史。《寂静的春天》播下了新行动主义的种子，它的出版恰当地被看成是现代环境运动的肇始。

2.《增长的极限》

1972年3月，一个由罗马俱乐部（成立于1968年4月）科学家米都斯领导的小组耗资25万美元撰写了一篇研究报告《增长的极限》，提出“零增长”理论：地球是有限的，人类必须自觉地抑制增长，否则随之而来的将是人类社会的崩溃。米都斯列出了影响全球系统的5个因子（人口、经济、粮食、环境和资源）之间的重要因果关系，各因子的增长是有限的，若超过极限，后果可能是人类社会突然地瓦解。该研究报告认为：增长的极限来自于地球的有限性，反馈环路使全球性环境与可持续发展问题成为一个复杂的整体，全球均衡状态是解决全球性环境与可持续发展问题的最终出路。但这一报告有两个局限：将影响增长的（自然的与社会的）两大要素割裂开来，悲观地看待了科学技术对增长的影响。

3. 新古典经济学派

在对“零增长”理论所提出的“自我限制”方案的争议中，西方一个经济学术团体应用古典经济学的基本观点，提出来用国家调节的方法作为形成“社会—自然”关系的资本主义市场机制的补充，以促进人类对自然资源的合理利用。著名法国经济学家西蒙·巴尔教授曾指出：“我们的社会问题从增长理论的观点看，是很难解决的。只有在成功地掌握了人们之间的社会关系时，才能把握住人类与环境的关系。”这种主张采用国家垄断管理的控制方法来解决发展与环境这对矛盾的管理思想被称为“新古典经济学派”。

新古典经济学派的管理思想强调采用国家对自然资源利用加强干预的方法，强制经济部门遵守自然资源保护法规与经济杠杆相结合，保证经济的进一步发展和技术进步。该学派对经济发展与生态环境关系的认识，比“零增长”派更科学、更深刻，对于国家宏观调控自然资源的一些思想和方法已被采纳接受，并对协调发展与环境的关系起到促进作用。但该方法并不能从根本上解决经济发展与生态环境的矛盾，若国家宏观干预的办法在传统发展模式没有根本转变时，环境政策不可能真正纳入国民经济的总体发展规划；国家干预不可能代替全球的联合行动，也就不可能解决日益加剧的全球性环境问题；国家垄断资本主义不能消灭市场的无政府状态，使其在本质上具有对自然滥肆开采的权力。

4. 人类行为学派

人类行为学派是资本主义国家企业管理学派之一，运用人类学、社会学、心理学、生理学的理论和方法，对企业职工在生产中的行为和人与人之间的关系进行研究，并从中寻找人事管理的基本理论和方法，以改进企业管理，提高劳动生产率。该学派认为，管理不单单是一种技术，而是一种艺术，管理技术再先进，没有较高积极性的人很好地去执行，也是无济于事的。管理主要靠处理好人群关系，调动人的积极性，人是决定的因素，因此要研究人的行为。

该学派主张人类与生态必须协调起来，但反对用国家垄断管理方法来调节人与自然界的相互关系；主张人类与自然共存，以社会经济标准和精神道德标准来最大限度地节约资源，放弃追求利润和牺牲环境的做法。但是，由于该学派思想所宣布的“崇高目标”与达到目标的方法手段不相适应，带有明显的空想主义色彩。

5. 宇宙飞船理论

1960年代美国学者鲍丁提出的宇宙飞船理论，把地球看成一个巨大的宇宙飞船，除了能量要依靠太阳供给外，人类的一切物质需要靠地球自身完善的循环来得到满足，而人口和经济的无序增长迟早会使船内有限的资源耗尽，而生产和消费过程中排出的废料将使飞船污染，毒害船内的乘客，此时飞船会坠落，社会随之崩溃。为了避免这种悲剧的发生，必须改变这种经济增长方式，以“储备型经济”代替传统的“增长型经济”，以“休养生息经济”代替传统的“消耗型经济”，以“福利量型经济”代替传统的“生产量型经济”，以“循环式经济”代替传统的“单程式经济”，经济发展目标应以福利和实惠为主，而并非单纯地追求产量，这就是所谓循环经济思想的源头。

“宇宙飞船经济”理论明确提出了改变传统发展战略，对现代可持续发展战略的形成起到了积极的促进作用，该理论在现代环境管理思想和理论的发展过程中占有重要的一页。

6.《只有一个地球》

《只有一个地球》副标题为《对一个小小行星的关怀和维护》，是一本讨论全球环境问题的著作。该书是英国经济学家B. 沃德和美国微生物学家R. 杜博斯受联合国人类环境会议秘书长M. 斯特朗委托，为1972年在斯德哥尔摩召开的联合国人类环境会议提供的背景材料，材料由40个国家提供，并在58个国家152名专家组成的通信顾问委员会协助下完成的。

全书从整个地球的发展前景出发，从社会、经济和政治的不同角度，评述经济发展和环境污染对不同国家产生的影响，呼吁各国人民重视维护人类赖以生存的地球，对于推动各国环境保护工作的开展有着广泛而深远的影响。

1.2.2 现代管理思想的发展

管理从19世纪末才开始形成一门学科，但是管理的观念和实践已经存在了数千年。纵观现代管理思想发展的全部历史，大致可以划分为3个阶段：

第一阶段为古典的管理思想，产生于19世纪末到1930年之间，以泰勒与法约尔等人的思想为代表。

第二阶段为中期的管理思想，产生于 1930 年到 1945 年之间，以梅奥与巴纳德等人的思想为代表。

第三阶段为现代管理思想，产生于 1945 年以后，这一时期管理领域非常活跃，出现了一系列管理学派，每一学派都有自己的代表人物。

将管理思想的发展按时间划分为 3 个阶段，只是为了讨论的方便，而不是说各阶段的管理思想是彼此独立、互不相关的。对于管理科学发展过程产生的各种管理思想，我们都应该采取分析和扬弃的态度，应用于环境规划与管理实践。

1. 古典的管理思想

（1）泰勒的科学管理

泰勒的企业管理理论被称为“科学管理——泰勒制”，其代表作为《科学管理原理》。泰勒在历史上第一次使管理从经验上升为科学，后人将他尊为“科学管理之父”。泰勒理论把物看作主要的管理对象，而把人只看成是物（如机器）的附属品，其管理活动是围绕如何提高工作效率、改进工作方法来进行的，也可称之为“管物说”。它认为“管理是为实现预定目标而组织和使用各种物质资源的过程”，“组织是由作为操作者的人同物质技术设备所组成的人-机系统，在这个人-机系统中，对各种投入的资源进行加工，转变为产品或劳务输出”。“管物说”着重于数量研究，使管理精确化。其特点是以数学分析为基本方法，以电子计算机处理为基本手段，以最优化设计与选择为基本前提，保证人力资源和其他物力资源的合理使用，从而保证管理目标的实现。

（2）法约尔的一般管理

法约尔和泰勒的经历和着眼点不同，泰勒是以普通工人的身份进入工厂的，而法约尔一直从事领导工作，把企业作为一个整体，研究的重点内容是企业内部具体工作的作业效率，其代表作是《工业管理和一般管理》。法约尔首先提出了一般管理的 14 条原则：① 劳动分工；② 权力与责任；③ 纪律；④ 统一指挥；⑤ 统一领导；⑥ 个人利益服从集体利益；⑦ 合理的报酬；⑧ 适当的集权和分权；⑨ 跳板原则；⑩ 秩序；⑪ 公平；⑫ 保持人员稳定；⑬ 首创精神；⑭ 人员的团结。

法约尔管理思想的另一内容是他首先把管理活动划分为计划、组织、指挥、协调与控制五大职能。计划就是探索未来和制定行动方案；组织就是建立企业的物质和社会的双重结构；指挥就是使其人员发挥作用；协调就是连接、联合、调和所有的活动和力量；控制就是注意一切是否按已制定的规章和下达的命令进行。管理的这五大职能并不是企业经理或领导人个人的责任，它同企业其他工作一样，是一种分配于领导人与整个组织成员之间的职能。

虽然法约尔的管理思想同泰勒的管理思想都是古典管理思想的代表，但法约尔管理思想的系统性和理论性更强，对管理的五大职能的分析为管理科学提供了一套科学的理论构架，后人根据这种构架，建立了管理学并把它引入了课堂。

2. 中期的管理思想

随着科学的进步，生产规模不断扩大，有着较高文化水平和技术水平的工人逐渐占据了主导地位，体力劳动也逐渐让位于脑力劳动。这就使得金钱刺激和严格的控制失去了原有的作用，一个专门研究人的因素以达到调动人的积极性的学派——人际关系学派应运而生，这个学派为以后的行为科学学派奠定了基础，也是由科学管理过渡到现代管理的跳板。

（1）梅奥的人际关系学说

所谓人际关系学说是以人的行为作为研究对象，它研究人们各种行为产生的原因及其规律性，分析各种因素对行为的影响，控制与改变人们的行为，为实现管理目标服务。它是针对泰勒理论的致命弱点——忽视人的因素而产生的，也可称之为“管人说”。由美国哈佛大学教授梅奥创立的“人际关系学说”为后来的行为科学研究奠定了基础，对现代管理学的发展有着重要影响，促使管理发生了重大转变：由原来的以“事”为中心的管理，发展到以“人”为中心的管理；由原来的对“纪律”的研究，发展到研究“行为”；由原来的“监督管理”，发展到“人性激发管理”；由原来的“独裁式”管理，发展到“参与管理”。梅奥的代表作品是《工业文明的人类问题》。

（2）巴纳德的组织理论

巴纳德是对中期管理思想有卓越贡献的学者，其代表作品为《经理的职能》。该著作介绍了巴纳德组织理论的四点核心内容：

① 组织是一个合作系统

在组织内主管人是最为重要的因素，只有依靠主管人的协调，才能维持一个“努力合作”的系统。主管人有3个主要职能：制定并维持一套信息传递系统，这是主管人员的基本工作；促使组织中每个人都能作出重要的贡献，包括职工的选聘和合理的激励方式等；阐明并确定本组织的目标。包括要有适当的权力分散，组织中的每个人都要接受总体计划的一部分，主管人员要促使他们完成计划，然后经由信息反馈系统来发现计划实施中的阻碍和困难，据此来适当地修改计划。

② 组织存在要有3个基本条件

组织无论大小，其存在和发展都必须具备3个条件，即明确的目标、协作的意愿和良好的沟通。

③ 组织效力与组织效率原则

要使组织存在和发展，必须符合组织效力和组织效率这两个基本原则：所谓组织效力是指组织实现其目标的能力或实现其目标的程度；所谓组织效率是指组织在实现其目标的过程中满足其成员个人目标的能力和程度。

④ 权威接受论

管理者的权威并不是来自上级的授予，而是由下而上的认可。管理者权威的大小和指挥权力的有无，取决于下级人员接受其命令的程度。

巴纳德的理论具有广泛的影响，他用社会的系统的观点来分析管理，这是他的独到之处，后人把他的主要观点归纳起来称为社会系统学派。

3. 现代管理思想

从目前看来，西方现代管理思想大致可分为7大学派。

（1）管理程序学派

管理程序学派是在法约尔管理思想的基础上发展起来的，该学派的代表人物有美国的哈罗德·孔茨和西里尔·奥唐奈，其代表作为他们两人合著的《管理学》。

该学派视管理为一种程序和许多相互关联着的职能，强调管理职能的共同性，任何组织尽管它们的性质不同，但所应履行的基本管理职能是相同的。在该派学者的著作中，尽管对管理职能分类的数量有所不同，但都含有计划、组织和控制职能，这是它们的共同之处。

（2）行为科学学派

行为科学学派是在人际关系学说的基础上发展起来的，该学派的代表人物很多，如美国的马氏罗，其代表作为《激励与个人》；赫兹伯格，其代表作为《工作的推动力》等。该学派认为管理是经由他人达到组织的目标，管理中最重要的因素是对人的管理，所以要研究人、尊重人、关心人、满足人的需要以调动人的积极性，并创造一种能使下级充分发挥力量的工作环境，在此基础上指导他们的工作。

（3）决策理论学派

决策理论学派是从社会系统学派发展而来的，该学派的代表人物是美国的赫伯特·西蒙（1978 年获诺贝尔经济学奖），其代表作为《管理决策新科学》。该学派认为管理的关键在于决策，管理必须采用一套制定决策的科学方法，要研究科学的决策方法以及合理的决策程序。西蒙的大部分思想是现代企业经济学和管理科学的基础。

（4）系统管理理论学派

系统管理理论侧重于用系统的观念来考察组织结构及管理的基本职能，它来源于一般系统理论和控制论。代表人物为卡斯特等人，代表作为《系统理论和管理》。

系统管理理论认为，组织是由人们建立起来的，相互联系并且共同工作着的要素（如人、物、资金、信息和时空五要素）所构成的系统，并称之为子系统。组织这个系统中的任何子系统的变化都会影响其他子系统的变化，为了要更好地把握组织的运行过程，就要研究这些子系统和它们之间的相互关系，以及它们怎样构成了一个完整的系统。

（5）权变理论学派

权变理论是一种较新的管理思想，代表人物是英国的伍德沃德等人，代表作为《工业组织：理论和实践》。权变理论认为，环境的复杂性给有效的管理带来困难，从而以前各种管理理论所适用的范围就十分有限，例外的情况越来越多，没有任何一种理论和方法适用于所有情况。因此，管理方式或方法也应该随着情况的不同而改变。为了使问题得到很好的解决，要进行大量的调查和研究，然后把组织的情况进行分类，建立模式，据此选择适当的管理方法。

（6）管理科学学派

管理科学学派又称数理学派，它是泰勒科学管理理论的继续和发展。其代表人物为美国的伯法等人，代表作为《现代生产管理》。

有时人们把数理学派、决策学派和系统学派统称为管理科学学派，其特点是借助于数学模型和计算机技术研究管理问题，而且是偏于定量的研究。

（7）经验主义学派

经验主义学派的代表作主要有戴尔的《伟大的组织者》《管理：理论和实践》和德鲁克的《有效的管理者》。

该学派主要从管理者的实际管理经验方面来研究管理，认为成功的组织管理者的经验是最值得借鉴的。因此，他们重点分析成功组织管理人员的经验，然后加以概括，找出他们成功经验中具有共性的东西，然后使其系统化和理论化，并据此向管理人员提供实际的建议。

4. 后现代管理思想

（1）后现代世界

1957 年，彼得·德鲁克出版了《未来的里程碑——关于新的后现代世界的报告》，率先提出了“后现代”概念，把后现代世界称作“尚未命名的时代”，使其不愧为 20 世纪不朽的思想大师。他主要分析了后现代世界的转向——未来的四个里程碑（第一个里程碑，是基于生物学的世界观代替了基于机械学的笛卡尔世界观；第二个里程碑，是他所发现的，从进步到创新的转变中所包含的对“秩序的新理解”；第三个里程碑，是更加庞大的组织；第四个里程碑是教育)。

(2)“范式的革命”

汤姆·彼得斯是20世纪不朽的管理大师。《经济学人》杂志称他为“管理大师中的大师”,《商业周刊》称其为“商业的最佳伙伴和最恐怖的梦魇”,《洛杉矶时报》称其为“后现代企业之父”,《财富》杂志则声称“我们生活在一个汤姆·彼得斯时代”。他的代表作是《追求卓越》和《追求卓越的激情》，主张让管理者回到“实践常识”——贴近客户、走动式管理。领导的要素包括：关注、象征、戏剧、愿景与爱。“商业就是表演、领导就是表演、管理就是表演。”

(3) 后现代企业

1996年，中国著名经济学家张曙光提出后现代企业概念，用以指称与农业经济、工业经济时代完全不同的企业模式。这一概念是伴随知识经济概念的提出而提出的。与此同时，其他国内学者则采用了不同的概念。将企业制度发展划分为三种形式和三个阶段：其一，是古典式企业和企业制度；其二，是现代企业和股份公司制度；其三，是后现代式企业和企业制度。他在《企业理论创新及分析方法改造——兼评张维迎的〈企业的企业家—— 契约理论〉》一文中说：“在后现代式企业和企业制度中，由于管理者分享部分剩余，从而也就具备了企业所有者和财产所有者的双重身份。表面看来，这与资本家出任管理者的情况没有什么差别，实际上，这里存在着一个反向的过程。不是委托人选择代理人，而是代理人变成委托人；不是委托权的初次分配，而是委托权的重新分配；不是资本雇佣劳动，而是劳动雇佣资本。”

1.2.3 环境规划与管理思想及理论发展的里程碑

环境规划与管理思想来源于人类对环境问题的认识和实践，经历了漫长曲折的道路，并在近现代的40年时间里形成四次认识高潮，大大促进了环境规划与管理思想的变革和发展。

1. 第一座里程碑——1972年联合国人类环境会议

20世纪60年代末至70年代初，由于“八大公害”事件的发生和《增长的极限》一书的出版，逐渐唤起了人们的环境意识，引发了人类对环境问题的第一次认识高潮。1972年联合国人类环境会议召开，在全球环境保护发展史上树立起第一座里程碑。

(1) 对传统观念和行为的早期反思

环境规划与管理的思想和实践历史悠久。公元前3世纪，我国杰出的先秦思想家荀况在《王制》中说：“草木荣华滋硕之时，则斧斤不入山林，不夭其生，不绝其长也；鼋鼍、鱼鳖、鳅鳝孕别之时，罔罟、毒药不入泽，不夭其生，不绝其长也……”西周时期颁布了《伐崇令》，规定：“毋坏屋，毋填井，毋伐树木，毋动六畜，有不如令者，死无赦。”这是中国古代较早的保护水源、森林和动物的法令，极为严厉。中世纪的伦敦就开始出现煤烟污染大气的问题，当时的英国国会还颁布过国会开会期间禁止工匠使用煤炭的法令。西方早期的一些经济学家如马尔萨斯、李嘉图等，也较早认识到人口增长和人类消费的资源限制。但是，人类真正开始认识环境问题还是在20世纪60年代之后。震惊世界的“八大公害”事件（比利时马斯河谷烟雾事件、美国洛杉矶烟雾事件、美国多诺拉事件、英国伦敦烟雾事件、日本水俣病事件、日本四日市哮喘病事件、日本爱知县米糠油事件和日本富山痛痛病事件），引起了西方工业国家的人民对公害的强烈不满，促使一批科学家积极参与环境问题的研究，发表了许多报告和著作，形成了有代表性的观点和学派，并对环境规划与管理思想和理论的发展产生了重要的影响。如蕾切尔·卡逊和《寂静的春天》，罗马俱乐部和《增长的极限》，巴里·康芒纳的《科学与生存》等。到20世纪70年代初期，上述学者及其著作已成为推动公众参与各种民间环境活动（1961年世界自然基金成立、1969年地球之友国际成立）甚至宗教界环境活动的理论依据，促进了人类对环境问题的第一次高潮的到来。

（2）联合国人类环境会议的主要成果

联合国人类环境会议于1972年6月5日—16日在瑞典斯德哥尔摩举行。这是世界各国政府共同讨论当代环境问题，探讨保护全球环境战略的第一次国际会议，共有113个国家和国际机构的1300多名代表参加了会议。会议呼吁各国政府和人民为维护和改善人类环境，造福全体人民，造福子孙后代而共同努力。会议的召开标志着人类环境意识的觉醒，是全球环境保护历史上的第一座里程碑。这次会议的主要成果主要有：

① 提出《只有一个地球》的报告

由58个国家152位成员组成的通讯顾问委员会为会议提供了一份非正式报告——《只有一个地球》。这是第一份关于人类环境问题的完整报告，报告不仅论及环境污染问题，而且还将污染问题与人口问题、资源问题、工艺技术影响、发展不平衡，以及城市化等联系起来，作为一个整体来探讨和研究，并力求找出协调环境与发展的道路。

② 通过了《人类环境宣言》

《人类环境宣言》向全球呼吁："现在已经到达历史上这样一个时刻，我们在决定世界各地行动时，必须更加审慎地考虑它们对环境产生的后果。""为了这一代和将来的世世代代，保护和改善人类环境已经成为人类一个紧迫的目标。这个目标将同争取和平和全世界的经济与社会发展这两个既定的基本目标共同和协调地实现。"为了鼓舞和指导世界各国人民保持和改善人类环境，宣言将会议形成的共同看法和制定的共同原则加以总结，提出了7个共同观点和26项共同原则，初步构筑起环境规划与管理思想和理论的总体框架。

（3）中国环境保护事业进入起步阶段

在斯德哥尔摩人类环境会议之后，1973年在北京召开了我国第一次环境保护会议。会议之后，国务院颁布了《关于保护和改善环境的若干规定》。从此，中国的环境保护事业艰难起步了。

我国在党的十一届三中全会以后进入了一个新的历史发展时期，工作重点转移到以经济建设为中心的现代化建设上来，环境保护工作开始列入党和国家的重要议事日程。1978年国家颁布了新宪法，其中规定："国家保护环境和自然资源，防治污染和其他公害。"首次将环境保护确定为政府的一项基本职能。以此为依据，1979年国家颁布了《中华人民共和国环境保护法（试行）》，明确规定了各级环保机构设置的原则及其职责，从而为我国环保机构的建设提供了法律依据。

1983年12月召开了第二次全国环境保护会议，标志我国的环境管理进入一个崭新的阶段，为开创环境保护工作的新局面，奠定了思想和政策基础。会议提出了环境保护是我国的一项基本国策和同步发展方针，这是环境保护工作战略思想的大突破、大转变，是环境管理认识上的一次重大飞跃。

1989年5月召开了第三次全国环境保护会议，正式推出了新的五项环境管理制度。这五项制度概括了多年来各地在环境管理实践中摸索、创造的成功经验，是我国在实践中形成的环境规划与管理战略总体构想的体现和深化，适应了强化环境管理新形势的需要。

在环境规划与管理模式探索的过程中，我国明确地提出要开拓有中国特色的环境保护道路。其主要内涵有两个方面：在大政方针上，以环境与经济协调发展为宗旨，把在 80 年代初以来陆续提出的预防为主、谁污染谁治理和强化环境管理等政策思想确定为环境保护的三大政策；在具体制度措施上，形成了以八项环境管理制度为主要内容的一套环境管理制度，促使环境规划与管理工作由一般号召走上靠制度管理的轨道。

2. 第二座里程碑——1992 年联合国环境与发展会议

20 世纪 80 年代末到 90 年代初，由于全球性环境问题的日趋严重和《我们共同的未来》的发表，引发了人类对环境问题的第二次认识高潮。1992 年联合国环境与发展会议召开，提出了可持续发展理念，在全球环境保护发展史上树立起第二座里程碑。

（1）环境与发展思想的重要飞跃

20 世纪 80 年代之后，尽管人类对环境与发展的认识和实践有所进步，一些发达国家的环境质量有所改善，但全球的环境与生态的危机日趋强烈，温室效应、臭氧层破坏、酸雨污染、生物多样性破坏、化学品污染加剧等一系列难以解决的全球性环境问题几乎同时出现了。促使人类对环境与发展关系的认识实现了重要飞跃，具备代表性的报告有《新发展观》和《我们共同的未来》。

1983 年，联合国推出法国经济学家佩鲁的著作《新发展观》一书，成为经济社会综合发展观的标志性著作。书中提出了“整体的”“内生的”“综合的”“以人为中心的”“关注文化价值的”新发展理论，并称之为“新发展观”。佩鲁认为：增长是一个有用的概念，但各国如果把它作为经济政策的目标来理解，可能会造成惊人的混乱；人们必须注意无发展增长所具有的危险，强调真正的发展必须是经济、社会、人、自然之间的全面协调共进。佩鲁提出的为一切人的发展，把人的全面发展作为评价发展尺度和发展目的的观点开启了一个新的时代。这种关注中心由客体转向主体，标志着发展观的一个质的转变。

1984 年 10 月，联合国世界环境与发展委员会（WCED）成立后，即在委员会主席、挪威首相布伦特兰夫人的领导下，编写了《我们共同的未来》，报告分“共同的问题、共同的挑战和共同的努力”三个部分，共 12 章。1987 年 2 月，WCED 在日本东京召开的第八次委员会上通过了这项报告，后来又经第 42 届联大辩论通过。《我们共同的未来》是关于人类未来的纲领性文献，它以丰富的资料论述当今世界环境与发展方面存在的问题，提出了处理这些问题的具体的和现实的行动建议，宣告了“从一个地球到一个世界”的总观点。地球是人类赖以生存的家园，只有一个地球。当今世界面临着共同的问题，世界各国必须迎接共同的挑战，承担共同的任务，采取共同的行动。并明确提出持续发展战略，即“满足当代人的需要，又不对后代人满足其需要的能力构成危害的发展”。

（2）联合国环境与发展会议的主要成果

1992 年 6 月 3 日—14 日，联合国环境与发展会议（UNCED）在巴西里约热内卢召开。183 个国家代表团和 70 个国际组织，102 位政府首脑或国家元首参加了会议。这次大会讨论了人类生存面临的环境与发展问题，通过了《里约环境与发展宣言》（又称《地球宪章》）和《21 世纪议程》两个纲领性文件。这次会议被认为是人类迈入 21 世纪的意义最为深远的一次世界性会议。

《里约环境与发展宣言》重申了 1972 年在斯德哥尔摩通过的联合国《人类环境宣言》的观点和原则，并在认识到地球的整体和相互依存性的基础上，对加强国际合作，实行可持续发展，解决全球性环境与发展问题，提出了 27 项原则。

首先，《里约环境与发展宣言》明确提出可持续发展的定义："人类应享有以与自然相和谐的方式过健康而富有生产成果的生活的权利，并公平地满足今世后代在发展与环境方面的需要"。

其次，《里约环境与发展宣言》进一步明确了实现可持续发展的国际合作原则：包括所有国家和所有人都应在根除贫穷这一基本任务上进行合作的原则；优先考虑不发达国家和发展中国家利益的原则；发达国家在追求可持续发展的国际合作中负有主要责任的原则；减少和消除不能持续的生产和消费方式并推行适当人口政策的原则；在环境立法、环境标准制定中不得要求发展中国家承担与其经济发展水平不相适应的义务的原则；不得以环境为借口设置贸易壁垒的原则；和平、发展和保护环境不可分割的原则；解决国际环境争端的原则等。

再次，《里约环境与发展宣言》进一步重申了公众参与可持续发展的原则：包括公众参与各项决策进程、获得环境资料、使用司法和行政程序以及充分发挥妇女、青年参与实现持续发展，保护土著居民及其社区等原则。

最后，《里约环境与发展宣言》还进一步强调了可持续发展进程中环境规划与管理的实施原则：包括预防为主的原则、污染者承担污染费用的原则、环境影响评价原则、防止污染转嫁的原则和公共资源管理原则等。

在联合国环境与发展大会首脑会议上一致通过的《21 世纪议程》是一个广泛的行动计划。该议程共分五个部分（引言、社会和经济方面、为发展的资源保护和管理、加强主要团体的作用和实施的方法），共 40 章 20 余万字，论述了 117 个方案领域，提供了一个从当时至 21 世纪的行动蓝图，涉及了与地球持续发展有关的所有领域。

此外，各国政府代表还签署了联合国《气候变化框架公约》《生物多样性公约》和《关于森林问题的原则声明》等国际文件和公约。

这次会议成为人类环境保护历史上的第二座里程碑，标志着人类对环境与发展的认识提高到了一个崭新阶段，可持续发展得到世界最广泛和最高级别的政治承诺。

（3）中国环境保护事业进入发展阶段

联合国环境与发展会议召开，对中国环境保护事业步入发展阶段起到了重要推动作用。

1992 年 7 月，党中央、国务院批准了《中国环境与发展十大对策》，明确提出了实行可持续发展战略及主要对策措施。此后，我国环境规划与管理在可持续发展战略的指引下，开创了崭新的发展阶段。

1994 年 3 月，国务院发布《中国 21 世纪议程——中国 21 世纪人口、环境与发展白皮书》，确定了实施可持续发展战略的行动目标、政策框架和实施方案。

1994 年 8 月，国家计委和国家环保局联合颁布了《环境保护计划管理办法》，规范了环境规划与管理工作。

1996 年 7 月，第四次全国环境保护会议召开。会议提出了《国家环境保护"九五"计划和 2010 年远景目标》，明确"实施污染物排放总量控制计划"和"中国跨世纪绿色工程计划"。

1998 年，国家环保总局颁布了《全国环境保护工作（1998—2002）纲要》，提出了"一控双达标"（全国主要污染物实施总量控制；工业污染源排放污染物要达到国家或地方规定的标准；全国重点城市环境空气、地面水环境质量，按功能区分别达到国家规定的标准）和"33211 工程"，加大了重点地区和重点流域的治理力度。

2002 年 1 月，第五次全国环境保护会议召开，会议提出了《国家环境保护"十五"计划》，明确了“十五”期间努力完成控制污染物排放总量、改善重点地区环境质量、遏制生态恶化趋势“三大任务”。

联合国环境与发展会议后的十年期间，我国环境规划与管理方面取得了五方面的令人振奋的重大变革：① 由传统发展方式开始转向可持续发展模式；② 由环境污染治理进入自然生态的恢复与建设阶段；③ 由对局部地区的工业结构和布局调整，进入到对国民经济总体结构的战略性调整；④ 在对城市和工业污染加大治理力度的基础上，开展了对重点地区和重点流域的治理；⑤ 环境规划与管理由传统的行政命令加计划，转向依法行政和管理。这些变革标志着中国环境环保事业已开始进入可持续发展阶段。

3. 第三座里程碑——2002年联合国可持续发展首脑会议

21世纪初，人类在可持续发展道路上的障碍日见明显以及《联合国千年宣言》的签署，引发了人类对环境问题的第三次认识高潮。2002年，联合国可持续发展首脑会议召开，以“人类、地球及繁荣”为主题，对未来20年全球可持续发展制定《执行计划》，在全球环境保护发展史上树立起第三座里程碑。

（1）会议背景

1992年里约（RIO）联合国环境与发展会议之后，国际社会在可持续发展领域出现了许多积极变化：①《气候变化框架公约》《生物多样性公约》《荒漠化公约》等诸多环境公约相继生效；② 各国政府将可持续发展纳入本国经济和社会发展战略，已有80多个国家向联合国可持续发展委员会提交了执行《21世纪议程》的国家报告；③ 各国际组织致力于可持续发展，到2000年，全球环境基金（GEF）共落实资金30亿美元，并通过其他渠道融资80亿美元；④ 可持续发展观念深入人心，民间环保组织遍布全球；国际社会从总体上对各项环境问题的研究更加深入，政策措施日益具体化。

联合国环境规划署发表的2000年环境报告指出，全球环境形势依然严峻，尽管一些国家在控制污染方面取得了进展，环境退化速度放慢，但总体上全球环境恶化的趋势仍没有得到扭转。在发达国家，温室气体和废物的排放仍在增加；浪费型的生产和消费模式基本上没有改变。许多经历了快速经济增长和城市化的国家，空气和水污染也在恶化，对人类健康的危害大大增加。酸雨和越境空气污染等一度被认为仅是发达国家才有的问题，现在正在成为许多发展中国家的突出问题。在世界许多地方，持续的贫困加剧了自然资源的退化和荒漠化的发展。越来越多的人受到饮用水不足的困扰，预计到2025年全世界2/3的人将极度缺水。全球生态系统继续恶化，生物多样性急剧减少。环境恶化已直接威胁到全球的经济和社会发展。

2000年9月联合国召开千年首脑会议，在这场历来规模最大的世界领袖聚会上，150位与会国家与政府元首通过了《联合国千年宣言》，将《21世纪议程》与1992年以来联合国举行的重大会议相关结论，汇总成21世纪人类发展的努力目标。2000年12月，联合国大会通过了55/199号决议，决定在2002年召开首脑会议，对于里约会议的实施情况进行十年审查，主要的议程包括关于环境保护多个层面的新问题（包括森林、海洋、能源、水资源等）以及与环境保护相关的领域，如经济控制、新的工艺技术及全球化对可持续发展的影响等。

（2）联合国可持续发展首脑会议主要成果

2002年8月26日至9月4日，联合国可持续发展世界首脑会议在南非约翰内斯堡举行，包括104个国家元首和政府首脑在内的192个国家和地区的代表以及国际组织、非政府团体的代表2万余人出席了会议，4000多家媒体向全世界报道了大会盛况。中国政府代表团出席了会议。

可持续发展世界首脑会议是继1992年联合国环境与发展大会后的又一次盛会，是人类认识环境与发展问题的第三座里程碑，会议产生了两项最终成果：《执行计划》和《政治宣言》。

《执行计划》的通过是这次大会取得的主要成果，首先重申对世界可持续发展具有奠基石作用的里约峰会的原则和进一步全面贯彻实施《21世纪议程》。《执行计划》是里约峰会原则的继续，强调全方位采取具体行动和措施，包括执行“共同而有区别的责任”的原则在内，实现世界的可持续发展，消除贫困。

会议发表的《政治宣言》由69条组成，强调世界各国领导人对促进和加强环境保护、社会和经济发展肩负的集体责任和做出的政治承诺；重申里约峰会的原则和全面执行《21世纪议程》的重要性；欢迎约翰内斯堡承诺对人类基本需求的重视，认识到技术、教育、培训和创造就业的重要性；同意保护和恢复地球的生态一体化系统，强调保护生物多样化和地球上所有生命的自然延续。宣言最后呼吁联合国监督这次峰会所取得的成果的贯彻执行，承诺团结一切力量拯救地球，促进人类发展和赢得全人类的繁荣与和平，并向全世界人民宣告：相信人类可持续发展的共同愿望定能实现。

（3）中国环境保护事业进入综合决策阶段

21世纪初，我国的环境规划和管理的发展已从传统模式开始转向了可持续发展的轨道，其核心体现在人们的文化价值观念和经济发展模式上，环境规划与管理需要积极探索和建立新的绿色文明和新的循环经济形态。这是一种从物质生产方式到政治、法律及社会文化观念的整体转变，需要采取涉及经济、社会、政治和文化各个方面的“大战略”。

2002年11月8日—14日，中国共产党第十六次全国代表大会在北京召开。会议提出把实现经济发展和人口、资源、环境相协调、改善生态环境作为全面建设小康社会四项重要目标之一。2005年10月8日—11日，中国共产党第十六届中央委员会第五次全体会议在北京召开。会议提出“要加快建设资源节约型、环境友好型社会”，首次把建设资源节约型和环境友好型社会确定为国民经济与社会发展中长期规划的一项战略任务。2006年4月17日—18日，第六次全国环境保护大会在北京召开。会议强调做好新形势下的环保工作，关键在于加快实现“三个转变”。历史性“三个转变”的提出，标志着环保工作进入以保护环境优化经济增长的新阶段。2007年10月15日—21日，中国共产党第十七次全国代表大会在北京召开。会议提出把建设资源节约型、环境友好型社会写入《中国共产党章程》，首次将建设生态文明作为一项国家战略任务明确下来。2011年12月20日—21日，第七次全国环境保护大会在北京召开。会议明确提出要坚持在发展中保护、在保护中发展，积极探索环保新道路。这是这次会议的标志性成果，也是做好“十二五”环保工作的重要指南。

2002年6月，我国颁布了《中华人民共和国清洁生产促进法》（2012年2月29日修订，2012年7月1日起施行），同年10月，又颁布了《环境影响评价法》（2018年12月29日再次修订），标志着国民经济战略性调整正在深化。

21世纪初，国务院《政府工作报告》提出大力发展循环经济（2004）、《国务院关于做好建设节约型社会近期重点工作的通知》（2005）、《国务院关于加快发展循环经济的若干意见》（2005）、《关于组织开展循环经济试点（第一批）工作的通知》（2005）、《国务院关于加强节能工作的决定》（2006）、《“十一五”资源综合利用指导意见》（2006年）、修订通过《中华人民共和国节约能源法》(2007)、《关于组织开展循环经济示范试点（第二批）工作的通知》(2007)、《关于落实环境保护政策法规防范信贷风险的意见》(2007)、《关于环境污染责任保险工作的指导意见》(2007)、《循环经济促进法》(2008)、《水污染防治法》修订(2008)、《规划环境影响评价条例》(2009) 等政策密集出台，我国已全面进入综合决策阶段。

4. 第四座里程碑——2012 年联合国可持续发展首脑会议

2012 年里约热内卢会议，围绕“可持续发展和消除贫困背景下的绿色经济”和“促进可持续发展机制框架”两大主题，就 20 年来国际可持续发展各领域取得的进展和存在的差距进行深入讨论，联合国秘书长潘基文表示，此次会议不是终点而是起点，大会通过的文件为实现可持续发展奠定了坚实基础，世界将沿着正确的道路前进。大会最终达成了名为《我们憧憬的未来》的成果文件，在全球环境保护发展史上树立起第四座里程碑。

(1) 会议背景

世界环境与发展委员会在 1987 年将可持续发展定义为“满足当代人的需求而又不损害子孙后代发展的需要”。可持续发展已成为全球长期发展的指导方针。可持续发展由三大支柱组成，旨在以平衡的方式，实现经济发展、社会发展和环境保护。

1992 年，国际社会聚集在巴西里约热内卢，讨论实施可持续发展的具体方法。在这个被称为里约地球首脑会议上，世界各国领导人通过了《21 世纪议程》，一个在国家、区域和国际各级具体实现可持续发展行动计划。接着在 2002 年的可持续发展问题世界首脑会议上，通过了约翰内斯堡《执行计划》。这个《执行计划》是建立在从地球首脑会议以来所取得的进展和经验教训的基础上，提供更有针对性的办法和具体步骤，以及可量化的和有时限的指标和目标。

2012 年，在具有里程碑意义的地球首脑会议 20 年后，世界各国领导人再次聚集在里约热内卢：① 达成新的可持续发展政治承诺；② 对现有的承诺评估进展情况和实施方面的差距；③ 应对新的挑战。

联合国的希望是在 2015 年以后，将此前的《21 世纪议程》、千年发展目标（MDGs）等，能逐步整合到可持续发展目标（SDGs）中，但这一目标实现起来也困难重重。

(2) 联合国可持续发展首脑会议主要成果

2012 年联合国可持续发展大会是自 1992 年联合国环境与发展大会和 2002 年可持续发展世界首脑会议后，国际可持续发展领域举行的又一次重要会议。近 130 位国家元首和政府首脑出席会议，与会代表超过 5 万人。大会最终达成了名为《我们憧憬的未来》的成果文件。这份文件内容全面、基调积极、总体平衡，反映了各方主要关切，体现了国际社会的合作精神，展示了未来可持续发展的前景，对于确立全球可持续发展方向具有重要指导意义。本次大会取得了五方面的积极成果：

——重申了“共同但有区别的责任”原则，使国际发展合作指导原则免受侵蚀，维护了国际发展合作的基础和框架；

——决定发起可持续发展目标讨论进程，就加强可持续发展国际合作发出重要和积极信号，为制定 2015 年国际发展议程提供重要指导；

——肯定绿色经济是实现可持续发展的重要手段之一，鼓励各国根据不同国情和发展阶段实施绿色经济政策；

——决定建立高级别政治论坛，取代联合国可持续发展委员会，加强联合国环境规划署职能，有助于提升可持续发展机制在联合国系统中的地位和重要性；

——敦促发达国家履行官方发展援助承诺，要求发达国家以优惠条件向发展中国家转让环境友好型技术，帮助发展中国家加强能力建设。

（3）中国环境保护事业进入生态文明建设阶段

2012 年 11 月 8 日—14 日，中国共产党第十八次全国代表大会在北京召开。党的十八大报告从新的历史起点出发，首次单篇论述生态文明，首次把生态文明建设摆到中国特色社会主义事业“五位一体”总体布局的战略位置，从 10 个方面绘出生态文明建设的宏伟蓝图，将“美丽中国”作为生态文明建设的宏伟目标，具有划时代的意义。彰显出中华民族对子孙、对世界负责的精神。要实现真正的国富民强，必须守住“绿水青山”。中国环境保护事业进入生态文明建设阶段。

2013 年 9 月 10 日，国务院印发《大气污染防治行动计划》（简称“大气十条”），自 2013 年 9 月 10 日起实施。2015 年 2 月，中央政治局常务委员会会议审议通过《水污染防治行动计划》（简称“水十条”）。2015 年 12 月，第一轮中央环保督察试点在河北展开。2016 年 7 月，由环境保护部牵头，中央纪委、中共中央组织部参与的中央环保督察全面启动。2016 年 5 月 28 日，国务院印发《土壤污染防治行动计划》（简称“土十条”）。2016 年 7 月 15 日，环境保护部印发《“十三五”环境影响评价改革实施方案》。2016 年 9 月 14 日，中共中央办公厅、国务院办公厅印发《关于省以下环保机构监测监察执法垂直管理制度改革试点工作的指导意见》，部署启动环保垂改工作。2017 年 10 月 18 日—24 日，中国共产党第十九次全国代表大会在北京召开。党的十九大报告以“加快生态文明体制改革，建设美丽中国”为题，独立成篇阐述了我国生态文明的理念、举措、要求，指明了我国未来生态文明发展的道路、方向、目标，是新时代建设生态文明和美丽中国的指导方针和基本遵循。将生态文明建设提升到中华民族永续发展千年大计的新高度。2018 年 5 月 18 日—19 日，全国生态环境保护大会在北京召开，这是首次以“生态环境保护”为主题的全国性重要会议。6 月 24 日，中共中央、国务院出台《中共中央 国务院关于全面加强生态环境保护 坚决打好污染防治攻坚战的意见》，对全面加强生态环境保护、坚决打好污染防治攻坚战作出部署安排。

2014 年 4 月 24 日，十二届全国人大常委会第八次会议表决通过了《环保法修订案》，新法已经于 2015 年 1 月 1 日施行。2016 年 1 月 1 日起《中华人民共和国大气污染防治法》施行，2018 年 10 月 26 日修正版，当日生效。2016 年 11 月 7 日修正版，《中华人民共和国固体废物污染环境防治法》。2016 年 9 月 1 日新《中华人民共和国环境影响评价法》实施。2017 年 11 月 4 日修订，《中华人民共和国海洋环境保护法》。2018 年 1 月 1 日《中华人民共和国水污染防治法》实施。2018 年 1 月 1 日起，《中华人民共和国环境保护税法》正式实施，一个新的税种——“环境保护税”自此取代了已存在十余年的“排污费”。2019 年 1 月 1 日起，《中华人民共和国土壤污染防治法》正式实施，污染农田将受罚。2020 年 12 月 26 日，中华人民共和国第十三届全国人民代表大会常务委员会第二十四次会议通过《中华人民共和国长江保护法》，自 2021 年 3 月 1 日起施行。

中国特色社会主义进入新时代，我国社会主要矛盾已经转化为人民日益增长的美好生活需要和不平衡不充分的发展之间的矛盾，形成这个基本判断有很多支撑，生态文明建设就是其中一个重要的支撑，就是人民日益增长的美好环境需求和不平衡不充分的发展之间的矛盾。党的十九大报告提出了实现第二个百年奋斗目标的两个阶段：第一个阶段，从 2020 年到 2035 年，在全面建成小康社会的基础上，再奋斗十五年，基本实现社会主义现代化。生态环境根本好转，美丽中国目标基本实现。第二个阶段，从2035年到本世纪中叶，在基本实现现代化的基础上，再奋斗十五年，把我国建成富强民主文明和谐美丽的社会主义现代化强国。

环境规划和管理任重道远，企业和个人都应该严格遵守环境保护制度，力所能及地承担起节约资源、保护环境的责任。美丽中国是全方位的，不仅在陆地，也在海上。严格执行环境保护方面的政策法规，减少能源资源消耗强度和污染物排放，大力推进能源替代，积极助推首都能源清洁转型，坚决打赢蓝天保卫战。2018—2020年，我国的环境日主题都是“美丽中国，我是行动者”。

1.3 环境规划与管理的发展和趋势

裴洪平在《我国环境规划发展趋势探析》一文中认为加强环境规划体系建设，建立一个科学的、健全的环境规划体系是必然的发展趋势。未来的环境规划体系应包括环境规划法规体系、环境规划行政体系、环境规划技术体系、环境规划管理体系、环境规划理论体系和环境规划教育体系等多个方面，将是一个比较系统和完善的体系，能使环境规划真正起到促进环境、经济与社会协调发展的作用。

孟伟在《SARS危机后对我国环境管理的若干反思》一文中提出相应的应对措施：树立建设全面小康社会也应包括建设环境小康在内的理念；充分利用环境信访手段化解环境危机；将官员问责制融入环境保护目标责任制中；逐步完善环境应急机制；确立环境信息公开制度；在环境公共基础设施建设上正确认识政府与市场的关系；加强环境科技能力建设。

我国目前多数环境规划，只局限于机构规划，缺少公众参与。公众参与对于环境规划方案具有重要意义：一方面，规划者和专家不可能穷尽所有替代方案，公众参与可以提供给规划部门更充分的资料作为决策依据；另一方面，与环境规划最有利害关系的是当地居民，从公民环境权角度出发，居民有权对规划提出反对或修正意见。另外，政府在改善环境中的作用往往是基于公众对环境状况的强烈不满和改善的强烈愿望，因此鼓励公众参与非常重要。

中国正处于经济发展的重要时期，因此，研究在环境管理中如何更多地应用以市场机制为基础的经济手段显得尤为重要。经济手段即通过收费、补贴、税收等，改变人们的相关环境费用和效益，使外部环境成本内在化，激励人们保护环境和资源。我国虽然已建立起一整套环境管理体系，但大多数管理方法还是采用直接强制手段，加强经济手段在环境管理中的应用，运用经济手段和政策工具保护环境和资源，是我们的努力方向。

习题与思考

1. 什么是环境规划，如何理解其内涵？
2. 什么是环境管理，如何理解其内涵？
3. 简述环境规划与环境管理的关系。

4. 简述联合国人类环境会议的主要成果及其历史功绩。
5. 简述联合国环境与发展会议的主要成果及其历史功绩。
6. 简述联合国环境与发展首脑会议的召开背景及其主要成果。
7. 阅读全球《21 世纪议程》和《中国 21 世纪议程》，并归纳其基本思想和主要内容。
8. 简述环境规划与管理的基本任务。
9. 简述环境规划与管理的对象与手段。

第 2 章　环境规划与管理的政策、法规、制度、标准和管理体系

学　习　提　示

学习目标：了解我国环境保护法规体系的构成和环境管理机构体系的发展；掌握我国环境保护基本方针和政策，掌握八项环境管理法律制度、环境规划法律制度；识记环境标准体系的概念和分类、作用和意义。

学习重点：环境保护法规体系，我国环境保护基本方针和政策，八项环境管理法律制度，环境规划法律制度。

学习难点：我国环境保护八项环境管理法律制度，环境标准体系。

2.1　我国环境保护方针政策体系

2.1.1　基本方针

1. 环境保护的“32 字”方针

1973 年第一次全国环境保护会议上确立了我国环境保护工作的“32 字”基本方针：全面规划、合理布局、综合利用、化害为利、依靠群众、大家动手、保护环境、造福人民。

2. 环境保护是我国的基本国策

1983 年召开的第二次全国环境保护会议进一步制定出我国环境管理的大政方针：

（1）明确提出了环境保护是现代化建设中的一项战略任务，是一项基本国策，从而确立了环境保护在经济和社会发展中的重要地位；

（2）制定出我国环保事业的战略方针，即经济建设、城乡建设、环境建设同步规划、同步实施、同步发展，实现经济效益、社会效益和环境效益的统一，即同步发展方针；

（3）确定把强化环境管理作为当前工作的中心环节。

3. 持续发展战略方针

联合国环境与发展会议结束后，1992 年 7 月，党中央、国务院批准了《中国环境与发展十大对策》；1994 年 3 月，国务院发布《中国 21 世纪议程——中国 21 世纪人口、环境与发展白皮书》，确定了实施可持续发展战略的行动目标、政策框架和实施方案。中国环境与发展十大对策内容：

（1）实行持续发展战略；

（2）采取有效措施，防治工业污染；

（3）开展城市环境综合整治，治理城市“四害”（即废气、废水、废渣和噪声）；

（4）提高能源利用效率，改善能源结构；

（5）推广生态农业，坚持不懈地植树造林，切实加强生物多样性的保护；

（6）大力推进科技进步，加强环境科学研究，积极发展环保产业；

（7）运用经济手段保护环境；

（8）加强环境教育，不断提高全民族的环境意识；

（9）健全环境法规，强化环境管理；

（10）参照联合国环境与发展大会精神，制定我国行动计划。

4. “三同步、三统一”的方针

在联合国环境规划署理事会第十三届会议上，我国代表精辟地阐明了“三同步、三统一”的方针，在国家计划的统一领导下，环境保护与经济建设、城乡建设同步规划、同步实施、同步发展，实现经济效益、社会效益和环境效益的统一。我国在防治环境污染方面，实行“预防为主、防治结合、综合治理”的方针；在自然保护方面，实行“自然资源开发、利用与保护、增殖并重”的方针；在环境保护的责任方面，实行“谁污染谁治理，谁开发谁保护”的方针。

“三同步”的基点在于“同步发展”，它是制定环境保护规划、确定政策、提出措施以及组织实施的出发点和落脚点，它明确指出要把环境污染和生态破坏解决在经济建设和社会建设过程之中。“同步规划”实质是根据环境保护和经济发展之间相互制约的关系，以预防为主，搞好“合理规划、合理布局”，在制定环境目标和实施标准时，要兼顾经济效益、社会效益和环境效益，要采取各种有效措施，运用价值规律和经济杠杆，从投资、物资和科学方面保证规划落实。“同步实施”就是要在制定具体的经济技术政策和进行具体经济建设项目的工作中，全面考虑上述三种效益的统一，采用一切有效手段保证“同步发展”的实现。

“三统一”的提出，主要在克服传统的只顾经济效益的发展点，强调整体综合的效益，它是贯穿于“三同步”始终的一条基本原则，也可以认为是各项工作的一条基本准则。

2.1.2　我国环境管理的基本政策

环境保护是我国的一项基本国策，逐步形成了以环境保护的基本原则为基础的，符合国情、适应经济体制和经济增长方式转变的三大环境政策，主要包括预防为主、防治结合的政策，污染者付费的政策和强化环境管理的政策。

1. “预防为主，防治结合”政策

坚持科学发展观，把保护环境与转变经济增长方式紧密结合起来，积极发挥环境保护对经济建设的调控职能，对环境污染和生态破坏实行全过程控制，并通过各种方式达到有效率的污染水平，促进资源优化配置，提高经济增长的质量和效益。主要措施包括：把环境保护纳入国家的、地方的和各行各业的中长期和年度经济社会发展计划；对开发建设项目实行环境影响评价和“三同时”制度；对城市实行综合整治。

2. “污染者付税（费）”政策

环境是一种稀缺性资源，又是一种共有资源，为了避免“共有的悲剧”，必须由环境破坏者承担治理费用和责任，这是污染者付费原则的体现。美国是严格实施污染者付费原则的，且政府是不为其提供任何补贴的（例如在美国如果有人举报一家企业，则政府会去检查，但这个检查是额外进行的，并不是例行检查，所以一切费用都应该是企业出，而不应由纳税人出钱）。而我国多数情况是向企业征收排污费，然后再返还给企业用于治理污染。我国法律对企业自己掏钱用于检查这方面则强调很少，污染者付费原则没有得到很好的体现。

按照环境保护相关法律规定，排放污染物的企业事业单位和其他生产经营者，应当按照国家有关规定缴纳排污费，排污费应当全部专项用于环境污染防治，任何单位和个人不得截留、挤占或者挪作他用。环境保护投资以地方政府和企业为主。企业负责解决自己造成的环境污染和生态破坏问题，不允许转嫁给国家和社会；地方政府负责组织城市环境基础设施的建设，设施建设和运行费用应由污染物排放者合理负担；对跨地区的环境问题，有关地方政府要督促各自辖区内的污染物排放者切实承担责任，不得推诿。其主要措施有：对超标向大气、水体等排放污染物的企事业单位征收超标排污费，专门用于防治污染；对严重污染的企事业单位实行限期治理；结合企业技术改造防治工业污染。新修订的《环境保护法》于2015年实施按日计罚、罚款不封顶的新规定。

2016年12月25日，《中华人民共和国环境保护税法》在中华人民共和国第十二届全国人民代表大会常务委员会第二十五次会议上获表决通过，并于2018年1月1日起施行，开启对环境保护税的征收，排污收费制度成为历史。

3. “强化环境管理”政策

污染是一种典型的外部行为，由于交易成本的存在，外部性无法通过私人市场进行协调而得以解决，解决外部性问题需要依靠政府担当起管理者和监督者的角色，与企业一并进行环境治理。强化环境管理政策的主要目的是通过强化政府和企业的环境治理责任，控制和减少因管理不善带来的环境污染和破坏。要把法律手段、经济手段和行政手段有机地结合起来，提高管理水平和效能。在建立社会主义市场经济过程中，更要注重法律手段，坚决扭转以牺牲环境为代价，片面追求局部利益和暂时利益的倾向，严肃查处违法案件。其主要措施有：逐步建立和完善环境保护法规与标准体系，建立健全各级政府的环境保护机构及国家和地方监测网络；实行地方各级政府环境目标责任制；对重要城市实行环境综合整治定量考核；广泛开展环境保护宣传教育，不断提高全民族的环境意识。

2.1.3 环境规划与管理的相关政策

为了贯彻“三大环境政策”，我国还制定了一系列的单项政策作为补充，形成了完整的环境政策体系，成为环境规划与管理的政策依据。

1. 产业政策

产业政策是国家颁布的有利于产业结构调整和行业发展的专项环境政策，包括产业结构调整政策、行业环境管理政策、限制发展的行业政策以及禁止发展的行业政策。

（1）产业结构调整政策

产业结构调整包括产业结构合理化和高级化两个方面。产业结构合理化是指各产业之间相互协调，有较强的产业结构转换能力和良好的适应性，能适应市场需求变化，并带来最佳效益的产业结构，具体表现为产业之间的数量比例关系、经济技术联系和相互作用关系趋向协调平衡的过程。产业结构高级化，又称为产业结构升级，是指产业结构系统从较低级形式向较高级形式的转化过程。产业结构的高级化一般遵循产业结构演变规律，由低级向高级演进。目前，我国已颁布了一批产业结构调整政策，如《90年代国家产业政策纲要》《汽车工业产业政策》《关于全国第三产业发展规划的通知》《外商投资产业指导目录》《水利产业政策》《当前国家重点鼓励发展的产业、产品和技术目录》《当前部分行业制止低水平重复建设目录》《产业结构调整指导目录（2014年本）》等。

2020年11月2日，国务院办公厅正式发布《新能源汽车产业发展规划（2021—2035

年)》。到2025年，纯电动乘用车新车平均电耗降至12.0kWh/100km，新能源汽车新车销售量达到汽车新车销售总量的20%左右。

“十四五”期间，新一轮科技革命和产业变革将加快深度融合，推动体系内各项重大技术的突破。现代信息技术是新兴产业发展的重要领域，“十四五”期间将大力支持大数据、云计算、物联网、人工智能、生物与医疗技术等重大科技创新和示范，促进产业级应用实现跨越式发展。继续推动能源转型，加快发展新能源产业，推广利用可再生能源，促进清洁能源的普及应用，推进大功率能源储存和高效利用，以及落实电池新材料和新技术的研究与应用。在新材料领域继续推进产业化创新，重点突破功能性超细纳米材料和高性能复合材料，提升先进金属材料和陶瓷材料的技术水平，支持生物材料和功能性有机高分子材料的发展。

(2) 行业环境管理政策

行业分类就是有规则地按照一定的科学依据，对从事国民经济生产和经营的单位或者个体的组织结构体系的详细划分，如石油化工、交通运输、建筑建材、水利水电等。行业环境管理政策主要是针对本行业的特点而有针对性的环境管理政策，如《冶金工业环境管理若干规定》《建材工业环境保护工作条例》《化学工业环境保护管理规定》《电力工业环境保护管理办法》《关于发展热电联产的规定》《关于加强水电建设环境保护工作的通知》《关于加强饮食娱乐服务企业环境管理的通知》《交通行业环境保护管理规定》《服务行业环境保护管理规定》等。

(3) 限制和禁止发展的行业政策

1996年8月，国务院发布了《国务院关于环境保护若干问题的决定》(国发〔1996〕31号)，要求在1996年9月30日前，对小造纸、小制革、小染料厂及土法炼焦、炼硫、炼砷、炼汞、炼铅锌、炼油、选金和农药、漂染、电镀、石棉制品、放射性制品等“15小”企业实行取缔、关闭或停产。国家环保局发布了《关于贯彻〈国务院关于环境保护若干问题的决定〉有关问题的通知》(环法〔1996〕734号)，具体规定了取缔和关闭“15小”企业名录，提出了限制发展的8个行业，即造纸、制革、印染、电镀、化工、农药、酿造和有色金属冶炼。1999年6月5日，国家经济贸易委员会、国家环境保护总局、机械工业部联合发布了《关于公布第一批严重污染环境(大气)的淘汰工艺与设备名录的通知》(国经贸资〔1999〕367号)，规定了15种污染工艺和设备的淘汰期限和可替代工艺及设备。1999年12月又发布了《淘汰落后生产能力、工艺和产品的目录(第二批)》，涉及8个行业119项。并于2000年6月，再一次发布了第三批目录，涉及15个行业120项内容。国务院办公厅于2003年转发了国家经贸委等五部门《关于从严控制铁合金生产能力切实制止低水平重复建设意见》和发展改革委等部门《关于制止钢铁、电解铝、水泥行业盲目投资若干意见的通知》，国务院于2004年11月下发了《国务院批转发展改革委关于坚决制止电站项目无序建设意见的紧急通知》(国发〔2004〕32号)。这些政策的颁布，为我国环境规划与管理提供了政策依据。《部分工业行业淘汰落后生产工艺装备和产品指导目录(2010年本)》中包含钢铁(54项)、有色金属(35项)、化工(101项，电石渣采用堆存处理的5万t/a以下的电石法聚氯乙烯生产装置，开放式电石炉，单台炉变压器容量小于12500kV·A的电石炉)、建材(48项)、机械(107项)、轻工(107项)、纺织(35项)、医药(15项)。

2. 技术政策

环境保护技术政策以特定的行业或污染因子为对象，在产业政策允许范围内引导企业采取有利于保护环境的生产工艺和污染防治技术。技术政策注重发展高质量、低消耗、高效率的适用生产技术，重点发展技术含量高、附加值高、满足环保要求的产品，重点发展投入成本低、去除效率高的污染控制适用技术。

2016年，环境保护部发布了《重点行业二噁英污染防治技术政策》《合成氨污染防治技术政策》《汞污染防治技术政策》《砷污染防治技术政策》《铬盐工业污染防治技术政策》5项指导文件，并抓紧推进《铅蓄电池生产工业污染防治技术政策》《废电池污染防治技术政策》等技术政策的制定和发布。2018年发布了《非道路移动机械污染防治技术政策》《污染源源强核算技术指南平板玻璃制造》《污染源源强核算技术指南炼焦化学工业》《制浆造纸工业污染防治可行技术指南》等指导性文件。

3. 环境经济政策

环境经济政策，是指按照市场经济规律的要求，运用价格、税收、财政、信贷、收费、保险等经济手段，调节或影响市场主体的行为，以实现经济建设与环境保护协调发展的政策手段。与传统行政手段的“外部约束”相比，环境经济政策是一种“内在约束”力量，具有促进环保技术创新、增强市场竞争力、降低环境治理成本与行政监控成本等优点。

环境经济政策主要基于两类理论：一是基于新制度经济学观点的主要包括明晰产权、可交易的许可证等，又称为建立市场型政策（即“科斯手段”）；二是基于福利经济学观点的通过现有的市场来实施环境管理，具体手段有征收各种环境税费、取消对环境有害的补贴等，又称为调节市场型政策（即“庇古手段”）。

环境经济政策体系采用的手段主要有包括明晰产权（所有权、使用权和开发权）、建立市场（可交易的许可证、可交易的环境股票等）、税收手段、收费制度（排污收费、使用者收费、资源补偿费等）、罚款制度（违法罚款、违约罚款等）、金融手段（优惠贷款、环境基金等）、财政手段（财政拨款、专项资金等）、责任赔偿（法律责任赔偿、环境资源损害赔偿、保险赔偿等）和证券与押金制度（环境行为债券、废物处理证券、押金、股票等）九大类。

4. 生态环境政策

近年来，我国生态环境质量持续好转，出现了稳中向好趋势，生态文明建设正处于压力叠加、负重前行的关键期，已进入提供更多优质生态产品以满足人民日益增长的优美生态环境需要的攻坚期，也到了有条件有能力解决生态环境突出问题的窗口期，生态文明建设处于“三期叠加”的特殊时期。

（1）创新推进绿色发展四大结构调整政策

以水泥、化工等非电重点行业超低排放补贴、水电价阶梯激励政策为主要“抓手”，促进产业结构深度绿色调整；实施大气污染防治重点区域实施煤炭减量替代，协同推进碳减排和污染减排等，推进能源节约利用与结构调整；实施岸电使用补贴、柴油货车限期淘汰等，推进交通运输结构优化调整；强化补贴推动农村废弃物资源化与有机肥综合利用以及农村污水处理设施运营，推动农村污水处理设施用电执行居民用电或农业生产用电价格。

（2）完善生态环境空间管控

2018年6月24日，《中共中央 国务院关于全面加强生态环境保护 坚决打好污染防治攻坚战的意见》中提出要坚持保护优先，落实生态保护红线、环境质量底线、资源利用上线硬约束，省级党委和政府加快确定生态保护红线、环境质量底线、资源利用上线，制定生态环境准入清单。

继续推进生态、大气、水、土壤、海洋等要素生态环境分区管控，推进生态环境要素空间全覆盖管控；构建以战略环境影响评价、空间管控清单准入、生态保护补偿、生态环境空间监管与绩效考核为主要抓手的“三线一单”生态环境分区管控政策体系。

（3）完善生态环境质量目标管理政策机制

抓好以考评为主的生态环境质量管理体系建设，建立水、气、土、生态等要素统一的目标考核体系，建立生态环境质量监测、评价、考核、公开、责任、奖惩环境质量目标管理体系，并强化考核结果与财政资金、官员升迁等政策的衔接增效。

生态环境质量监测评价范围由大气、水、土壤拓展到近岸海域水质、地下水、农业与农村，完善空气质量达标、国家重点生态功能区等，完善生态环境监测点位与网络。

（4）完善生态环境市场经济政策

全面建立生态环境质量改善绩效导向的财政资金分配机制，将挥发性有机物、碳排放、污染性产品等纳入环境保护税改革范围，推进将生态环境外部成本纳入资源税和消费税改革，推动建立全成本覆盖的污水处理费政策和固体废物处理收费机制。

完善基于生态贡献和生态环境改善绩效的国家重点生态功能区转移支付机制，建立“三水统筹”（水资源、水质、水生态）、优先保障生态基流的跨省界流域上下游生态补偿机制，推进形成市场化、多元化生态环境补偿机制。在全国范围内推开碳交易市场，继续推动排污权交易、资源权益交易，建立健全归属清晰、权责明确、流转顺畅、监管有效的自然资源产权制度。引导和鼓励长江等重点流域以及粤港澳大湾区等重点区域探索设立绿色发展基金。

（5）推进建立大生态环境治理格局

以考核落实生态文明建设的“党政同责、一岗双责”；通过监管执法督促企业落实环境保护主体责任；坚持建设美丽中国全民行动，引导绿色消费和绿色生活方式；强化人大生态环境法律执法检查监督作用，完善政协生态环境治理监督，健全检察机关提起公益诉讼制度。形成党委领导、政府主导、企业实施、社会参与、多元共治、公开透明、动力内生的大生态环境治理格局。

（6）深度参与推进国际环境规则制定

动态跟踪评估《2030 年可持续发展议程》中生态环境目标指标进展，定期发布《中国落实 2030 年可持续发展议程进展报告》。极推动共建绿色“一带一路”，推进绿色发展和生态环境保护标准国际互认，主导制定“一带一路”基础设施绿色化标准体系；推进绿色贸易与绿色责任投资，促进贸易供给侧结构性改革；加强国际生态环境公约履约。

2.2　环境保护法规体系

2.2.1　环境法律责任

环境法律责任，是指环境法主体因违反其法律义务而应当依法承担的、具有强制性的法律后果，按其性质可以分为环境行政责任、环境民事责任和环境刑事责任三种。

1. 环境行政责任

环境行政责任，是指违反了环境保护法，实施破坏或者污染环境的单位或者个人所应承担的行政方面的法律责任。环境行政责任的主体可以是行政相对人，也可以是环境行政主体。环境保护法主要规定了环境行政相对人的环境行政责任，对负有环境行政法律责任者，由各级人民政府的环境行政主管部门或者其他依法行使环境监督管理权的部门根据违法情节给予罚款等行政处罚；情节严重的，有关责任人员由其所在单位或政府主管机关给予行政处分；当事人对行政处罚不服的，可以申请行政复议或提起行政诉讼；当事人对环境保护部门及其工作人员的违法失职行为可以直接提起行政诉讼。

2. 环境民事责任

环境民事责任，是指单位或者个人因污染危害环境而侵害了公共财产或者他人的人身、财产所应承担的民事方面的责任。

因污染环境所产生的民事责任是一种新型污染侵权责任，跟普通民事责任有不同的特点。环境民事责任主要由《中华人民共和国环境保护法》《中华人民共和国大气污染防治法》《中华人民共和国水污染防治法》等专门性的环境法律法规规定；《中华人民共和国民法通则》《中华人民共和国物权法》《中华人民共和国侵权责任法》等非专门性的环境法律也有环境民事责任的规定。

环境民事责任的特点：(1) 环境民事责任实行无过错责任原则；(2) 环境民事责任构成不以行为违法为要件；(3) 环境民事无过错责任中的免责事由，又规定了它免责的特殊情况；(4) 在环境民事诉讼中实行举证责任倒置原则。

环境民事责任构成要件：一是有排放污染物的行为；二是有损害结果；三是排污行为与损害结果要有因果关系。追究责任人的环境民事责任时，可以采取以下办法：由当事人之间协商解决；由第三人、律师、环境行政机关或其他有关行政机关主持调解；提起民事诉讼；也有的通过仲裁解决，特别是针对涉外的环境污染纠纷。

3. 环境刑事责任

环境刑事责任是指行为人违反了法律，造成或者可能造成环境的严重污染破坏、公私财产重大损失或者人身伤亡的严重后果，已构成犯罪所必须承担的法律后果。

与其他犯罪一样，构成环境犯罪、承担环境刑事责任的要件包括犯罪主体、犯罪的主观方面、犯罪客体和犯罪的客观方面。环境犯罪的主体是指从事污染或破坏环境的行为，具备承担刑事责任的法定生理和心理条件或资格自然人或法人。环境犯罪的主观方面是指环境犯罪主体在实施危害环境的行为时对危害结果发生所具有的心理状态，包括故意和过失两种情形。环境犯罪的客体是受环境刑法保护而为环境犯罪所侵害的社会关系，包括人身权、财产权和国家保护、管理环境资源的秩序等。环境犯罪的客观方面是环境犯罪活动外在表现的总和，包括危害环境的行为、危害结果以及危害行为与危害结果间的因果关系。

2.2.2 我国环境保护法规体系

1. 宪法中的环境保护规范

宪法在一个国家法律体系中处于最高地位，它是一个国家的根本大法，任何法律规范都必须首先符合宪法规定，将环境保护作为一项国家职责和基本国策在宪法中加以确认。

《中华人民共和国宪法》第二十六条规定："国家保护和改善生活环境和生态环境，防治污染和其他公害。国家组织和鼓励植树造林，保护林木。"这一规定是国家对环境保护的总政策，说明了环境保护是国家的一项基本职责。此外，我国宪法第九条、第十条、第二十二条、第二十六条中对自然资源和一些重要的环境要素的所有权及其保护也做出了许多的规定。宪法中所有这些规定，是我国环境保护法的法律依据和指导原则。

2. 中华人民共和国环境保护法

我国 1979 年制定了《中华人民共和国环境保护法（试行）》，1989 年颁布了《中华人民共和国环境保护法》。2014 年 4 月 24 日第十二届全国人民代表大会常务委员会第八次会议通过了新修订的《环境保护法》（2015 年 1 月 1 日实施），这部新的综合性环境基本法在环境保护的重要问题上都做了相应的规定。其主要内容包括总则、监督管理、保护和改善环境、防治污染和其他公害、信息公开和公众参与、法律责任和附则七章。新环保法从原来的 47 条增加到 70 条，本次修订对环保的一些基本制度作出规定，如环境规划、环境标准、环境监测、总量控制、生态补偿、排污收费等，加入了"对拒不改正的排污企业实施按日计罚"，"对严重的违法行为采取行政拘留"，以及"政府的主要负责人在面对政府的违法行为造成严重后果时要引咎辞职"等内容，增设"信息公开和公众参与"专章，并提出建立"违法名单"制度，环境违法信息将记入社会诚信档案，并向社会公布违法者名单，"公益诉讼主体"范围进一步扩大至在设区的市级以上人民政府民政部门登记的社会组织，被专家称为"史上最严"的环保法律。

《中华人民共和国环境保护法》是我国环境保护的"基本法"，是国家制定的包含某方面综合性政策、目标规定的整体性综合性法律。它对环境保护的目的、范围、对象、方针政策、基本原则、重要措施、管理制度、组织机构、法律责任等进行原则性的规定，在制定单行环境法律法规时必须依据综合性环境基本法的规定。

3. 环境资源单行法

环境资源单行法是针对某一特定的环境要素或特定的环境社会关系进行调整的专门性法律法规，具有量多面广的特点，是环境法的主体部分。

（1）环境保护单行法

目前，我国已颁布的环境保护单行法有八部，包括 1982 年颁布的《中华人民共和国海洋环境保护法》（1999 年、2013 年修订）、1984 年颁布的《中华人民共和国水污染防治法》（2008 年修订）、1987 年颁布的《中华人民共和国大气污染防治法》（1995 年、2000 年修订）、1995 年颁布的《中华人民共和国固体废物污染环境防治法》（2004 年修订）、1996 年颁布的《中华人民共和国环境噪声污染防治法》、2003 年颁布的《中华人民共和国环境影响评价法》《中华人民共和国放射性污染防治法》《中华人民共和国清洁生产促进法》。

（2）资源保护单行法

目前，我国已颁布的资源保护单行法可分为以下三类：

① 土地利用规划法：目前，我国已经颁布的有关法律法规主要有《中华人民共和国城乡规划法》《中华人民共和国村庄和集镇规划建设管理条例》等。

② 自然资源保护法：目前，我国已经颁布的有关法律法规主要有《中华人民共和国土地管理法》（2004 年 8 月 28 日第二次修正）及其实施条例、《中华人民共和国矿产资源法》及其实施细则、《中华人民共和国水法》《中华人民共和国海域使用管理条例》《中华人民共和国森林法》及其实施细则、《中华人民共和国草原法》《中华人民共和国渔业法》及其实施细则、《中华人民共和国水产资源繁殖保护条例》《中华人民共和国基本农田保护条例》《中华人民共和国土地复垦规定》《中华人民共和国地质灾害防治条例》《中华人民共和国森林防火条例》《中华人民共和国草原防火条例》等。

③ 自然保护法：目前，我国已经颁布的有关法律法规主要有《中华人民共和国野生动物保护法》及其实施条例、《中华人民共和国水土保持法》及其实施细则、《中华人民共和国

防沙治沙法》《中华人民共和国自然保护区条例》《中华人民共和国风景名胜区管理暂行条例》《中华人民共和国野生植物保护条例》《中华人民共和国城市绿化条例》等。

4. 国家其他法律有关环境保护的规定

由于环境问题和环境保护所涉及社会关系的综合性和复杂性，我国除了制定专门的综合性环境基本法以及有关环境与资源单行法外，还在其他一些法律如民法、刑法和有关经济、行政的法律以及有关的程序法中也都对环境保护做出了一些规定。

(1) 刑法

2011 年修正的《中华人民共和国刑法》分则中，第六章第六节专门规定了破坏环境资源保护罪。根据它们侵犯对象和行为性质的不同，可以分为 4 种类型。第一类，污染环境方面的犯罪，包括污染环境罪、非法进口固体废物危害环境罪；第二类，有关野生动物及其制品方面的犯罪，包括非法捕捞水产品罪，非法捕杀珍贵、濒危野生动物及其制品罪，非法狩猎罪；第三类，有关植物方面的犯罪，包括非法采伐、毁坏珍贵树木罪，非法收购盗伐、滥伐的林木罪；第四类，破坏资源方面的犯罪，包括破坏耕地罪，破坏矿产资源罪。新修正的刑法的颁布，对于协调有关环境保护和资源保护法律，完善刑法，与国际立法接轨，具有重大意义，为采用刑法手段保护环境提供了依据。

(2) 行政法

行政法是国家重要部门法之一，是调整行政关系以及在此基础上产生的监督行政关系的法律规范和原则的总称。依照宪法原则而制定的并涉及环境管理范畴的行政法律，如《中华人民共和国民法通则》《中华人民共和国农业法》《中华人民共和国企业法》《中华人民共和国乡镇企业法》《中华人民共和国对外贸易法》《中华人民共和国标准化法》《中华人民共和国行政处罚法》《中华人民共和国文物保护法》《中华人民共和国公共卫生法》《中华人民共和国食品卫生法》等中有关环境保护的条款。

5. 国家行政部门制定的各种环保法令、法规和条例

国务院有关部委根据环境保护的具体对象而制定的各种环保专门性法令、法规、条例和决定，是我国环境保护法规体系的有机组成部分。例如《国务院关于加强环境保护重点工作的意见》《国务院关于结合技术改造防治工业污染的几项规定》《国务院关于环境保护工作的决定》《国务院关于加强乡镇、街道企业环境管理的规定》《国务院关于环境保护若干问题的决定》以及《医疗废物管理条例》《危险化学品安全管理条例》等。这些法令、法规、条例和决定，具有国家行政强制力，而且针对性和操作性都较强，对我国环境规划与管理走上法制轨道起到了重要的推动作用。

6. 环境保护地方法规

地方法规是各省、自治区、直辖市根据我国环境法律或法规，结合本地区实际情况而制定并经地方人大审议通过的法规。地方法规突出了环境管理的区域性特征，有利于因地制宜地加强环境管理，是我国环境保护法规体系的组成部分。国家已制定的法律法规，各地可以因地制宜地加以具体化。国家尚未制定的法律法规，各地可根据环境管理的实际需要，制定地方法规予以调整。

7. 签署并批准的国际环境公约

国际环境公约由一系列国际公约组成，包括：《与保护臭氧层有关的国际环保公约》《控制危险废物越境公约》《濒危野生动植物物种国际贸易公约》《生物多样性公约》《生物安全议定书》《卡特赫纳生物安全议定书》《联合国气候变化框架公约》等。

我国积极开展环境外交，参与各项重大的国际环境事务，在国际环境与发展领域中发挥着越来越大的作用。我国本着积极负责的态度，积极履行加入的国际环境公约中应承担的义务，如《维也纳公约》《防治荒漠化公约》《生物多样性公约》《控制危险废物越境公约》《濒危野生动植物物种国际贸易公约》《联合国气候变化框架公约》等，并在全球、区域和双边环境合作中不断取得进展。

对于许多重要的国际环境公约，中国制定了积极可行的行动计划，先后制定了《中国消耗臭氧层物质逐步淘汰国家方案》《中国履行生物多样性公约国家报告》等文件，并采取了一系列切实可行的措施履行国际公约。

2.3　环境规划与管理的法律制度体系

2.3.1　环境规划与管理制度

环境规划与管理制度是指为了实现环境立法的目的，并在环境保护基本法中作出规定的，由环境保护单项法规或规章所具体表现的，对国家环境保护具有普遍指导意义，并由环境行政主管部门来监督实施的同类法律规范的总称，属于环境保护行为的基本法律制度。按照规划和管理的不同要求，可以分为环境管理制度和环境规划行政法律制度两类。

第三次全国环境保护会议上推出了环境保护目标责任制、城市环境综合整治定量考核制度、排放污染物许可证制度、污染集中控制制度和污染源限期治理制度共五项新的环境管理制度，与原已实行的“三同时”制度、排污收费制度、环境影响评价制度三项制度，形成了一整套强化环境管理的制度体系。我国制定和推行的八项环境管理制度，是从探索管理整个中国环境的规律和方法出发，以实现环境战略总体目标为原则，构成了具有中国特色的环境管理制度体系，是我国改革开放中的一大创举，并已在实践中取得明显成效。现行的八项环境管理制度主要沿革于 20 世纪 70 年代中期以来的有关国家环境保护政策和规定，在这个时期，环境保护工作的重点主要是放在环境污染的治理之上。为了加强环境规划与管理，贯彻预防为主、防治结合的环境政策，根据《中华人民共和国环境保护法》和《中华人民共和国土地管理法》的相关规定，在我国又实施了两项环境规划行政法律制度，即“环境保护计划制度”和“土地利用规划制度”。两项制度的实施，促进了我国环境规划和管理的法律制度体系趋于完善。

2.3.2　八项环境管理制度

1. “三同时”制度

（1）基本概念

“三同时”制度是指所有新建、改建、扩建项目，其防治污染设施必须与主体工程同时设计、同时施工、同时投入运行。

“三同时”制度是我国首创的。它是在总结我国环境管理的实践经验基础上，被我国法律所确认的一项重要的控制新污染源的法律制度。

（2）相关法律规定

“三同时”制度最早规定出现于 1973 年的《关于保护和改善环境的若干规定》。1979 年的《中华人民共和国环境保护法（试行）》和1989年的《中华人民共和国环境保护法》在规定环境影响评价制度的同时，重申“三同时”的规定。1986年的《建设项目环境保护管理办法》、1998年的《建设项目环境保护管理条例》对“三同时”制度都作了具体规定。2004年国家环境保护总局发布《关于开展固定资产投资项目环境影响评价和“三同时”制度执行情况清理整顿工作的紧急通知》。

2. 排污收税（费）制度

（1）基本概念

排污收费制度是指对排放污染物的工矿企业事业单位征收排污费，用于污染的治理。这项制度是运用经济手段有效地促进污染治理和新技术的发展，使污染者承担污染防治费用的法律制度，是“污染者付费”环境政策的具体体现。排污收费的管理依据主要是《排污费征收使用管理条例》。2003年排污收费制度全面实施。

征收排污费的目的，是为了促使排污者加强经营管理，节约和综合利用资源，治理污染，改善环境。排污收费制度是“污染者付费”原则的体现，可以使污染防治责任与排污者的经济利益直接挂钩，促进经济效益、社会效益和环境效益的统一。

《中华人民共和国环境保护税法》于2018年1月1日起施行，费改税开始，征收权由环保部门正式移交给税务机关，同时，环保部门配合开启“企业申报、税务征收、环保监测、信息共享”的税收征管模式。

（2）排污收税（费）相关规定

排污费的征收对象为“直接向环境排放污染物的单位和个体工商户”（简称排污者）。排污收费种类：4大类4种118项因子，其中按污染介质分为4大类：水、气、声、危废；按收费方法分为4种：污水排污费、废气排污费、危险废物排污费、噪声超标准排污费；按污染因子分为118项：水污染因子69项（65项污染物，4个特征值）、气污染物45项、危险废物类型1项、噪声类型3项

《中华人民共和国环境保护税法》中的纳税人主要包括：在中华人民共和国领域和中华人民共和国管辖的其他海域，直接向环境排放应税污染物的企业事业单位和其他生产经营者为环境保护税的纳税人，应当依照本法规定缴纳环境保护税 。征税对象包括：环境保护税法所附《环境保护税税目税额表》《应税污染物和当量值表》规定的大气污染物、水污染物、固体废物和噪声。

环境保护税由税务机关依照《中华人民共和国税收征收管理法》征收管理。环境保护主管部门依照本法和有关环境保护法律法规的规定负责对污染物的监测管理。县级以上地方人民政府应当建立税务机关、环境保护主管部门和其他相关单位分工协作工作机制，加强环境保护税征收管理，保障税款及时足额入库。环境保护主管部门和税务机关应当建立涉税信息共享平台和工作配合机制。税务机关应当将纳税人的纳税申报数据资料与环境保护主管部门交送的相关数据资料进行比对。税务机关发现纳税人的纳税申报数据资料异常或者纳税人未按照规定期限办理纳税申报的，可以提请环境保护主管部门进行复核，环境保护主管部门应当自收到税务机关的数据资料之日起十五日内向税务机关出具复核意见。税务机关应当按照环境保护主管部门复核的数据资料调整纳税人的应纳税额。

3. 环境影响评价制度

（1）基本概念

环境影响评价制度是指对规划和建设项目实施后可能造成的环境影响进行分析、预测和

评估，提出预防或者减轻不良环境影响的对策和措施，进行跟踪监测的方法与制度。

（2）我国环境影响评价的相关法律规定

我国在 1979 年《中华人民共和国环境保护法（试行）》中，规定实行环境影响评价报告书制度；1986 年颁布了《建设项目环境保护管理办法》；1998 年颁布了《建设项目环境保护管理条例》，针对评价制度实行多年的情况对评价范围、内容、程序、法律责任等作了修改、补充和更具体的规定，从而在我国确立了完整的环境影响评价制度。

2003 年《中华人民共和国环境影响评价法》正式施行，为了从源头上、总体上控制开发建设活动对环境的不利影响，促进实现可持续发展的目标，该法以法律形式，将环境影响评价制度的范围，从建设项目扩大到有关规划，确立了对有关规划进行环境影响评价的法律制定。

《中华人民共和国环境影响评价法》突出三个特点：①简化环评审批。环境影响登记表由审批制改备案制，今后审批部门只对环境影响报告书、环境影响报告表进行审批，对环境影响登记表实行备案管理，不再要求审批。②取消前置审批。新法删除了建设项目的环境影响评价文件未依法经审批部门审查或者审查后未予批准的，该项目审批部门不得批准其建设。从立法角度取消了环评审批作为项目审批部门前置条件的依据。③加强环境执法。新法对“未批先建”项目的处罚更严更重，取消了对“未批先建”项目限期补办手续的情形，在责令停止建设后直接进行处罚，并增加了可以责令恢复原状的内容。处罚额度从环评法修订前的处以五万元以上二十万元以下改为项目总投资额百分之一以上百分之五以下。

2018 年 12 月 29 日，对《中华人民共和国环境影响评价法》进行修改，正式取消环评资质。

4. 环境保护目标责任制

（1）基本概念

环境保护目标责任制是一种具体落实地方各级政府和有关污染的单位对环境质量负责的行政管理制度。一个区域、一个部门乃至一个单位环境保护的主要责任者和责任范围，运用目标化、定量化、制度化的管理方法，把贯彻执行环境保护这一基本国策作为各级领导的行为规范，推动环境保护工作的全面、深入发展，是责、权、利、义的有机结合。环境保护目标责任制被认为是八项环境管理制度的龙头制度。

环境保护目标责任制规定了各级政府行政首长应对当地的环境质量负责，企业的领导人对本单位污染防治负责，并确定他们在任期内环境保护的任务目标，列为政绩进行考核。

（2）制度的实施和发展

环境保护目标责任制是在第三次全国环境保护会议上被确定为八项环境管理制度之一的，它的内容涵盖了其他的各项环境管理制度，在环境保护管理工作中发挥了重要作用。该制度是将应当承担的环境保护责任、权利、义务，用建立责任制的形式固定下来，并把它引入到环境管理中的一种特殊的环境管理模式。通过将环保目标的逐级分解、落实，突出了各级地方政府负责人的环境责任，解决了环境管理的保证条件和动力机制，促使环境管理系统内部活动有序，系统边界分明，环境责任落实，改变了环境管理孤军作战的被动局面。

5. 城市环境综合整治定量考核制度

（1）基本概念

城市环境综合整治定量考核制度是对城市实行综合整治的成效、城市环境质量，制定量化指标进行考核，每年评定城市各项环境建设与环境管理的总体水平。这项制度是城市政府统一领导负总责，有关部门各尽其职、分工负责，环保部门统一监督的管理制度。

（2）制度的实施和发展

综合整治的概念最早是在1984年《中央中央关于经济体制改革的决定》中提出来的。随着国家经济体制的改革，政府职能发生了变化，该决定要求以城市为中心的各地政府要把工作重点从经济建设的计划指导转变到城市基础设施建设、城市公共设施建设和城市环境综合整治上来。1985年在河南洛阳召开的第一次全国城市环境保护工作会议上，确定了我国城市环境保护工作的发展方向——综合整治。2003年国家环境保护总局发布了《关于印发〈生态县、生态市、生态省建设指标（试行）〉的通知》（环发〔2003〕91号），在全国各地掀起了创建生态县、生态市和生态省的高潮。《“十二五”城市环境综合整治定量考核指标实施细则》的实施，标志着我国城市综合整治进入了新的发展阶段。

6. 排放污染物许可证制度

（1）基本概念

对环境有不良影响的各种规划、开发、建设项目、排污设施或经营活动，其建设者或经营者，需要事先提出申请，经主管部门审查批准，颁发许可证后才能从事该项活动，这就是许可证制度。该制度包括排污申报登记制度和排污许可证制度两个方面，以及排污申报、确定污染物总量控制目标和分配排污总量削减指标、核发排污许可证、监督检查执行情况等四项内容。这是一项与我国污染物排放总量控制计划相匹配的环境管理制度。

（2）制度的实施和发展

中国施行排污申报登记的规定最早见于1982年由国务院颁布的《征收排污费暂行办法》之中，其主要目的在于以此作为排污收费的依据。后来在相继制定的《中华人民共和国环境保护法》中明确规定：“排放污染物的企业事业单位，必须依照国务院环境保护行政主管部门的规定申报登记。”排污许可证制度是比申报登记制度更严格的对环境进行科学化、目标化和定量化管理的一项制度。排污许可证制度在我国大规模地普遍实施，还不完全具备条件。

实施污染物排放许可证制度后，容许排污权交易是国内环保制度的重大创新。排污单位经治理或产业（包括产品）调整，其实际排放物总量低于所核准的允许排放污染物总量部分，经环保部门批准，允许进行有偿转让。但是，由于在现行的管理安排中，采取的是由政府征收排污费的制度，是一种非市场化的配额办法，而不是使用市场交易的方式。所以从国内的情况来看，将排污权的交易具体化为一项可以操作的制度安排，并加以实施，需要在运行机制上进行探索。2001年9月，亚洲开发银行资助的“二氧化硫排污交易制”在山西省太原市26家企业试点，开了国内排污权交易之先河。

《碳排放权交易管理办法（试行）》已于2020年12月25日由生态环境部部务会议审议通过，并予公布，自2021年2月1日起施行。适用于全国碳排放权交易及相关活动，包括碳排放配额分配和清缴，碳排放权登记、交易、结算，温室气体排放报告与核查等活动，以及对前述活动的监督管理。

7. 污染集中控制制度

（1）基本概念

污染集中控制方式是针对分散控制的问题，改变过去一家一户治理污染的做法，把有关污染源汇总在一起，经分析比较，进行合理组合，在经济效益、环境效益和社会效益优化的前提下，采取集中处理措施的污染控制方式。实践证明，推行集中控制，有利于使有限的环保投资获得最佳的总体效益。

（2）实施污染集中控制的必要措施

为有效地推行污染集中控制，必须有一系列有效措施加以保证。

① 实行污染集中控制，必须以规划为先导。污染集中控制与城市建设密切相关，例如完善城市排水管网，建立城市污水处理厂，发展城市煤气化和集中供热，建设城市垃圾处理厂，发展城市绿化等。因此，集中控制必须与城市建设同步规划、同步实施。

② 实行污染集中控制必须突出重点，划定不同的功能区划，分别整治。

③ 实行污染集中控制必须与分散控制相结合，构建区域环境污染综合防治体系。

④ 疏通多种资金渠道是推行污染集中控制的保证。要实现集中控制必须落实资金。应充分利用环保基金贷款、建设项目环保资金、银行贷款及地方财政补贴等多种渠道筹措资金。

⑤ 实行污染集中控制，地方政府协调是关键。污染集中控制不仅涉及企业，也涉及地方政府各部门，充分依靠地方政府的协调，是集中控制方案得以落实的基础。

8. 污染源限期治理制度

（1）基本概念

限期治理制度是基于适应我国经济发展的实际水平和环境保护工作的实际需要而确立的。该制度实施以来，虽然为促进污染治理发挥了重要作用，但在实践中也被演变为企业超标排污的“护身符”。有些地方为了实现经济增长，对必须关停的能拖就拖，治理期限尽量延长，限期治理成了“橡皮筋”。现行的大气污染防治法、水污染防治法、环境噪声污染防治法、固体废物污染环境防治法、海洋环境保护法等单行法都对限期治理制度作了规定，但各法对限期治理制度的条件、决定机关、超过限期治理期限的处罚存在不一致。在新环保法删除限期治理条款后，现行单行法应当尽早修正，同步废止限期治理制度。新《环境保护法》第 60 条规定：企业事业单位和其他生产经营者超过污染物排放标准或者超过重点污染物排放总量控制指标排放污染物的，县级以上人民政府环境保护主管部门可以责令其采取限制生产、停产整治等措施；情节严重的，报经有批准权的人民政府批准，责令停业、关闭。

（2）制度实施及发展

确定限期治理项目要考虑如下条件：① 根据城市总体规划和城市环境保护规划的要求对区域环境整治作出总体规划；② 首先选择危害严重、群众反映强烈、位于敏感地区的污染源进行限期治理；③ 要选择治理资金落实和治理技术成熟的项目。

2.3.3 环境规划法律制度

1. 环境保护计划制度

（1）基本概念

环境保护计划，是指由国家或地方人民政府及其行政管理部门依照一定法定程序编制的关于环境质量控制、污染物排放控制及污染治理、自然生态保护以及其他与环境保护有关的计划。环境保护计划是各级政府和各有关部门在计划期内要实现的环境目标和所要采取的防治措施的具体体现。

（2）环境保护计划的主要内容

环境保护计划的内容主要包括四类：即城市环境质量控制计划、污染物排放控制和污染治理计划、自然生态保护计划以及其他有关环境保护的计划等。

对环境保护计划实行国家、省（自治区、直辖市）、市（地）、县四级管理制。由各级计划行政主管部门负责组织编制。各级环境保护主管部门负责编制环境保护计划建议和监督、检查计划的落实和具体执行。其他有关部门则主要是根据计划和环境保护部门的要求，组织实施环境保护计划。

2. 土地利用规划制度

人类社会和经济活动，总是带来土地利用方式的改变，不同的土地利用方式又带来不同的环境影响。因此，土地利用规划管理是环境规划管理的重要内容。

土地利用规划制度是国家根据各地区的自然条件、资源状况和经济发展需要，通过制定土地利用的全面规划，对城镇设置、工农业布局、交通设施等进行总体安排，以保证社会经济的可持续发展，防止环境污染和生态破坏。

我国已经颁布执行的有土地管理、城市规划、县镇规划和村镇规划等法规。国土整治法正在起草中。2004年修订的《中华人民共和国土地管理法》专设一章“土地利用总体规划”，要求各级政府应该依据国家经济和社会发展规划、国土整治和资源环境保护的要求、土地供给能力及各项建设对土地的需求，编制土地利用总体规划。

2.4 环境标准体系

2.4.1 环境标准的概念和性质

环境标准是环境保护法规体系中一个独立的、特殊的、重要的组成部分。

环境标准是国家为了维护环境质量、控制污染，保护人群健康、社会财富和生态平衡，按照法定程序制定的各种技术规范的总体。一般来说，环境标准是具有法律性质的技术规范。环境标准的法律性质主要表现在：

首先，环境标准具有规范性。法律的基本特征之一是具有规范性，它是调整人们行为的尺度。环境标准同法律一样也是一种具有规范性的行为规则，它同一般法律不同之处只在于：它不是通过法律条文规定人们的行为模式和法律后果，而是通过一些定量性的数据、指标、技术规范来表示行为规范的界限，来调整人们的行为。

其次，环境标准具有法律的约束力。例如，环境质量标准是制定环境目标和环境规划的依据，也是判断环境是否受到污染和制定污染物排放标准的法定依据；污染物排放标准更是监督、监测各种排污活动，判定排污活动是否违法的依据。

最后，环境标准的制定像法规一样，要经授权由有关国家机关按照法定程序制定和颁发。

2.4.2 环境标准分类

环境保护标准是对环境保护领域中，各种需要规范的事物的技术属性所作的规定。1973年，《工业“三废”排放试行标准》编制出台，成为我国历史上第一项环境保护标准。我国现已形成了“五类两级”的环境标准完整体系。“五类”指以环境质量标准、污染物排放（控制）标准和环境监测方法等3类标准为核心，包含环境基础标准与标准制修订规范、管理规范类环境保护标准两类标准在内的国家环境保护标准体系。“两级”指的是国家级环境保护标准和地方级环境保护标准。

按照《中华人民共和国标准化法》的第七条规定：“国家标准、行业标准分为强制性标准和推荐性标准。保障人体健康，人身、财产安全的标准和法律、行政法规规定强制执行的标准是强制性标准，其他标准是推荐性标准。”有关强制性国家环境标准的代号，用“GB”表示；推荐性国家环境标准的代号，用“GB/T”表示；行业环境标准代号用“HJ”表示，推荐性行业环境标准代号用“HJ/T”表示。

目前我国的环保标准已经基本实现了领域及行业全覆盖。水、空气、土壤、声与振动、固体废物与化学品、生态、核与电磁辐射等环境保护领域以及造纸、制药、有色金属冶炼、建材、火电、机动车、施工机械等行业都已囊括到了环境保护标准范围之内。

1. 环境质量标准

以维护一定的环境质量，保护人群健康、社会财富和促进生态良性循环为目标，规定环境中各类有害物质（或因素）在一定时间和空间内的允许含量，叫作环境质量标准。环境质量标准反映了人群、动植物和生态系统对环境质量的综合要求，也标志着在一定时期国家为控制污染在技术上和经济上可能达到的水平。环境质量标准体现环境目标的要求，是评价环境是否受到污染和制定污染物排放标准的依据。

2. 污染物排放标准

为了实现国家的环境目标和环境质量标准，对污染源排放到环境中的污染物的浓度或数量所作的限量规定就是污染物排放标准。制定排放标准的直接目的是为了控制污染物的排放量，达到环境质量的要求。污染物排放标准为污染源规定的最高允许排污限额（浓度或总量），是确认排污行为是否合法的法律根据，超过排放标准要承担相应的法律责任。

3. 环境监测方法标准

环境监测规范方法标准指为监测环境质量和污染物排放、规范采样、分析测试、数据处理等技术所制定的国家环境监测方法标准。环境监测是人们对影响人类和其他生物生存和发展的环境质量状况进行的监视性测定活动，通常包括物理指标测定、化学指标测定以及生态系统的测定。环境监测方法标准具有规范性、强制性，严格的制定程序和显著的技术性和时限性，是制定环境保护规则和计划的重要依据，是实施环境保护法律、法规的基本保证，是强化环境监督管理的要点，也是提高环境质量，推动环境科学技术进步的动力。环境监测方法标准包括《城市区域环境噪声测量方法》《摩托车和轻便摩托车噪声测量方法》等。

4. 环境基础标准与标准制修订规范

国家对环境保护工作中需要统一的技术术语、符号、代号（代码）、图形、指南、导则及信息编码等所作的规定，叫作环境基础标准。它是制定其他环境标准的基础。其目的是为制定和执行各类环境标准提供一个统一遵循的准则，避免各标准间的相互矛盾。

为使标准化工作更好地为社会主义经济建设服务，国家标准制修订项目要有利于促进产业升级和产业结构调整、推动科技进步和技术创新、推进与国际惯例接轨，应结合国家产业发展政策和市场对标准的需求情况，做到立项合理、重点突出。国家标准的立项，由国家标准化管理委员会负责，任何政府机构、行业社团组织、企事业单位和个人均可提出制（修）订国家标准立项申请，并填写《国家标准项目建议书》。从 2004 年开始，申报国家标准制（修）订项目必须同时上报标准草案（电子版），立项建议由相应的标准化分技术委员会受理，经分技术委员会审查论证后报全国汽车标准化技术委员会。国家标准化管理委员会对接收的标准立项建议进行汇总后，在国家标准委网站上公示一段时间，广泛征求意见后，组织有关国家标准管理机构、行业部门进行协调，经协调一致的项目，列入国家标准制修订计划；国家标准立项计划由国家标准化管理委员会统一批准下达。

5. 管理规范类环境保护标准

规范，就是明文规定或约定俗成的标准，适于环保事业发展、利于行业环保建设的技术规范、管理规范、行业规范、导则等均属于此范畴。它具有规范性、强制性、科学性和相对稳定的特点。例如《生态环境状况评价技术规范》《建设项目竣工环境保护验收技术规范》《建设项目环境风险评价技术导则》和《核辐射环境质量评价一般规定》等。

2.4.3 环境标准的作用

1. 环境标准具有法规约束力

国家环境标准具有法规约束力，绝大多数是法律规定必须严格贯彻执行的强制性标准，具有行政法规的效力。国家环境标准明确规定了适用范围，及企事业单位在排放污染物时必须达到、可以达到的各项技术指标要求，规定了监测分析的方法以及违反要求所应承担的经济后果等，同时我国环境标准从制（修）订到发布实施有严格的工作程序，使环境标准具有规范性特征。国家环境标准又是国家有关环境政策在技术方面的具体体现，努力促使经济建设和环境建设协调发展。

2. 环境标准是环境规划的体现

通过环境规划来实施环境标准，环境标准提供了可列入国民经济和社会发展计划中的具体环境保护指标，为环境保护计划切实纳入各级国民经济和社会发展计划创造了条件。环境规划的目标主要是用标准来衡量的。环境质量标准是具有鲜明的阶段性和区域性特征的规划指标，具备可定量化、可操作性强的特点。污染物排放标准是根据环境质量目标要求，将规划措施付诸实施，按污染控制项目进行分解和定量化，具有可阶段性实施的特点。

3. 环境标准是环境管理的依据

环境管理制度和措施的一个基本特征是定量管理，要求在污染源控制与环境目标管理之间建立定量评价关系，并进行综合分析，需要通过环境保护标准统一技术方法，作为环境管理制度实施的技术依据。环境标准是强化环境管理的核心，环境质量标准提供了衡量环境质量状况的尺度，污染物排放标准为判别污染源是否违法提供了依据。同时，环境基础标准统一了环境质量标准和污染物排放标准实施的技术要求，为环境质量标准和污染物排放标准正确实施提供了技术保障，并相应提高了环境监督管理的科学水平和可比程度。

4. 环境标准是推动科技进步的动力

环境标准是依据科学技术与实践的综合成果制定的，具有科学性和先进性，代表了今后一段时期内科学技术的发展方向。环境标准在某种程度上成为判断污染防治技术、生产工艺与设备是否先进可行的依据，成为筛选、评价环保科技成果的一个重要尺度，对技术进步起到导向作用。同时，环境标准规范了环保有关技术名词、术语等，保证了环境信息的可比性，使环境科学各学科之间，环境监督管理各部门之间以及环境科研和环境管理部门之间有效的信息交往和相互促进成为可能，加速科技成果转化。

5. 环境标准是环境评价的准绳

在环境评价工作中，只有依靠环境标准，才能作出定量化的比较和评价，正确判断环境质量的好坏，从而为控制环境质量，进行环境污染综合整治，以及设计切实可行的治理方案提供科学依据。

6. 环境标准具有投资导向作用

环境标准中指标值的高低是确定污染源治理污染资金投入的技术依据，在基本建设和技术改造项目中也是目标标准值，可量化污染治理程度，为提前安排污染防治资金提供导向作用。

2.5　环境管理机构的发展

到目前为止，我国的环境管理机构经历了 7 次调整，形成了一个比较能适应环境规划与管理需要的完整体系。

1. 环境保护领导小组

20 世纪 70 年代以前，我国就设有自然资源管理的行政主管部门，这些机构既是对自然资源进行管理的行政机关，又是国家企事业单位的上级主管部门，具有双重主体资格。与环境有关的行政管理机关还有计划、工业、建设、卫生等行政主管部门。

1974 年 10 月 25 日，经国务院批准正式成立国务院环境保护领导小组，这是我国成立的第一个环境保护工作职能部门。1975 年，国务院环境保护领导小组发布《关于环境保护的 10 年规划意见》，同年，黄河水源保护管理机构——黄河流域水资源保护局成立。1976 年长江水源保护管理机构——长江水源保护局成立。1979 年 9 月《中华人民共和国环境保护法（试行）》首次颁布，中国环境保护开始迈上法制轨道。

2. 城乡建设环境保护部

1982 年 5 月 4 日，国务院为了加强环保工作，撤销了国务院环境保护领导小组，将国家建委、国家城建总局、建工总局、国家测绘局、国务院环境保护领导小组办公室合并，组建城乡建设环境保护部，部内设环境保护局，并实行计划单列和财政、人事权的相对独立。另外，在国家计划委员会内又增设了与环境保护工作有关的国土局，形成了由环境保护局、国土局和其他工业、资源、卫生等部门共同负责的国家环境保护行政管理体制。

3. 国务院环境保护委员会

1984 年 5 月 8 日，成立了国务院环境保护委员会，其办公室设在城乡建设环境保护部（由环境保护局代行）。同年 12 月 5 日，城乡建设环境保护部环境保护局改为国家环境保护局，仍归城乡建设环境保护部领导，同时也是国务院环境保护委员会的办事机构。

4. 国家环境保护局

1988 年 7 月，隶属于城乡建设环境保护部领导的国家环境保护局独立出来，成为国务院直属局，正式更名为国家环境保护局（副部级），实现环境保护职能部门第二次跳跃。

5. 国家环境保护总局

1998 年 6 月，国家环境保护局升格为国家环境保护总局（正部级），是国务院主管环境保护工作的直属机构，实现环境保护职能部门第三次跳跃。在这次国务院机构改革中，除了将原林业部调整为国家林业局外，还成立了新的“国土资源部”，以统一对国家国土资源的管理。同时，将原副部级的国家环境保护局升格为国家环境保护总局，撤销了国务院环境保护委员会，职能有所增加，并在全国环境保护系统实行以地方为主的双重领导管理体制。

2002 年，我国环境管理部门实施管理体制的“垂直领导”，即地、市级以下的环境管理机构实行人事、行政的垂直领导，集中管理，改变了“条块结合”的分散式行政管理体制，提高了各级环境管理机构的执法积极性和权威性。2006 年为加强中央对地方的监督，国家环保总局在全国先后成立了 5 个环保督察中心，为总局派出机构，进一步增强了环境执法能力。

6. 环境保护部

2008年3月15日，第十一届全国人民代表大会第一次会议正式批准在原国家环境保护总局的基础上，成立中华人民共和国环境保护部，作为国务院组成部门，实现环境保护职能部门第四次跳跃。负责拟订并实施环境保护规划、政策和标准，组织编制环境功能区划，监督管理环境污染防治，协调解决重大环境保护问题，还有环境政策的制定和落实、法律的监督与执行、跨行政地区环境事务协调等任务。

7. 生态环境部

2018年3月17日，第十三届全国人民代表大会第一次会议正式批准将环境保护部的职责与国家发展和改革委员会、国土资源部、水利部、农业农村部、国家海洋局、国务院南水北调工程建设委员会6部门的相关环境保护职责整合，组建生态环境部，作为国务院组成部门，不再保留环境保护部，实现环境保护职能部门第五次跳跃。

习题与思考

1. 简述我国环境保护的基本方针。

2. 简述我国环境管理的基本政策。

3. 请在三类相关政策（产业政策、技术政策、环境经济政策）中选择一类，通过查阅资料，收集汇总该类政策执行过程中，国家有关部门已颁布的各项规定（列出汇总表）。

4. 简述我国环境保护法规体系的构成。

5. 2014年新修订的《中华人民共和国环境保护法》与原版相比有什么新的措施?

6. 2000年4月29日第九届全国人大常委会第十五次会议审查通过的《中华人民共和国大气污染防治法》是该法的第二次修订，请比较该法二次修订的主要内容，并分析我国大气污染防治的发展动向。

7. 试比较2008年版《中华人民共和国水污染防治法》与1996年版在内容上的变化，并分析我国水污染防治的发展动向。

8. 简述八项环境管理制度的含义和相关规定。

9. 说明我国环境标准的分类方法，并按污染控制因子分类列表归纳常用环境标准目录。

第 3 章　环境规划与管理的理论基础

学　习　提　示

学习目标：理解各个理论基础（可持续发展、生态学原理、“两山论”、系统论原理、经济学原理和管理学原理）的基本知识和基本原则，各个理论基础与环境规划与管理的相关关系。

学习重点：环境规划与管理的理论基础。

学习难点：环境规划与管理的经济学原理。

3.1　可持续发展原理

3.1.1　可持续发展的定义

1987 年，在《我们共同的未来》报告中正式使用了“可持续发展”的概念，即“既能满足当代人的需要，又不对后代人满足其需要的能力构成危害的发展”。1992 年 6 月联合国环境与发展会议通过了以可持续发展为核心的《里约环境与发展宣言》和《21 世纪议程》等重要文件。1994 年 3 月，国务院第 16 次常务会议讨论通过了《中国 21 世纪议程——中国 21 世纪人口、环境与发展白皮书》，首次把可持续发展战略纳入我国经济和社会发展的长远规划。1997 年把可持续发展战略确定为我国“现代化建设中必须实施”的战略，与科教兴国战略一起被确定为中国走向 21 世纪的两大国家战略。

可持续发展包含需要和限制两层含义，需要是指世界各国人民的基本需要，应将此放在特别优先的地位来考虑；限制是指当前的技术状况和社会组织对环境满足现在和将来需要的能力施加的限制。

可持续发展理论的形成是以唯物史观为基础的，其直接目的是解决生态恶化的困境，寻求克服传统发展模式对生态环境产生负面影响的有效途径。可持续发展理论强调把环境保护作为发展进程的一个重要组成部分，作为衡量发展质量、发展水平和发展程度的客观标准之一。注重环境与经济的协调，人与自然的和谐，认为健康的经济发展应建立在生态可持续、社会公正和人民积极参与自身发展决策的基础上。

3.1.2　可持续发展的原则

1. 协调原则

可持续发展的目标是促使社会、经济、环境协调发展，三者相互联系、相互制约，共同组成一个整体。为了实现可持续发展，需要协调人类社会、经济行为与自然生态的关系，协调经济发展与环境的关系，协调人类的持久生存与资源长期利用的关系，努力做到经济发展与环境保护的和谐统一。

2. 公平原则

可持续发展是一种机会、利益均等的发展，既包括同代内区际间的均衡发展，也包括代际间的均衡发展。地球上人类各代都处在同一生存空间，对自然资源和社会财富拥有同等享用权和生存权。发达国家或是发展中国家都应享有平等的、不容剥夺的发展权。对于发展中国家，发展更为重要，因其正经受来自贫穷和生态恶化的双重压力，贫穷导致生态恶化，生态恶化又加剧了贫穷，只有发展才能最终走向现代化和文明。

3. 持续原则

在“发展”的概念中还包含着制约因素，主要有人口数量、自然资源与环境、技术状况等。人类的经济和社会发展不能超越资源与环境的承载能力，应将当前利益与长远利益有机结合起来，促使人类赖以生存的物质基础——自然资源与环境得以持续。

4. 共同原则

可持续发展所要达到的目标是全人类的共同目标。因国情不同，实现可持续发展的具体模式不可能是唯一的，任何国家或地区，协调、公平和持续的原则是共同的，只有全人类共同努力，才能实现可持续发展的总目标。

3.1.3 可持续发展研究的主要内容

1. 环境保护与可持续发展

环境保护与可持续发展既有联系，又不等同。环境保护是可持续发展的重要方面；可持续发展的核心是发展，但要求在严格控制人口、提高人口素质和保护环境、资源永续利用的前提下进行经济和社会的发展。环境保护是区分可持续发展与传统发展的分水岭和试金石。

环境建设是实现发展的重要内容，不仅为发展创造出许多直接或间接的经济效益，而且可为发展保驾护航，向发展提供适宜的环境与资源。环境保护可以保证可持续发展最终目的实现，因为现代的发展早已不是仅仅满足于物质和精神消费，而是同时把为建设舒适、安全、清洁、优美的环境作为实现的重要目标进行不懈努力。可持续发展把环境保护作为衡量发展质量、发展水平和发展程度的客观标准之一。

可持续发展要求加快环境保护新技术的研制和普及，解决环境危机、改变传统的生产方式以及消费方式，根本出路在发展科学技术。只有大量地使用先进科技才能使单位生产量的能耗、物耗大幅度下降，才能实现少投入、多产出的发展模式，减少对资源、能源的依赖性，减轻环境的污染负荷。为了可持续发展，环境保护应是发展进程的一个部分，不能脱离这一进程来考虑。可持续发展非常重视环境保护，把环境保护作为它积极追求实现的最基本目的之一。

可持续发展一方面要求人们在生产时要尽可能地少投入，多产出；另一方面又要求人们在消费时尽可能地多利用、少排放。因此，我们必须纠正过去那种单纯靠增加投入、加大消耗实现发展和以牺牲环境来增加产出的错误做法，从而使发展更少地依赖有限的资源，更多地与环境容量有机的协调。

2. 经济与可持续发展

从人类社会发展的角度看，人类要走可持续发展之路，关键是要找到一个正确的经济发展模式，经济系统的生态化是必由之路。

经济生态化核心是经济系统向自然生态系统有选择性地学习，通过调整经济系统的结构与功能，转变和优化要素利用方式，以最大限度降低经济系统运行对资源和环境的影响，向稳态经济的最终目标迈进。

重新定位经济系统，保持经济系统索取和资源环境供给之间协调，经济系统废弃物排放和环境承载力协调；转变经济系统结构，改造已有产业和提高资源利用效率；通过新增“绿色”产业和创新利用方式，转变经济系统功能，从“又多又快又好”到“又好又快又省”，从强调最大到强调最可持续，从物质生产到同时进行物质生产和辅助环境生产，从提供产品到提供服务。

构建循环型经济是经济系统的一个具有根本性意义，或者说是革命性意义的大变革，由于它将导致社会运行规则的改变，因此它是人类理性的回归与升华，是人类社会进步和文明演进的必然选择，更是可持续发展的工具和钥匙。

3. 社会与可持续发展

对人口资源的正确估计是可持续发展战略考虑的前提之一。要考虑人口的绝对数量与粮食问题、人口老化及养老保障、城市化带来的农业人口过剩、妇女问题和社会分工、人口素质、教育和社会结构的完善、人口信息的开发与利用及家庭结构问题。另外灾害防治和环境法制的研究也是可持续发展的重要方面。

社会发展要和谐发展，和谐发展的核心是科学发展观，即“坚持以人为本，树立全面、协调、可持续的发展观，促进经济社会和人的全面发展”和“统筹城乡发展、统筹区域发展、统筹经济社会发展、统筹人与自然发展、统筹国内发展与对外开放的要求”。和谐发展强调“各明其位”“各得其所”和“各尽所能”，和谐发展的目标和指向是要实现人与人的和谐、人与社会的和谐和人与自然的和谐。人与人的和谐是要妥善协调各方利益关系，促进社会公平和正义，实现各个社会阶层群众的利益要求；人与社会的和谐是实现经济社会的和谐发展，实现人的全面发展；人与自然的和谐是注重资源的节约和有效合理利用，注重生态环境的保护，避免浪费资源、破坏资源，增强可持续发展的能力。

4. 区域的可持续发展

区域可持续发展的核心就是经济增长点。增长点也叫增长极，是指某些特定的产业部门或地区在经济增长中起着特殊重要的作用和占据支撑区域的作用。首先其规模应相对地大，才能产生充分的直接效应和间接效应；其次，应当是增长最快的产业和地区；第三，应同其他产业部门之间具有高强度的投入产出关系，能够使增长效应被传递分散；第四，它应是创新的“朝阳式”产业或企业。新经济增长点的作用已被我国经济发展的实际所证实。

3.2 生态学原理

美国环境学家米勒总结了生态学三定律。生态学第一定律：任何行动都不是孤立的，对自然界的任何侵犯都具有无数效应，其中许多效应是不可逆的。该定律为哈定所提出，可称之为多效应原理或极限性原理。生态学第二定律：每一种事物无不与其他事物相互联系和相互交融。此定律可称为相互联系原理或生态链原理。生态学第三定律：我们生产的任何物质均不应对地球上自然的生物地球化循环有任何干扰。此定律可称之为无干扰原理或生物多样性原理。

我国生态学家马世骏先生提出了生态学五规律：相互制约和相互依赖的互生规律、相互补偿和相互协调的共生规律、物质循环转化的再生规律、相互适应与选择的协同化规律和物质输入输出的平衡规律。陈昌笃提出了六条生态学一般规律：物物相关、相生相克、能流物复、负载定额、协调稳定和时空有宜。

2012年11月，党的十八大从新的历史起点出发，作出“大力推进生态文明建设”的战略决策，从10个方面绘出生态文明建设的宏伟蓝图。建设生态文明，是关系人民福祉、关乎民族未来的长远大计。面对资源约束趋紧、环境污染严重、生态系统退化的严峻形势，必须树立尊重自然、顺应自然、保护自然的生态文明理念，把生态文明建设放在突出地位，融入经济建设、政治建设、文化建设、社会建设各方面和全过程，努力建设美丽中国，实现中华民族永续发展。坚持节约资源和保护环境的基本国策，坚持节约优先、保护优先、自然恢复为主的方针，着力推进绿色发展、循环发展、低碳发展，形成节约资源和保护环境的空间格局、产业结构、生产方式、生活方式，从源头上扭转生态环境恶化趋势，为人民创造良好生产生活环境，为全球生态安全作出贡献。

3.2.1 极限性原理——环境容量和环境承载力

任何事物都具有一定的程度。生态环境系统中的一切资源都是有限的，环境对污染和破坏所带来的影响，也只有一定限量的承受能力。如果超过这个限度，就会使自然系统失去平衡稳定的能力，引起质量上的衰退，并造成严重的后果。因此，人类对环境资源的开发利用，必须维持自然资源的再生功能和环境质量的恢复能力，不允许超过生物圈的承载能力或容许极限。在进行环境管理时，应根据事物的极限性原理，对环境系统中各因素的功能限度——环境容量和环境承载力展开慎重的分析研究。

1. 环境容量

(1) 环境容量的含义

环境容量，是指某一环境区域内对人类活动造成影响的最大容纳量，是一个复杂的反映环境净化能力的量，其数值应能表征污染物在环境中的物理、化学变化及空间机械运动性质。

环境容量（M）是动态变化的，由基本环境容量（K）和变动环境容量（R）两个部分组成，即 $M=K+R$。基本环境容量也被称为K容量或稀释容量，可以通过环境质量标准减去环境本底值求得；变动环境容量也被称为R容量或自净容量，指该环境单元的自净能力。合理利用生态环境的稀释和自净容量，对防治环境污染具有重要的经济价值。从这个意义上讲，环境容量是一种环境资源，并受到人们的重视。

环境容量是自然生态环境的基本属性之一，由自然生态环境特征和污染物质特性所共同确定，是反映生态平衡规律、污染物在自然环境中的迁移转化规律以及生物与生态环境之间的物质能量交换规律为基础的综合性指标。

某环境单元内的环境容量值的大小，与该环境单元本身的组成和结构有关。因此，在地表不同的区域内，环境容量的变化具有明显的地带性规律和地区性差异。要准确地得到某区域的环境容量，需要花费大量的人力、物力以及较长的研究、监测时间。由于环境容量的自净机制，所以可用环境浓度标准值与背景值之差，并通过一定的输入输出关系转换成排放量，即以污染物的允许排放量作为环境容量。

在环境规划与管理过程中，如果将环境系统视为一个容纳废弃物的“容器”，显然是不合适的。环境容量应是一个描述系统性的、与人类社会行为息息相关的动态变化量。环境系统不仅提供容纳污染物的能力，为人类还提供了生存发展所必需的资源、能源、各种精神财富和文化载体。环境对人类社会的支持作用远大于环境容量这一概念的内涵。

（2）环境容量的应用

通过污染源的浓度控制并不能有效地控制某一地区的污染发展趋势。即使每个排放源均浓度达标，也不能保证众多企业污染物浓度叠加后还能达标，也不能很好地对区域环境污染物总量进行控制。只有利用环境容量进行区域环境的污染物排放总量控制，继而控制区域环境质量。

例如，在城市环境综合整治规划中，首先根据污染源调查结果和已制定的社会经济发展规划，利用各种模型预测未来的环境质量；其次根据预测结果和已确定的环境目标，通过浓度、排放量转换关系计算环境容量；最后根据环境容量和污染物总削减量，得到综合治理方案。

2. 环境承载力

（1）环境承载力的含义

环境承载力指在一定时期内，在维持相对稳定的前提下，环境系统所能承受的人类社会、经济活动的能力阈值。

环境承载力是描述环境状态的重要参量之一，即某一时刻环境状态不仅与其自身的运动状态有关，还与人类作用有关。环境承载力既不是一个纯粹描述自然环境特征的量，又不是一个描述人类社会的量，它反映了人类与环境相互作用的界面特征，是研究环境与经济是否协调发展的一个重要判据。

环境承载力侧重体现和反映环境系统的社会属性，即外在的社会禀赋和性质，环境系统的结构和功能是其承载力的根源。而环境容量侧重反映环境系统的自然属性（自然环境的各种要素，例如大气、水、土壤、生物等和社会环境的各种要素，例如人口、经济、建筑、交通等），即内在的禀赋和性质；在科学技术和社会关系发展的一定历史阶段，环境承载力是有限的，环境容量也具有相对的确定性和有限性，这是两者的共同之处。

（2）环境承载力的描述

环境承载力是环境系统固有功能的表现，它不仅与环境系统本身的结构有关，还与外界（人类社会经济活动）的输入输出有关。若将环境承载力（EBC）看成一个函数，那么它至少包含时间（T）、空间（S）、人类经济行为的规模与方向（B）三个自变量。

$$\mathrm{EBC} = f(T, S, B) \tag{3-1}$$

在一定时刻、在一定的区域范围内，可以将环境系统自身的固有特征视为定值，则环境承载力随人类经济行为规模与方向的变化而变化。环境承载力的特征表现为时间性、区域性以及与人类社会经济行为的关联性。不同的时刻、不同的地点、不同的经济行为作用力，具有不同环境承载力。环境承载力既是一个客观的表现环境特征的量，又与人类的主要经济行为息息相关。

为了方便量化描述，将环境承载力划分为：① 环境能够容纳污染物的量；② 环境持续支撑经济社会发展规模的能力；③ 环境维持良好生态系统的能力。

（3）环境承载力指标体系

从环境系统与人类社会经济系统之间物质、能量和信息的联系角度，可以将环境承载力指标分为三部分：资源供给指标（例如水资源、土地资源和生物资源的数量、质量和开发利用程度)、社会影响指标（例如经济实力、污染治理投资、公用设施水平和人口密度等）和污染容纳指标（例如污染物的排放量、绿化状况和污染物净化能力等）。

通过环境承载力指标体系，可以间接量化表达某一区域的环境承载量和环境承载力。环境承载力可以被应用于环境规划，并作为其理论基础之一，成为从环境保护方面规划未来人类行为的一项依据。

3.2.2 生态链原理——工业生态学和生态工业园

所谓生态链原理是指按照生态学第二定律“每一种事物无不与其他事物相互联系和相互交融”的原理，模仿生态系统物质循环和能量流动的规律重构工业（产业）系统，推行循环经济模式，研究现代工业系统运行机制的耦合思想，是环境规划与管理的重要理论基础。

1. 工业生态学

（1）工业生态学的定义

工业生态学又称产业生态学，是一门研究社会生产活动中自然资源从源、流到汇的全代谢过程、组织管理体制以及生产、消费、调控行为的动力学机制、控制论方法及其与生命支持系统相互关系的系统科学。

工业生态学实践者界定的工业的外延非常广泛，涵盖了人类的各种活动，其研究范围不仅仅局限在一个企业的围墙之内，而是扩展到人类生存和活动对地球造成的各种影响，包括社会对资源的利用，成为循环经济理论产生的基础。

工业生态学是生态工业的理论基础。把整个工业系统作为一个生态系统来看待，认为工业系统中的物质、能源和信息的流动与储存不是孤立的简单叠加关系，而是可以像在自然生态系统中那样循环运行，它们之间相互依赖、相互作用、相互影响，形成复杂的、相互连接的网络系统。工业生态学通过“供给链网”分析（类似食物链网）和物料平衡核算等方法分析系统结构变化，进行功能模拟和分析产业流（输入流、产出流）来研究工业生态系统的代谢机理和控制方法。

工业生态学的思想包含了“从摇篮到坟墓”的全过程管理系统观，即在产品的整个生命周期内不应对环境和生态系统造成危害，产品生命周期包括原材料采掘、原材料生产、产品制造、产品使用以及产品用后处理。系统分析是产业生态学的核心方法，在此基础上发展起来的工业代谢分析和生命周期评价是目前工业生态学中普遍使用的有效方法。工业生态学以生态学的理论观点考察工业代谢过程，亦即从取自环境到返回环境的物质转化全过程，研究工业活动和生态环境的相互关系，以研究调整、改进当前工业生态链结构的原则和方法，建立新的物质闭路循环，使工业生态系统与生物圈兼容并持久生存下去。

（2）特征及趋势

工业生态学领域开始社群化，目前已经出现了专注于物质流分析的分会和专注于生态工业发展的分会两大子群。发达国家占据工业生态学领域的主导地位，且欧、美、日三足鼎立的格局日益明显。其中，美国强于概念体系、理论构建和全球视野，欧洲强于大项目主导和系统实践，日本则精于刻画并着眼于亚洲视角。工业生态学的理论基础和学科体系仍然比较模糊，社会物质代谢和生态工业发展成为学科的主体构成，但前者偏于还原视角，后者理论建构不足。生态工业园区、城市代谢、节能减排与气候变化等都成为了工业生态学应用的热点领域。

2. 生态工业园

（1）生态工业园的概念

生态工业园是建立在一块固定地域上的由制造企业和服务企业形成的企业社区。在该社区内，各成员单位通过物流或能流传递等方式把不同工厂或企业连接起来，形成共享资源和互换副产品的产业共生组合，使一家工厂的废弃物或副产品成为另一家工厂的原料或能源，模拟自然系统，在产业系统中建立“生产者—消费者—分解者”的循环途径。并通过共同管理环境事宜和经济事宜来获取更大的环境效益、经济效益和社会效益。整个企业社区能获得比单个企业通过个体行为的最优化所能获得的效益之和更大的效益。

20 世纪发展起来的工业生态学和循环经济是生态工业园的理论基础。工业生态学是专门审视工业体系与生态圈关系的、充分体现综合性和一体化的一种新思维。它强调用生态学的理论和方法研究工业生产，把工业生产视为一种类似于自然生态系统的封闭体系，其中一个单元产生的“废物”或副产品，是另一个单元的“营养物”和投入原料。这样，区域内彼此靠近的工业企业就可以形成一个相互依存，类似于生态食物链过程的“工业生态系统”。循环经济是对物质闭环流动型经济的简称，它是以物质、能量梯次和闭路循环使用为特征的，以“资源→产品→再生资源”为主的物质流动经济模式。它改变了传统工业经济高强度地开采和消耗资源，高强度地破坏生态环境的物质单向流动模式，即“资源→产品→废物”，使环境保护和经济增长做到了有机的结合。

生态工业园的目标是在最小化参与企业的环境影响的同时提高其经济效益。这类方法包括通过对园区内的基础设施和园区企业（新加入企业和原有经过改造的企业）的绿色设计、清洁生产、污染预防、能源有效使用及企业内部合作。生态工业园也要为附近的社区寻求利益以确保发展的最终结果是积极的。

生态工业园是继经济技术开发区、高新技术开发区之后中国的第三代产业园区。它与前两代的最大区别是：以生态工业理论为指导，着力于园区内生态链和生态网的建设，最大限度地提高资源利用率，从工业源头上将污染物排放量减至最低，实现区域清洁生产。与传统的“设计—生产—使用—废弃”生产方式不同，生态工业园区遵循的是“回收—再利用—设计—生产”的循环经济模式。它仿照自然生态系统物质循环方式，使不同企业之间形成共享资源和互换副产品的产业共生组合，使上游生产过程中产生的废物成为下游生产的原料，达到相互间资源的最优化配置。

生态工业园综合地运用了工业生态学和循环经济理论，把经济增长建立在环境保护的基础上，体现了人与自然和谐相处的思想，是 21 世纪经济可持续发展的一种重要模式。

（2）生态工业园的建设实践

一般认为，生态工业园的雏形是工业共生体，丹麦的卡伦堡共生体就是工业共生体的成功典范。卡伦堡生态工业园是世界上最早也是最著名的生态工业园，其主体企业是发电厂、炼油厂、制药厂、石膏板生产厂。以这 4 家企业为核心，通过贸易方式利用对方生产过程中产生的废弃物和副产品，不仅减少了废物产生量和处理的费用，还产生了较好的经济效益，形成了经济发展与环境保护的良性循环。这是生态工业园发展的雏形，也是工业生态学的第一次实践。

美国是世界上最为积极投身于生态工业园规划和建设的国家。在 1994 年，总统可持续发展理事会指定了 4 个社区作为生态工业园区的示范点，即马里兰州的巴尔的摩、弗吉尼亚州的查尔斯、德克萨斯州的布朗斯和田纳西州的恰塔努加，这 4 个示范点对生态工业园区的设想和侧重点各不相同。美国政府大力支持生态工业园的发展，美国环境保护局和能源部一直探讨建立生态工业园区的可能性。美国的生态工业园，涉及生物能源开发、废物处理、清洁工业、固体和液体废物的再循环等多种行业多个层次，并且各具特色。

生态工业园是我国工业园区建设的高级阶段。我国的工业园区发展经历了三个阶段，其中第一代园区内主要以劳动密集型的“三来一补”型企业为主，技术含量低；第二代园区内的企业以高新技术应用为特征；第三代园区则是生态工业园，其基本功能是解决经济、环境和社会三者协调发展的问题。

2001年8月，我国第一个国家级生态工业示范园区——广西贵港国家生态工业（制糖）示范园区由原国家环保总局授牌建设。之后，辽宁、江苏、山东、天津、新疆、内蒙古、浙江、广东等省、自治区、直辖市分别开展了生态工业园区建设的试点，试点不仅覆盖制糖、造纸、化工、水泥、冶金等传统行业，也有电子、环保、汽车、生物化工等高科技行业。2012年5月24日，国家发展改革委召开了《全国循环经济发展“十二五”规划》专家论证会，会议明确将循环经济摆到重要的位置，首次提出了资源产出率提高15%的目标，该规划强调循环经济减量化、再利用、资源化，遵循减量化优先的原则，指导国内循环经济发展方向。之后生态工业园的推进工作加速，并且在党的十八大提出生态文明后得到进一步的强化。目前，已有34个国家级经济技术开发区启动创建国家生态工业示范园区，12个国家级经济技术开发区通过验收命名。

3.2.3 生物多样性原理——与自然和谐相处的环境伦理观

生物多样性原理给环境规划与管理提出了转变人类观念和调整人类行为的基本任务，而这种观念和行为的改变，取决于对人与自然关系的重新认识。因此，与自然和谐相处的环境伦理，成为环境价值观的基础。著名的生态哲学家、国际环境伦理学会主席罗尔斯顿说：“在实践中，环境伦理学的根本要求是保护地球上的生命，在理论上，它的根本要求是确立意义深远的价值理论，以此为它提供强有力的理论支持。”

环境伦理是指人对自然的伦理。它涉及人类在处理与自然之间的关系时，何者为正当、合理的行为，以及人类对于自然界负有什么样的义务等问题。20世纪60年代以后，全球生态环境问题日益突出，如何从规范人们的行为入手，为现代人提供适合当代生态文明的环境伦理，更成为学术界和社会人士普遍关心的问题，并提出了关于环境伦理学的各种观点。

1. 生命中心主义

生命中心主义的代表人物之一P. W. 泰勒在《尊重自然：一种环境伦理学理论》一书中写道：采取尊重自然的态度，就是把地球自然生态系统中的野生动物看作是具有固有价值的东西。根据他的意见，所谓“尊重自然”就是尊重“作为整体的生物共同体”，而尊重“生物共同体”就是承认构成共同体的每个动植物的“固有的价值”，并认为所有形式的生命具有同等的价值，所有生命都应该受到尊重，人类不是万物的中心。

提出生命中心主义的环境伦理观，其目的是为了保护野生的动物，避免被人类伤害。由于人类在组成社会、进行生产和发展文化的过程中，已经具备了其他生物无法比拟的力量和优势，因此，只有从价值观上肯定野生动植物也像人一样具有它不可剥夺的“权利”与“价值”，才能避免人类对自然生物的进一步伤害，并使人类承担起对自然的伦理责任。

2. 地球整体主义

不仅生命体具有内在的价值，包括土地、岩石、自然景观都有固有的价值和权利。环境伦理学先驱李奥波德在其著作《大地伦理学》中提出，“大地伦理”是指“规范人与大地以及人与依存于大地的动植物之间关系的伦理规则”，其基本主张是要将人“从大地这一共同体的征服者转变成为这一共同体的平凡一员、一个构成要素”。这一“大地伦理”的特征是将“共同体”的概念从以往伦理学所研究的人类社会共同体的关系扩展到了大地。这里“大地”包括土壤、水、植物、动物等，其实是整个自然生态系统。他在《大地伦理学》中提出，所有一切万物，均有其内在的生命价值，均应看成和人一样，得到尊重。他强调大地并不是一项商品，而是与人共存的一个“社区”。他指出：“我们从前虐待大地，是因为将其视为属于我们的一项商品。当我们认清大地是我们属于它的一种社区，我们才可能对其开始尊重与爱护。”

3. 代际均等的环境伦理观

代际均等的环境伦理观认为以人类为中心，只考虑人类各成员的均等，而将自然环境和其他生命有机体看作是人类均等义务，最终都源于我们人类各成员相互间所应承担的义务。但是，这一伦理观不同于传统的伦理观之处，是它把人类各成员间的平等关系从“代内”扩展到“代际”，认为在享有自然资源与拥有良好的环境上，我们的子孙后代与我们当代人具有同等的权利。因此，从子孙后代的权益考虑，我们当代人应该约束自己的行为，制定对自然的道德规则与义务，使自然环境得到保护。代际均等的环境伦理观已成为可持续发展的基本原则。

以上三种环境伦理观由于出发点和考虑问题角度的不同，各自成为相对独立的思想体系，但这些不同思想取向的环境伦理的根本目标与思想取向上是一致的，就是试图通过提出人与自然环境之间的伦理关系，来解决人类面临的日益严峻的生态破坏与环境污染问题。将我们关于生态学的知识上升至伦理的高度，要求人们从生态学的角度来看待和约束自己的行为，来解决人类面临的日益严峻的生态破坏与环境污染问题。

3.3　“两山论”原理

3.3.1　“两山论”的含义

习近平总书记任浙江省委书记时，在《求是》杂志上发表署名文章，提出“生态兴则文明兴、生态衰则文明衰”的重要论断。2005年8月15日，他到浙江余村进行调研后，以笔名“哲欣”在《浙江日报》头版“之江新语”栏目中发表《绿水青山也是金山银山》短评。“绿水青山与金山银山既会产生矛盾，又可辩证统一。”这就是习近平总书记提出的著名科学论断“绿水青山就是金山银山”，后来被称为“两山论”。

以“两山论”为基石的习近平生态文明思想，是与马克思主义生态观一脉相承的，充分体现了马克思主义的辩证观点，是在继承马克思主义生态观的基础上，结合人类文明发展的经验教训及基于对人类文明发展意义的深邃思考而逐步形成、发展的。“两山论”系统剖析了经济与生态在演进过程中的相互关系，深刻揭示了经济社会发展的基本规律，是对自然发展规律、经济社会发展规律、人类文明发展规律的最新认识，是引领中国走向生态文明之路的理论之基。

3.3.2 “两山论”的发展和生态文明思想

1. 新时代推进生态文明建设“五大任务”

结合六大原则，习近平总书记在讲话中重点提出了五大任务：加快构建生态文明体系、全面推动绿色发展、把解决突出生态环境问题作为民生优先领域、有效防范生态环境风险、提高环境治理水平。

这“六个原则”“五大任务”，是对习近平生态文明思想的一次比较完整的表述，而“两山论”作为六项重要原则之一，成为习近平生态文明思想完整理论体系的核心内涵和重要支撑。

2. 新时代推进生态文明建设“四个一”

2019年3月5日下午，习近平总书记在参加第十三届全国人民代表大会第二次会议内蒙古代表团审议时提出加强生态文明建设的“四个一”：在“五位一体”总体布局中，生态文明建设是其中一位；在新时代坚持和发展中国特色社会主义基本方略中，坚持人与自然和谐共生是其中一条基本方略；在新发展理念中，绿色是其中一大理念；在三大攻坚战中，污染防治是其中一大攻坚战。

这“四个一”体现了我们党对生态文明建设规律的把握，体现了生态文明建设在新时代党和国家事业发展中的地位，体现了党对生态文明建设的部署和要求。

3. “两山论”的生态文明思想

“两山论”的生态文明思想为推进美丽中国建设、实现人与自然和谐共生的现代化提供了方向指引和根本遵循，必须用以武装头脑、指导实践、推动工作。教育广大干部增强“四个意识”，树立正确政绩观，把生态文明建设重大部署和重要任务落到实处，让良好生态环境成为人民幸福生活的增长点、成为经济社会持续健康发展的支撑点、成为展现我国良好形象的发力点。

(1) 坚持生态兴则文明兴

建设生态文明是关系中华民族永续发展的根本大计，功在当代、利在千秋，关系人民福祉，关乎民族未来。

(2) 坚持人与自然和谐共生

保护自然就是保护人类，建设生态文明就是造福人类。必须尊重自然、顺应自然、保护自然，像保护眼睛一样保护生态环境，像对待生命一样对待生态环境，推动形成人与自然和谐发展现代化建设新格局，还自然以宁静、和谐、美丽。

(3) 坚持绿水青山就是金山银山

绿水青山既是自然财富、生态财富，又是社会财富、经济财富。保护生态环境就是保护生产力，改善生态环境就是发展生产力。必须坚持和贯彻绿色发展理念，平衡和处理好发展与保护的关系，推动形成绿色发展方式和生活方式，坚定不移走生产发展、生活富裕、生态良好的文明发展道路。

(4) 坚持良好生态环境是最普惠的民生福祉

生态文明建设同每个人息息相关。环境就是民生，青山就是美丽，蓝天也是幸福。必须坚持以人民为中心，重点解决损害群众健康的突出环境问题，提供更多优质生态产品。

(5) 坚持山水林田湖草是生命共同体

生态环境是统一的有机整体。必须按照系统工程的思路，构建生态环境治理体系，着力扩大环境容量和生态空间，全方位、全地域、全过程开展生态环境保护。

（6）坚持用最严格制度最严密法治保护生态环境

保护生态环境必须依靠制度、依靠法治。必须构建产权清晰、多元参与、激励约束并重、系统完整的生态文明制度体系，让制度成为刚性约束和不可触碰的高压线。

（7）坚持建设美丽中国全民行动

美丽中国是人民群众共同参与共同建设共同享有的事业。必须加强生态文明宣传教育，牢固树立生态文明价值观念和行为准则，把建设美丽中国化为全民自觉行动。

（8）坚持共谋全球生态文明建设

生态文明建设是构建人类命运共同体的重要内容。必须同舟共济、共同努力，构筑尊崇自然、绿色发展的生态体系，推动全球生态环境治理，建设清洁美丽世界。

3.4 系统论原理

管理的系统论原理是现代管理学研究的重要理论成果之一，在管理科学学科体系中占有重要地位。“人类—环境”系统是以人类为中心的递阶层次的复杂巨系统，用系统论原理指导环境管理的实践，解决管理中的复杂问题，有其特殊的优越性。目前，系统论原理无论在理论研究还是在实际应用上都取得了很大的成就，越来越受到环境规划与管理工作者的重视。本节将在介绍系统工程基本知识的基础上，阐述环境规划与管理的系统论原理。

3.4.1 系统工程基本知识

1. 系统工程的概念

系统工程是以系统为研究对象，把所要研究和管理的事务当成系统，从系统的整体性观点出发，对系统进行最优规划、最优管理、最优控制，以达到最优系统目标的一门综合性组织管理技术，是一门多学科、多方法的边缘科学。日本工业标准 JIS 规定：“系统工程是为了更好地达到系统目标而对系统的构成要素、组织结构、信息流动和控制机构等进行分析与设计的技术”。我国著名学者钱学森先生指出：“把极其复杂的研制对象称为系统，即由相互作用和相互依赖的若干组成部分结合成具有特定功能的有机整体，而且这个系统本身又是它从属的一个更大系统的组成部分。……系统工程则是组织管理这类系统的规划、研究、设计、制造、试验和使用的学科方法，是一种对所有系统都具有普遍意义的科学方法”。

2. 系统工程方法论

美国学者 A. D. 霍尔在 1969 年提出三维结构分析法，比较准确地反映了系统工程方法学的实质。霍尔的三维结构图从逻辑维、时间维和知识维三个方面说明了系统工程的基本方法和程序。

（1）逻辑维。逻辑维给出了解决系统工程问题思考过程的逻辑关系和顺序。这个逻辑思维过程分为 7 个阶段，各阶段的内容为：

第一阶段：规划准备。通过系统调查，尽量收集所要解决问题的历史、现状及发展趋势的资料和数据，阐明问题的形成原因和关键之所在。

第二阶段：系统目标统计。提出系统需要达到的目标体系，并拟订评价系统功能的标准，以利于评价衡量所有可供选择的系统方案。

第三阶段：系统方案综合。按照系统的目标和问题的特性，拟定出各种可供选择的方案，并相应阐明设计方案的结构、参数、所需条件、主要优缺点等。

第四阶段：系统方案分析。按照系统评价标准，对各备选方案进行分析和比较，拟定系统功能与目标的分析模型，通过模型化分析，综合研究方案的功能和特征。

第五阶段：系统方案优化。在系统分析的基础上，选定和调整系统中有关参数，选择有利于达到系统目标优化的可行方案。

第六阶段：系统方案决策。通过最优化分析，选出最优方案。

第七阶段：系统实施。制定出实现选定方案的计划并付诸实施，如计划实施遇到问题则重复前面的步骤，直至方案目标完成。

（2）时间维。时间维给出了系统工程活动从规划到使用、更新的时间先后顺序。一般把整个活动过程按时间先后顺序分成7个阶段，各阶段的内容与任务如下：

第一阶段：规划阶段。在广泛调查研究基础上，按系统要求拟定规划目标和战略对策。

第二阶段：拟定方案。根据规划目标和战略对策提出具体计划方案。

第三阶段：分析阶段。采用数学模拟方法，分析方案实现的条件、结果和要求。

第四阶段：运筹阶段。对各方案进行技术经济评价与比较，选择优化方案。

第五阶段：系统实施。启动入选方案，使其开始运转。

第六阶段：运行阶段。系统进入正常运行工作。

第七阶段：更新阶段。根据系统环境的变化，按照新的目标的要求，不断改进原设计，使系统功能更完善有效。

（3）知识维。知识维给出了制订方案、评价方案和实施方案各阶段各步骤所需要的知识和专业技术。按各种知识和技术的使用频率和重要程度，系统工程依次使用工程技术、环境科学、数学工具、计算机技术、现代化管理理论、法律、医学、社会学等知识内容。

由霍尔三维结构分析法可知，系统工程方法在研究问题时特别强调研究对象和研究过程的整体性，坚持全面地看问题，寻求总体最优的研究效果。系统工程方法在研究问题时还具有跨学科、跨专业的综合性特点，尤其适合研究复杂的巨系统。而且，系统工程研究方法具有科学性和艺术性结合的特性，表现在其解决问题时，不局限于同一种模式，而是在系统理论的指导下，追求创造性地解决问题。

3.4.2 环境规划与管理的系统论原则

在一个组织当中，它的每个要素的性质或行为都会影响整个组织的性质和行为，这是因为组织内的各要素是相互联系、相互作用、相互影响的，而且组织作为一个整体是由各要素的有机结合而构成的。因此在进行规划与管理时，就要考虑各要素之间的相互关系，考虑每个要素的变化对其他要素和整个组织的影响。这种从全局或整体考虑问题的方式称之为环境规划与管理的系统论原则。

1. 系统的整分合原则

所谓整分合原则就是指管理者在进行现代环境规划与管理活动时，必须从系统原理出发，把规划与管理过程当成一个系统，并把这个系统放在动态的社会环境和自然环境中去考察和分析，也可称之为整体性原则。

整分合原则主要为了实现高效率管理，在整体规划下明确分工，在分工基础上进行有效的综合。在这个原则中，整体是前提，分工是关键，综合是保证。因为，没有整体目标的指导，分工就会盲目而混乱；离开分工，整体目标就难以高效实现。如果只有分工，而无综合或协作，那么也就无法避免和解决分工带来的分工各环节的脱节及横向协作的困难。管理必须有分有合，先分后合，这是整分合原则的基本要求。

管理活动的进行，第一步是所谓的系统管理的整体设计，即"整"，要注意从系统整体出发，分析系统的性质、功能和结构，确定系统的整体目标，对组织运行及整体目标进行整体规划、整体设计和整体优化；第二步是在整体设计基础上，对整体任务和整体目标进行分解和落实，即所谓的"分"，围绕系统的整体目标，对各子系统管理活动及运行活动进行目标分解、任务分工和职责安排，形成管理工作分工体系和纵横交错的管理组织机构；第三步是在分解和落实总任务总目标的基础上进行整体协作和整体综合，即所谓的"合"，要根据系统的整体规划和整体目标的特点和要求，对系统中各部门各环节的分散的管理活动进行系统协调和综合，加强各部门各环节工作之间的联系和协作，依靠"公众参与"的力量完成系统的总任务和总目标。

我国在实施污染物排放总量控制规划中，首先从整体高度确定国家环境目标，提出实现该目标应控制的污染物总量；其次将编制的全国污染物排放总量控制计划中的主要污染物排放量指标分解到各省、自治区、直辖市，逐级分解下达，形成逐级实施总量控制计划管理体系；再次，在各级实施总量控制计划过程中，推行"环保目标责任制"、"污染物排放许可证制度"和"城市环境综合整治定量考核制度"等发挥各部门综合积极性的制度措施，以各子系统目标的实现来保证全国总量控制整体目标的实现。

2. 系统的相对封闭原则

相对封闭原则是由系统中各要素相互联系、相互制约的性质和特点导出的管理原则。现代管理活动的对象，一方面是独立性很强的组织系统，有着内部相对稳定的结构、内部流通构成，形成内部的运动环流；另一方面又和外部环境有着广泛、经常的纵向、横向交换和联系，与外界环境存在物质、能量、信息的交换，系统相应地具有内部封闭性和对外的开放性。管理活动本身就是一种各因素、各环节相互影响、相互制约、环环相扣的链式循环过程。无论是决策活动还是信息活动，都必须构成一个连续封闭的回路。现代管理，必须在对外开放的前提下，对内采取封闭性的管理，使得内部各个环节、部分，有序衔接、首尾相连，形成环路，从而构成一个完整无缺、有去有回、有进有出的过程环流，使各部分连为一体，相互联系、相互促进，以完成整体目标。这就是现代管理的相对封闭原则。

相对封闭原则反映了管理系统及管理活动的相对独立性、组织活动的目的性和为实现目标的综合性手段。相对封闭原则的实施，就是强调管理过程中管理活动及各管理机构相互制约和相互促进的机制。管理活动本身是一种客观上环环相扣的循环过程和各因素各环节相互作用、相互制约的统一体。管理活动的目的在于实现系统的目标，而目标的实现必须动用一定手段、消耗一定的资源。要达到组织系统的整体目标，必须把系统中具有不同特点和不同利益的各组成部分组织起来，形成一定定向的协作力。同时还必须有一种保证系统及各组成部分的运动朝着既定方向运动的约束机制。

相对封闭原则的具体内容包括：

（1）管理总体过程的封闭性。管理组织的整分合，从整个运行过程看，实际上也是一种管理封闭。根据整体目标所作的分解，成为许多相关的局部目标及其活动，最后，无论是管理活动还是业务活动，都必须聚合成整体活动并复归于整体目标的实现。

（2）管理制度的封闭性。任何管理的封闭性，都离不开一系列管理制度的确定和实施。管理制度必须构成封闭，才能真正有效。不仅要有一个尽可能全面的执行制度，而且应有对执行的监督制度，还必须有反馈制度，它包括执行过程中产生矛盾的裁决制度，对执行发生错误的处理制度等。管理制度不封闭，等于没有制度，若有空子可钻，有错也不能真正执行。

（3）管理信息系统的封闭性。现代管理活动离不开信息。一方面，管理过程，必须有相应的信息流为前提，信息伴随着管理活动的整个流程；另一方面，现代管理活动已经独立分化出专门的管理信息系统。所以，内部信息流必须构成封闭，这是一切管理活动封闭的前提和保证。

总之，根据管理的相对封闭和相对独立的原则和环境管理的特点，应加强我国管理体制和机构的改革，改变行业和地方条块分散、狭窄的管理体制，改变工业部门只管完成生产指标，电力部门只管完成发电任务，农业部门只管产量增加，而把产生的环境问题却留给环境管理部门去解决的被动管理状态。通过进一步健全环保法制，实行条块结合，促进经济发展与环境保护的协调。

3. 管理的弹性原则

弹性原则是基于系统的动态性及与外界关系发展变化的复杂多变性而提出的管理原则。所谓环境规划与管理的弹性原则，是指管理者要在对系统与外界联系进行深入研究的基础上，结合系统内部结构功能的特点，对影响系统运行的各种因素进行科学的分析和预测，在充分了解系统所有可能发展前景的情况下，对制定的决策目标、计划、战略都留有充分的余地，以增强管理系统的应变能力。人类-环境系统是一个由多种因素构成的复杂巨系统，现代科学技术突飞猛进，社会生产力极大提高，经济规模空前扩大，导致全球性资源短缺、环境污染和生态恶化。环境管理势必卷入以人口、资源、发展、环境等重大问题为中心的急剧变化、充满竞争和挑战的不确定环境中。这种外界环境的动态性和不确定性给管理系统带来了风险，增大了管理者进行预测、决策、规划以及控制的难度。因此，环境管理者要根据弹性原则，在管理决策和方案制定时应按照一定的科学程序，使用一定的科学方法，使其制定的方案能适应未来的变化，具有一定弹性和应变能力。

增强管理弹性可以从增加组织的弹性、管理目标方案的弹性和管理者随机应变、灵活管理的能力两方面入手。

4. 管理的反馈原则

管理的反馈原则是基于管理系统中信息反馈和反馈控制在实现管理系统目标中的重要作用而提出的管理原则。所谓管理的反馈原则，是指管理者为保证及时、高效、准确地完成组织计划任务和目标，必须及时了解系统外部环境的变化及系统自身活动的进展，及时、准确地掌握系统环境变化和系统状态的变化，一旦发现系统状态及输出结果与原定计划方案和目标有较大的偏离，就马上采取纠偏行动来控制系统的活动，使系统的运行状态和输出结果与原定计划目标尽可能保持一致，确保环境目标的实现。管理的反馈控制保证了决策管理系统制定的决策、任务和目标的按计划完成，是现代环境管理的不可缺少的组成部分。当前，应着重抓好以下两方面的工作。

（1）建立功能齐全的环境管理信息系统。管理系统所需的信息，主要来自于系统中的信息反馈机构。管理信息是否及时、准确、齐全，对管理决策和管理控制具有决定性的影响。随着经济与社会的发展，现代环境管理中所涉及的因素越来越多，问题也越来越复杂，需要的信息量也越来越大。因此，管理系统中必须建立功能齐全、强劲有力的信息反馈机构，形成良好的信息反馈机制。

（2）根据反馈的信息进行适时有效的控制。管理反馈原则的核心是要求管理决策机构根据反馈信息对受控对象进行适时有效的控制。信息反馈只是提供了受控系统的运行状况和输出结果的状态，而要真正实现管理目标，必须靠管理决策系统根据反馈信息制定出指令实行纠偏。控制的目的是纠偏，而纠偏必须及时和有效。例如，加强统计工作对环境的监督作用，实行统计监督；加强环境统计分析工作，为管理决策和纠偏控制提供系统性的统计资料；加强环境监理工作，及时发现和处理系统运行过程中的反馈信息等。

3.5　经济学原理

环境规划与管理的任务是协调环境保护和经济建设的同步发展，实现经济效益、社会效益和环境效益的统一。环境问题实质上是一个经济问题。为了增强综合国力和提高人民生活水平，我国必须实现持续的经济增长，同时又不能破坏经济发展所依赖的资源和环境基础。因此，资源、环境和经济政策必须相辅相成。随着我国向社会主义市场经济体制的转变，在政府的宏观调控下，市场经济机制在规范对环境的态度和行为方面将起到越来越重要的作用，经济杠杆作用在强化环境管理过程中，也将发挥日益重要的作用。

3.5.1　环境经济学的基本观念

1. 研究对象和任务

社会经济的再生产过程，包括生产、流通、分配、消费和废物处理等环节，它不是在自我封闭的体系中进行的，而是同自然环境有着紧密的联系。在以 GDP 增长为唯一目标的传统经济发展模式下的工业文明阶段，全然不顾及自然资源的耗竭和后代人的生存权利，就连传统经济学中定义的自由取用物品（例如清洁空气、干净河水和生态景观等），竟也成了稀缺资源。工业文明阶段的经济快速增长，几乎都是通过牺牲环境质量和耗竭自然资源而换取的。人类经济活动和环境之间的物质变换，说明社会经济的再生过程只有既遵循客观经济规律又遵循自然生态规律才能顺利地进行。环境经济学就是研究合理调节人与自然之间的物质变换，使社会经济活动符合自然生态平衡和物质循环规律，不仅能取得近期的直接效果，又能取得远期的间接效果。从这个角度讲，建立可持续发展的经济体系、社会体系和保持与之相适应的可持续利用的资源和环境基础，是环境经济学研究的主要任务。

2. 研究内容

环境经济学的研究内容，主要包括以下四个方面：

（1）环境经济学的基本理论。包括社会体制、经济与环境的相互作用关系以及环境价值量的理论和方法等。当人类活动排放的废弃物超过环境容量时，为保证环境质量必须投入大量的物化劳动，这部分劳动已越来越成为社会生产中的必要劳动。为了保障环境资源的持续利用，也必须改变对环境资源无偿使用的状况，对环境资源进行计量，实行有偿使用，使社会不经济性内在化，使经济活动的环境效应能以经济信息的形式反馈到国民经济核算体系中，保证经济决策既考虑直接的近期效果，又考虑间接的长远效果，促进经济发展符合自然生态规律的要求。具体包括环境经济学理论在可持续发展条件下的修正和应用，完善国民经济核算体系，环境资源价值评估等。

（2）社会生产力的合理组织。环境污染和生态失调，很大程度上是对自然资源的不合理的开发和利用造成的。合理开发和利用资源，合理规划和组织社会生产力，是保护环境最根本、最有效的措施。为此必须以科学发展观为指导，改变单纯以 GDP 衡量经济发展成就的传统方法，把环境质量的改善作为经济发展成就的重要内容，使生产和消费的决策同生态学的要求协调一致；要研究把环境保护纳入经济发展计划的方法，以保证基本生产部门和消除污染部门按比例的协调发展；要研究生产布局和环境保护的关系，按照经济观点和生态观点相统一的原则，拟定各类资源开发利用方案，确定国家或地区的产业结构，以及社会生产力的合理布局。

（3）环境保护的经济效果。包括环境污染、生态失调的经济损失估价的理论和方法，各种生产生活废弃物最优治理和利用途径的经济选择，区域环境污染综合防治优化方案的经济分析，各种污染物排放标准确定的经济准则，各类环境经济数学模型的建立等。

（4）运用经济手段进行环境管理。经济手段在环境管理中是与行政、法律、教育手段相互配合使用的一种方法。它通过税收、财政、信贷等经济杠杆，调节经济活动与环境保护之间的关系、污染者与受污染者之间的关系，促使企业和个人的生产和消费方式符合可持续发展的需要。当前，更应加强对市场经济条件下环境经济政策的研究，建立适合中国国情的环境税收制度、资源有偿使用制度和资源定价政策，依靠价值规律和供求关系来强化环境规划与管理。

3.5.2 环境经济学的基本理论和方法

1. 基本理论

（1）经济效率理论

意大利社会学家、经济学家帕累托在 20 世纪初从经济学理论出发探讨资源配置效率问题，提出了著名的“帕累托最适度”理论。这一理论被奉为环境经济学的经典。经济效率理论认为，经济效率应该是社会经济效率，既不是传统生产力理论中的“产出最大化”，也不是传统消费者理论中的“效用最大化”，而应寻求个人、集体和社会之间经济效率的协调与统一。

（2）外部性理论

外部性理论是经济学术语，马歇尔的“外部经济”理论、庇古的“庇古税”理论和科斯的“科斯定理”等外部性理论，为环境经济学的建立和发展奠定了理论基础。外部性亦称外部成本、外部效应或溢出效应。外部性可以分为正外部性（或称外部经济、正外部经济效应）和负外部性（或称外部不经济、负外部经济效应）。

外部性理论认为，在没有市场力的作用下，外部性表现为财经独立的两个经济单位（如公司和消费者）的相互作用，某个经济主体对另一个经济主体产生一种外部影响，而这种外部影响又不能通过市场价格进行买卖。并应用一般均衡分析法，分析环境问题产生的经济根源，即生产和消费的外部性和它的影响范围，提出解决环境污染这个外部不经济性问题的各种方法。

（3）物质平衡理论

在 20 世纪 60 年代中期，鲍尔丁依据热力学定律，提出了一个最基本的环境经济学问题，即环境与经济相互作用关系问题。他指出，首先，根据热力学第一定律，生产和消费过程产生的废弃物，其物质形态并没有消失，必然存在于物质系统之中，因此，在规划经济活动时，必须同时考虑环境吸纳废弃物的容量；第二，虽然回收利用可以减少对环境容量的压力，但是根据热力学第二定律，不断增加的熵意味着 100％的回收利用是不可能的。

20 世纪 70 年代初期，柯尼斯、艾瑞斯和德阿芝依据热力学第一定律的物质平衡关系，对传统的经济系统做了重新划分，并提出了著名的物质平衡模型。该模型分析了包括环境要素在内的投入产出关系，首次从环境经济学的角度指出了环境污染的实质。

物质平衡理论的一个现代经济系统由物质加工、能量转换、污染物处理和最终消费四个部门（或部分）组成。在这四个部门之间及由这四个部门组成的经济系统与自然环境之间，存在着物质流动关系。如果这个经济系统是封闭的，没有物质净积累，那么在一个时间段内，从经济系统排入自然环境的污染物的物质量必须大致等于从自然环境进入经济系统的物质量。为了使人类经济步入可持续发展的轨道，减少经济系统对自然环境的污染，最根本的办法是提高物质及其能量的利用效率和循环使用率，减少自然资源的开采量和使用量，从而降低污染物的排放量。循环经济的提出和发展，正是物质平衡理论在可持续条件下的实践。

（4）自然环境价值理论

约翰·克鲁梯拉是最早定义自然环境价值的经济学家。他在 1967 年 9 月提出了“舒适型资源的经济价值理论”。在此之前，许多环境经济学家虽然已经研究过自然资源的合理利用问题，但主要是关于适度的开发速度和开发规模，实现资源可持续利用的最优配置。涉及的主要内容是可耗竭资源中的矿产资源（例如石油、煤矿、金属矿等），又称为“采掘型资源”。但对于一些稀有的生物物种、珍奇的自然景观、重要的生态环境系统，却缺乏必要的研究。克鲁梯拉把这类资源称为“舒适型资源”，并认为出于科学研究、生物多样性保护和不确定性等原因，保护好舒适性资源，或者将这类资源的使用严格限制在可再生的限度之内是十分必要的。舒适型资源所具有性质表明，对这类资源的损坏是单向的，被破坏就意味着永远丧失。这就是舒适型资源破坏的不可逆性，也是舒适型资源概念的核心。

如果承认舒适型资源是不可逆的，那么就应当重新认识舒适型资源的价值构成。当供人直接或间接利用舒适型资源获得的经济收益是舒适型资源的“使用价值”；当代人为了保证后代人能够利用资源而做出的支付和后代人因此而获得收益，是舒适型资源的“选择价值”；人类不是出于任何功利的考虑，只是为了资源的存在而表现出的支付意愿是舒适型资源的“存在价值”，这一理论最重要的贡献在于为定量评价舒适型资源的经济价值奠定了坚实的理论基础。

（5）排污交易权理论

1960 年，美国芝加哥大学的经济学家科斯发表了论文《社会成本问题》，提出了著名的科斯定理，即“在设计和选择社会格局时，我们应当考虑总的效果”，“关键在避免较严重的损害”。著名经济学家戴尔斯提出的排污交易权理论就是在科斯定理的基础上发展起来的。

排污交易权理论认为，环境资源是一种商品，政府拥有所有权，政府可以在专家帮助下组织实施排污权交易，通过市场竞争机制，促使外部性内部化，达到避免较严重的损害的目的。也就是政府有效地适用其对环境资源这个特殊商品的产权，使市场机制在环境资源优化配置和外部性内部化问题上发挥最佳作用。这就是著名的排污交易权理论。

2. 主要分析方法

（1）环境退化的宏观经济评估

环境退化包括自然资源耗竭和环境质量恶化两部分。环境退化的经济评估，主要研究如何确定环境资源价值核算的指标体系、核算方法，将环境退化纳入到国民收入核算体系中，争取改进现行的国民收入核算体系，在经济增长中考虑环境资源的消耗。

（2）环境质量的费用效益分析

这是环境经济学的核心内容，包括环境资源的价值核算理论和方法；环境污染和生态破坏的经济损失评估技术；环境质量改善的效益评估；污染控制的费用评估；环境质量影响的剂量反应关系；环境规划、政策和标准制定中费用效益分析方法的应用；环境效果分析和风险分析等。

（3）环境经济系统的投入产出分析

投入产出分析可以用定量方式来描述环境与经济的协调关系，可以是宏观的定量描述，将环境保护纳入国民经济综合平衡计划；也可以是微观的定量描述，描述一个企业各生产工序间环境与经济的投入产出关系。这是建立环境管理最优化模型和循环经济发展模式的基本方法。

（4）环境资源开发项目的经济评价

在考察费用和效益时要考虑到间接（外部）费用和间接效益。间接费用和效益的计算要涉及环境质量费用效益分析技术以及资源的机会成本或影子价格计算。

3.6 管理学原理

3.6.1 管理的二重性特点

1. 管理二重性的涵义

管理作为一种社会活动，必然有其质的规定性。管理的本质具有二重性。管理理论、管理方法和管理思想，都是由管理的本质决定的。马克思指出：“凡是直接生产过程具有社会结合过程的形态，而不是表现为独立生产者的孤立劳动的地方，都必然会产生监督劳动和指挥劳动。不过它具有二重性。”① 马克思还指出：“因此，如果说资本主义的管理就其内容来说是二重的，——因为它所管理的生产过程本身具有二重性：一方面是制造产品的社会劳动过程，另一方面是资本的价值增殖过程，——那么，资本主义的管理就其形式来说是专制的。”② 从马克思对资本主义管理的论述中可以看出，管理具有双重的性质：它既有同生产力、社会化大生产相联系的自然属性，又有同生产关系、社会制度相联系的社会属性。

（1）管理的自然属性

管理的自然属性表明，管理之所以必要，是由劳动的社会化和生产力发展水平所决定的。管理是分工协作的共同劳动得以顺利进行的必要条件。共同劳动规模越大，劳动的社会化程度越高，管理也就越重要。而且，管理在社会劳动中还具有特殊的作用，即只有通过管

---

① 马克思：《资本论》第三卷，第431页，人民出版社1975年版。

② 马克思：《资本论》第一卷，第368～369页，人民出版社1975年版。

理才能把实现劳动过程所必需的各种要素结合成有机体，使各种生产要素发挥各自的作用。这些由自然属性所决定的管理功能与社会制度、生产关系没有直接联系。管理的自然属性就是管理的技术性，技术性是管理本质的一个重要方面。这方面的内容在思想、观念、理论上的反映，便可归结为自然科学技术的管理学理论和方法，例如管理工艺学、管理数学、管理工程学等。而这些技术性的理论和方法与社会制度、生产关系也是没有直接联系的。

现代化生产是社会化大生产，为了保证社会化大生产能够持续稳定地进行，就要按照社会化大生产的要求，合理地进行计划、组织、领导和控制，最有效地利用人力、物力和财力资源，提高经济效益。管理是生产力的要素之一，不进行有效的管理，生产就无法顺利地进行，更谈不上发展。在管理学中有一部分内容，诸如质量管理、库房管理、定额管理、成本管理、财务管理等，主要是对物的管理，不具有意识形态色彩。这些内容属于生产力的范畴，在不同国家、不同社会制度之间可以通用，甚至照搬。

（2）管理的社会属性

管理的社会属性是与生产关系、社会制度的性质紧密相关的。因为管理是一种社会活动，管理必须且只能在一定的社会历史条件下和一定的社会关系中进行，因而也必然采取一定的社会组织形式来执行管理的职能。

在管理学中还包括另一部分内容，诸如组织目标、组织道德、领导作风、激励方式、管理理念、人际关系、群体价值观、组织文化等，主要是对人的管理，具有较强的意识形态色彩，属于生产关系和社会关系的范畴。这些内容，与民族文化传统、社会制度、地方风俗、组织传统、社会风尚等密切相关，因此在不同国家、不同民族、不同社会制度之间的借鉴和交流较为复杂，不可直接照搬。

2. 自然属性和社会属性的关系

管理的二重性是相互联系、相互制约的。一方面，管理的自然属性不可能孤立存在，总是在一定的社会制度和生产关系条件下发挥作用。而管理的社会属性也不可能脱离管理的自然属性而存在，否则管理的社会属性就会成为没有内容的形式；另一方面，两者又是相互制约的。管理的自然属性要求具有一定的“社会属性”的组织形式和生产关系与其适应。同样，管理的社会属性也必然对管理的科学技术等方面发生影响或制约作用。

需要注意的是，管理的自然属性和社会属性是两位一体的，不能把它们截然分开。我国的许多学者把管理的自然属性称为管理的一般职能，把管理的社会属性称为管理的特殊职能，而把管理的各项基本工作称为管理的基本职能。按照这种含义，管理的一般职能与管理的特殊职能总是结合在一起的，在管理的基本职能中体现出来，并一起发挥作用。就像一辆车的两个轮子，两个轮子一起转动，车辆才能前进。这种两位一体的关系，如图 3-1 所示。

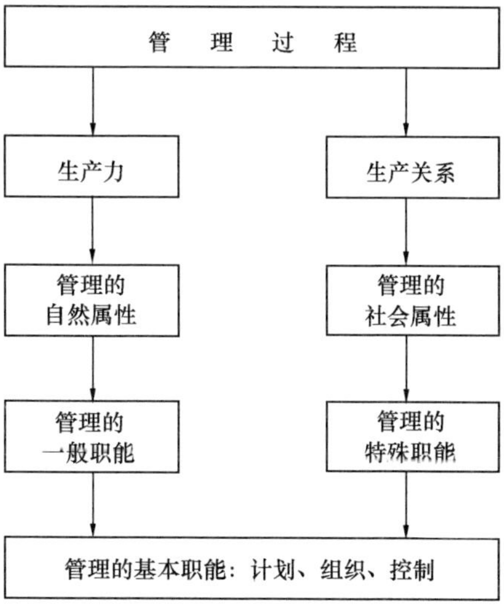

图 3-1　管理二重性关系示意图

3. 对环境规划与管理的启发

根据管理二重性的特点，就能在理论上探讨我国环境污染和生态破坏的总趋势未能得到根本控制的根源。过去，我们常把这一根源理解为国家大、底子薄、缺少污染治理资金、科技落后等生产力不发达所造成，实际上这是管理的自然属性的反映。根据管理的社会属性，按照社会主义初级阶段理论，除了生产力不发达这个原因之外，还有一个生产关系和社会体制方面的重要原因，就是对于社会主义初级阶段这一基本国情把握不准而带来的不适应的经济体制和不完善的社会体制，以及经济发展战略上还在沿袭高消耗追求经济数量增长和“先污染后治理”的传统发展模式。因此，根据管理的二重性学说，环境管理应从基本国情出发，坚持改革开放，改革经济体制和社会体制，建立可持续发展的经济体系、社会体系、政策体系、法律体系，建立促进可持续发展的综合决策机制和协调经营机制，加强同国际社会的经济、科学和技术交流与合作，吸取适合中国国情的先进适用技术和经验。

我们要正确认识管理的二重性，一方面要学习、借鉴发达国家先进的管理经验和方法，以便迅速地提高我国的管理水平；另一方面又要考虑我们自己的国情，建立具有中国特色的环境规划与管理体系，实现经济发展与环境保护的双赢。

3.6.2 管理的职能

前已述及，法约尔将管理分为计划、组织、指挥、协调、控制 5 种职能，而在法约尔管理思想基础上发展起来的管理过程学派进一步将管理职能归为计划、组织和控制三大职能，为我们提供了一个研究管理核心功能的框架。

1. 计划职能

（1）计划的性质

① 计划的目标性。任何组织或个人制定计划都是为了有效地达到某种目标。计划工作要使今后的行动集中于目标，要预测并确定哪些行动有利于达到目标，哪些行动不利于达到目标或与目标无关，从而指导今后的行动朝着目标的方向迈进。可以说，没有目标的行动计划或多或少是一种盲目的行动。

② 计划的首要性。计划是管理的首要职能。这主要是由于管理过程当中的其他职能都是为了支持、保证目标的实现。因此这些职能只有在计划工作确定了目标之后才能进行。

③ 计划的普遍性。任何管理者或多或少都有某些制定计划的权力和责任。高层管理者不可能也不必要对自己组织内的一切活动作出确切的说明，这也是有效的管理者所必须遵循的一条原则。也就是说，计划不仅仅是领导的职责，也是组织成员的普遍职责。

（2）计划类型

由于人类活动的复杂性与多元性，计划的种类也变得十分复杂和多样。人们根据不同的背景、不同的需要编制出各种各样的计划。常见分类方法见表 3-1。

表 3-1 计划的分类

分类原则	计划种类	分类原则	计划种类
按计划的时间界限划分	1. 长期计划 2. 中期计划 3. 短期计划	按计划的范围划分	1. 政策 2. 程序 3. 方法
按计划制定者的层次划分	1. 战略计划 2. 管理计划 3. 作业计划	按计划的约束力划分	1. 指令性计划 2. 指导性计划
按计划的对象划分	1. 综合计划 2. 局部计划 3. 项目计划	按计划的性质划分	1. 经济发展计划 2. 环境保护计划 3. 土地利用计划等

（3）目标管理

目标管理是由美国著名管理学家彼得·德鲁克首先提出的。他在《管理的实践》一书中提出“目标管理与自我控制”的主张。他认为，目标管理的最大优点在于能使人们用自我控制的管理来代替受人支配的管理，激发人们发挥最大的能力，把事情做好。

目标管理，概括地说，就是在一定时期内，激励各级管理人员积极参加工作目标的制定，并在管理中实行自我控制，自觉完成工作目标，以保证总目标的实现。目标管理的基本思想是，一切活动开始于目标的制定，活动的进行以目标为导向，活动的结果以完成目标的程度来评价。

目标管理实施的步骤是：① 制定规划的目标方针，然后由上而下逐级展开，分解为各部门、各地区的分目标，形成目标体系；② 组织实施目标方案，进行信息交流、检查、控制等活动，保证各项目标的实现；③ 对目标完成情况进行自下而上的评定、考核、奖励和表彰；④ 在实现预定目标的基础上，进行全面总结，找出问题，提出改进方案，制订新的目标，转入下一个循环。

目标管理是一种综合的以指标为中心和以人为中心的管理方法。它首先是由上级管理人员同下级管理人员一起制定目标。目标管理机构内每个人的责任和成果相互密切联系，明确地规定了每个部门、地区的职责范围。因此，目标管理就是所有成员共同制定目标、共同实施目标的一种管理方法。目标管理方法已经在我国环境管理中得到广泛的应用。

2. 组织职能

（1）组织的含义

古典管理学派将组织定义为：“组织是为了达到某些特定目标经由分工与合作及不同层次的权力和责任制度，而构成的人的集合。”这个含义具有 3 层意思：① 组织必须具有目标；② 没有分工与合作也不能称其为组织；③ 组织要有不同层次的权力与责任制度。

（2）组织环境

任何组织都是在一定的环境下生存和发展的。环境给组织提供资源，吸收组织的产出，同时又给予组织许多约束。一个组织要保持持续的发展，它就必须适合其周围的环境。组织环境包括许多要素，其中最主要的是人力、物质、资金、气候、市场、文化、政府政策和法律。环境总是处于变化之中，有时变化剧烈，有时变化缓慢。当环境变到足以阻碍组织的发展时，就必须对组织进行调整和改革，以适应环境的变化。

组织与它的环境是相互作用的，组织依靠环境来获得资源以及某些必要的机会；环境给予组织活动某些限制，而且决定是否接受组织的产出。如果组织能够不断地提供环境所能接受的产品或服务，环境就会不断地给组织提供资源和机会。环境和组织之间的作用如图 3-2 所示。

（3）组织结构形式

在进行组织设计或改革的时候，要对组织设计的原则加以认真地研究。这些原则是在大量实践的基础上总结抽象出来的，它们凝聚了前人在组织设计方面成功的经验与失败的教训，尽量遵循这些原则就会大大减少管理上发生的障碍。组织结构是随着社会发展而发展的，目前常用的组织结构形式有 5 种，即直线职能结构、事业部结构、模拟分权结构、矩阵结构以及各种形式的委员会。在组织设计或组织结构改造的过程中，应该经常对照组织设计进行检查，衡量利弊，排除隐患。

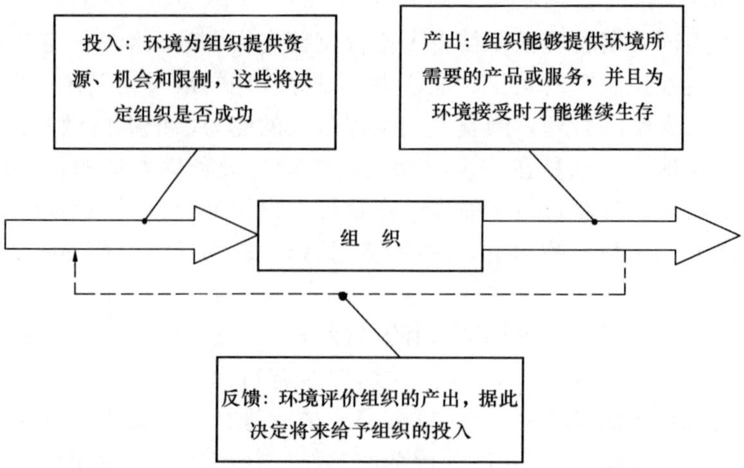

图 3-2 组织与环境的关系

3. 控制职能

（1）控制与控制系统

① 控制的含义

关于控制的含义，有很多不同的定义方法。法约尔认为，控制是监视个人是否依照计划、命令及原则执行工作。孔茨则认为，控制是按照计划标准衡量计划的完成情况和纠正计划执行中的偏差以确保计划目标的实现。管理学家们关于控制的概念与论述，都在一定程度上反映出控制工作的一般特征与主要内容。

② 控制系统

在一个管理系统中，控制子系统主要由以下要素构成：

a. 控制的目标体系。任何控制活动和行为都是有一定目标取向的，无目标的控制是不存在的。控制职能是服从于管理系统的主体目标的。在这个前提下，总目标所派生出来的分目标以及各项指标与标准，也是控制的依据之一。在管理系统中，控制体系是与目标体系相辅相成的。

b. 控制的主体。控制系统的主体是各级管理者以及他们所属的职能部门。管理的控制活动是由人来执行和操纵的。这个自觉的、能动的控制系统，以各层次的管理者为主体，能够根据变化了的环境和条件有意识地调节自己的活动。控制主体的控制水平高低是控制系统能否发挥作用的决定性因素。在控制主体中，管理者所处的层次不同，其控制的任务也不相同。一般而言，中、低层管理者执行的主要是例行的、程序性的控制，而高层管理者执行的主要是例外的、非程序性的控制。

c. 控制的客体（对象）。控制系统的控制对象是整个组织的活动。控制的对象可分为 3 个方面：从横向看，区域、流域、企业、污染源以及生态资源等都是控制的对象；从纵向看，管理机构中各层次、各部门都是控制的对象；从控制的阶段看，不同管理阶段和管理内容也都是控制的对象。因此，控制应该是全面的控制；不仅如此，控制应该是统一的控制，即在控制活动中是把管理活动当作一个总体来控制的，而不是把各项活动孤立地看待。只有统一的控制才能使整体协调一致，达到整体的优化，实现总的组织目标，否则就会顾此失彼。

d. 控制方法、手段和工具。控制的方法有末端控制和源头控制、浓度控制和总量控制、分散控制和集中控制、静态控制和动态控制相结合的方法。控制的手段采用综合性手段，有法律手段、经济手段、行政手段、教育手段等。在现代环境管理系统中，控制的工具主要是电子计算机。

e. 控制机构。管理的控制机构，从纵向看，可分为不同地区、不同层次的控制；从横向看，可分为不同性质的专业控制，例如开发建设项目控制、自然保护区控制、污染源控制、环境监测控制以及环境监理控制等。

f. 信息控制系统。环境管理信息系统是控制活动的神经。控制系统的活动是按照所获得的信息来进行的。随着当代社会与经济发展的复杂化，信息量日趋增大，管理中的信息处理工作也逐渐发展形成了管理信息系统。

③ 控制的类型

按照控制职能的需要，可分为五种控制类型。第一，按照控制活动的性质可以划分为预防性控制和更正性控制；第二，根据控制点位于整个活动过程中的位置划分为预先控制、过程控制和事后控制；第三，根据实施控制的来源划分为正式组织控制、群体控制和自我控制；第四，根据控制信息的性质划分为反馈控制和前馈控制；第五，根据控制所采用的手段划分为直接控制和间接控制。当然，上述各种分类方法不是孤立的，有时一个控制可能同时属于几种类型。控制分类情况见表 3-2。

表 3-2　控制的类型

分类原则	控制类型	分类原则	控制类型
按控制活动的性质划分	① 预防性控制 ② 更正性控制	按信息的性质划分	① 反馈控制 ② 前馈控制
按控制点的位置划分	① 预先控制 ② 过程控制 ③ 事后控制	按采用的手段划分	① 直接控制 ② 间接控制
按控制来源划分	① 正式组织控制 ② 群体控制 ③ 自我控制		

（2）控制的原则

控制所牵涉的范围是十分广泛的。从总体上看，它既包括对人的控制，也包括了对物的控制，这就增加了控制的复杂性。为了进行有效的控制，要遵循以下原则：① 公众参与原则；② 系统控制的原则；③ 一致与比较的原则；④ 预防性原则；⑤ 例外与重点原则；⑥ 灵活性原则；⑦ 经济合理原则；⑧ 反馈原则。

（3）控制的程序

① 控制的条件

任何形式的控制，都有一定的前提条件，这些前提条件是否充分，对于控制过程能否顺利展开有很大的影响。这些前提条件主要有以下几个方面：一是要有一个科学的、切实可行的计划；二是健全组织结构，完善责任制度，控制工作的主要内容，是根据各种信息，纠正计划执行中出现的偏差，以确保计划的实现；三是做好各种信息资料的收集、整理与分析工作；四是控制要有反馈渠道。

② 控制的程序

任何一项控制活动，都离不开 3 个基本的步骤：确定控制标准，设立若干标准的类型或指标；将实际执行的结果与上述标准相对照，检查与衡量标准的执行情况；采取纠偏行动。

图3-3表示了上述3个控制过程在整个控制程序中的相互关系。a. 制定标准。制定控制标准是实施控制的前提。一个好的标准应符合可行性、稳定性、简明性和一致性的要求；b. 检查、对照、评价。控制过程的第二个步骤是检查、对照、评价实际工作与标准之间的差异。这个过程的工作要求对工作进程做深入调查，调查详细程度应与标准相吻合，在调查取得资料数据的基础上开展综合性分析评价。分析评价应综合运用统计分析、系统分析、经济分析等方法，并将分析评价结果及时反馈；c. 纠正偏差。首先应确定偏差产生的原因，其次制定补救措施。

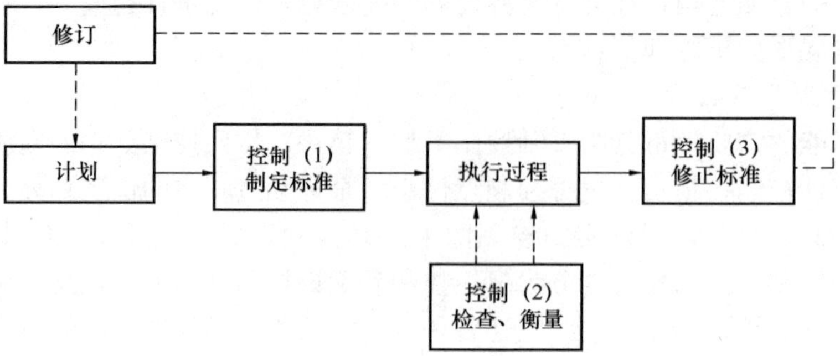

图3-3　控制的程序

（4）反馈控制和前馈控制（图3-4）

① 反馈控制

所谓信息反馈控制就是用过去的情况来指导现在和将来。控制论的创始人诺伯特·维纳曾指出，自然界经由信息反馈来发现错误，并引发更正错误的行为过程，以此来控制它们自身。维纳的控制论及控制系统几乎适合于一切控制过程。即使是人类社会这样一个巨大的系统，也是不断地分析过去的信息来指导将来的发展进程。在环境管理中通过制定环境质量标准来实现对环境质量的控制方式就是一种反馈控制，而建立环境管理信息系统则是将反馈控制贯穿于管理全过程的基础。

② 前馈控制

如前所述，反馈控制得到了非常广泛的应用，但是简单的反馈控制并不能有效地解决一切控制问题。其最主要的原因就是时滞问题，即从发现偏差到采取更正措施之间可能有时间延迟现象。为了解决这种问题，采用前馈控制可以收到较好的效果。

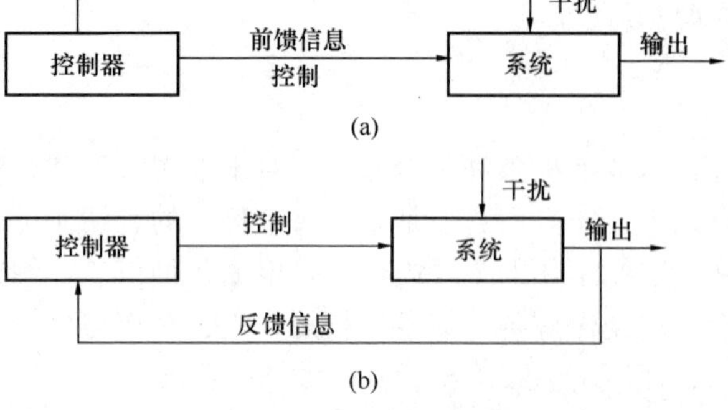

图3-4　反馈控制和前馈控制

（a）前馈控制方式；（b）反馈控制方式

所谓前馈控制又可称为指导将来的控制，它的具体办法是不断利用最新的信息进行预测，把所期望的结果同预测的结果进行比较，采取措施使投入和实施活动与期望的结果相吻合。前馈控制的着眼点是通过预测被控对象的投入或者过程而进行控制，以保证获得所期望的产出。这就解决了时滞现象所带来的问题。环境规划和环境影响评价是前馈控制方式在环境管理中的具体应用。前馈控制与反馈控制的性质在图3-4中进行了比较。

习题与思考

1. 管理的含义是什么？有哪些有代表性的定义？

2. 什么是管理的二重性特点？试采用管理二重性性质剖析我国环境管理中存在的主要问题。

3. 管理思想的发展可分为几个阶段？各阶段划分的依据是什么？

4. 法约尔一般管理主要包括哪些内容？他提出的管理职能包括哪几方面？其后哈罗德·孔茨和西里尔·奥唐奈对管理职能的分类又作了什么说明？

5. 简述现代管理学派中各种学派的管理思想的特点。

6. 简述计划职能、组织职能和控制职能的含义和作用。

7. 什么是目标管理？如何具体实施目标管理？

8. 什么是反馈控制？什么是前馈控制？试分析两种控制方式在环境规划与管理中的应用实例。

9. 什么是环境容量？什么是环境承载力？试分析两者关系。

10. 简述工业生态学的定义及其内涵。

第 4 章　环境规划与管理中的综合分析方法

学　习　提　示

学习目标：掌握环境现状调查与评价的基本程序和方法、环境统计方法、社会经济预测方法、环境预测方法、决策分析方法、环境审计方法和环境管理信息系统的内容和程序。

学习重点：环境评价方法，环境预测方法，社会经济预测方法和决策分析方法。

学习难点：环境管理信息系统的建立与应用。

4.1　环境现状调查与评价的基本程序和方法

环境现状调查与评价的目的是为了掌握和了解某区域环境现状，发现和识别主要环境问题，从而确定主要污染源和主要污染物，为环境规划与管理的制定和实施创造条件。

环境现状调查要从信息情报的收集和分析入手，针对列出的调查清单逐项调查，发现问题并逐步深入，可以包括必要的现场监测、勘察以及征询专家意见等。环境评价包括自然环境评价、经济和社会评价、污染评价。

4.1.1　环境现状调查内容

环境现状调查的项目主要包括环境特征调查、生态调查、污染源调查、环境质量调查、环保治理措施效果调查以及环境管理现状调查等，各调查项目的主要内容见表 4-1。

表 4-1　环境现状调查项目的主要内容

调查项目	调查内容
环境特征调查	自然环境特征、社会环境特征、经济社会发展规划和环境污染因素调查
生态调查	环境自净能力、土地开发利用情况、气象条件、绿地覆盖率、人口密度、经济密度、建设密度、能耗密度调查等
污染源调查	工业污染源、农业污染源、生活污染源、交通运输污染源、噪声污染源、放射性和电磁辐射污染源调查等
环境质量调查	环境保护部门及工厂企业历年的环境质量报告和环境监测资料
环保措施效果调查	环保设施运行率、达标率和环保措施削减污染物效果以及其综合效益进行分析评价
环境管理现状调查	包括环境管理机构、环境保护工作人员业务素质、环境政策法规实施和环境监督实施情况等

4.1.2 环境现状调查的方法

环境现状调查的方法主要有三种：收集资料法、现场调查法和遥感的方法，见表 4-2。

表 4-2 环境现状调查的方法

方法	内容	缺点
收集资料法	收集现有的各种有关资料	只能获得第二手资料，往往不全面
现场调查法	针对使用者的需要，直接获得第一手数据和资料，弥补收集资料法的不足	工作量大，需占用较多的人力、物力和时间，有时还受季节、仪器设备条件的限制
遥感的方法	可从整体上了解一个区域的环境特征，弄清无法到达地区的环境情况	不宜用于微观环境状况的调查，常用于辅助性调查

4.1.3 环境评价

在环境规划中，环境评价的主要内容包括自然环境评价、社会经济评价以及环境质量评价、污染源评价等 4 个方面。评价是对被评价对象的优劣、好坏作定量或定性的描述，一般以定量描述为主。

1. 环境评价的主要内容

(1) 自然环境评价

通过自然、社会、经济背景分析及社会、经济与环境的相关分析，确定当前主要环境问题及其产生的原因，并确定环境区划和评估环境的承载能力。

(2) 社会经济评价

评价区域的社会经济活动与环境规划有着密切的关系，其中影响最大的是人口、经济活动和城市基础设施三大方面，见表 4-3。

表 4-3 社会经济评价的主要内容

项目	内容
人口评价	人口总数、人口密度、人口分布、人口的年龄结构和人口的文化素质等
经济活动评价	产业结构、国民生产总值和人均国民收入、产品综合能耗、能源利用率等
城市基础设施评价	住房、道路、给水设施及供水管网、排水管网及污水处理设施、能源结构、供热方式、绿地及分布和电话普及率等

(3) 环境质量评价

环境质量评价是环境规划与管理的一项基础工作，其目的是正确认识规划区的环境质量现状、环境质量的地区差异和环境质量的变化趋势。环境质量评价突出超标问题，以明确环境污染的时空界域为主要环节，指出主要环境问题的原因和潜在的环境隐患等。

(4) 污染源评价

突出重大工业污染源评价和污染源综合评价。根据污染类型，进行单项评价，按污染物等标污染负荷排序，确定评价区的主要污染物和主要污染源。污染评价还应酌情包括乡镇企业污染评价和生活及面源污染分析等。

2. 环境评价的主要方法

(1) 自然环境评价方法

自然环境评价普遍采用生态图法。所谓生态图法就是收集、综合和评价有关资料，把一定区域内与生态环境有关的因素绘制成空间分布图的方法。它能获得比较准确、综合、实用的评价结果。

绘制生态图的两个基本手段是指标法和重叠法。指标法是用定量或半定量的方法对环境主体进行评价、分级，并绘制在地图上。重叠法是将各相关因素的图件叠合在一起以获得新的、综合性的结果。

(2) 社会经济评价方法

社会经济评价方法的关键是选择评价的标准和指标化的方法。由于社会经济问题比较复杂，不易形成统一的看法，目前尚无统一评价标准，一般是根据研究对象和研究者所选择的总的战略目标，结合国内外相关指标体系来确定。

(3) 环境质量评价方法

环境质量评价分为单环境要素评价、单要素综合评价和区域环境质量综合评价。评价的方法很多，这里重点介绍指数评价方法。某污染物在环境中监测值与标准值的比值，称为该污染物的环境质量指数，表示该污染物的超过环境质量标准的倍数，可用式(4-1)表示。

$$P_i = \frac{C_i}{C_{i0}} \tag{4-1}$$

式中 P_i——i 污染物的环境质量指数；

C_i——i 污染物的监测值；

C_{i0}——i 污染物的环境质量标准值。

(4) 污染源评价方法

在确定主要污染物和污染源的评价中多选用排放量和毒性这两个指标作为评价主要污染物的指标。在多种污染物比较分析中，在数学上可采用标准化法，将不同种类、不同量纲的一组值进行标准化，使之可相互比较，主要方法有排毒指数法、环境污染能力潜在指数法和等标污染负荷法等，这里主要介绍等标污染负荷法，见表 4-4。

表 4-4 等标污染负荷法

项 目	公 式	备 注
某污染物的等标污染负荷(P_i)	废水中 i 污染物的等标污染负荷计算公式： $P_i = \frac{C_i}{C_{0i}} \times Q_i \times 10^{-6}$	P_i——i 污染物的等标污染负荷，t/d； C_i——i 污染物的实测浓度值，mg/L； C_{0i}——i 污染物的允许排放浓度标准与 C_i 同单位的数值，无因次量； Q_i——污废水排放量，m^3/d
	废气中 i 污染物的等标污染负荷计算公式： $P_i = \frac{C_i}{C_{0i}} \times q_i \times 10^{-9}$	P_i——i 污染物的等标污染负荷，t/d； C_i——i 污染物的实测浓度平均值，mg/m_N^3； C_{0i}——i 污染物的允许排放浓度标准与 C_i 同单位的数值，无因次量； q_i——废气中 i 污染物的介质排放流量，m_N^3/d
某污染源 j 的等标污染负荷(P_j)	$P_j = \sum_{i=1}^{j} P_i$	污染源 j 中各污染物 $i=1$，$2\cdots n$ 的等标污染负荷之和，为污染源 j 的等标污染负荷

续表

项　目	公　式	备　注
评价区域的等标污染负荷（P_T）	$P_T = \sum_{j=1}^{m} P_j$	按调查区域内污染源的等标污染负荷（P_T）大小排列，将累计百分比大于 80%左右的污染源列为区域内主要污染源
评价区域内某污染物的总等标污染负荷（$P_{i总}$）	$P_{i总} = \sum_{j=1}^{m} P_{ij}$	按评价区域内某污染物等标污染负荷（$P_{i总}$）大小排序，分别计算百分比及累计百分比，将累计百分比大于 80%左右的污染物列为该区域的主要污染物
污染源 j 污染负荷比（K_j）	$K_j = \frac{P_j}{P_T} \times 100\%$	污染物排放量排序是直接评价某种污染物的主要污染源的最简单方法。实施总量控制规划时，针对区域总量控制的主要污染物，对排放这一主要污染物的污染源进行总量排序。 区域主要污染物的选择，主要是根据区域的主要环境问题，或是根据环境质量评价结果来确定。 针对主要污染物的排放量，首先要有污染源排放量清单，然后排序，再选出占污染物总量 90%以上的污染源，进行总量控制规划
污染物 i 的污染负荷比（K_i）	$K_i = \frac{P_{i总}}{P_T} \times 100\%$	

4.2　环境统计方法

4.2.1　环境统计

环境统计是用数字反映并计量人类活动引起的环境变化和环境变化对人类的影响。

由于环境统计是以环境为主要研究对象，因此它的研究范围涉及人类赖以生产和生活的全部条件，包括影响生态平衡的诸因素及其变化带来的后果。根据环境保护工作的需要，联合国统计司提出环境的构成部分包括：植物、动物、大气、水、土地土壤和人类居住区。环境统计要调查和反映以上各个方面的活动和自然现象及其对环境的影响。从我国的实际情况出发，目前我国环境统计的范围见表 4-5。

表 4-5　我国环境统计的范围

项　目	范　围
自然资源统计	反映土壤、森林、草原、水、海洋、气候、矿产、能源、旅游及自然保护区的实有数量、利用程度、保护情况
生态破坏与建设统计	反映水、空气、土地、植被等方面的破坏与建设情况
区域环境质量统计	反映水、大气、固体废物和噪声污染状况及生态环境质量状况
区域环境污染与防治统计	反映城市基本情况、污染排放、区域治理和综合利用的基本状况
环境管理统计	反映环境法规立法和执法、行政管理制度的实施、环境经济手段的利用、宣传教育和科技措施等方面管理工作的实施情况
环保系统的自身建设统计	反映环保系统的机构、人员和仪器装备的现有规模与水平

4.2.2 环境统计的调查方法

（1）定期普查：1996年我国进行了全国污染源普查工作，2007年将再次进行全国普查。

（2）抽样调查：对重点工业企业污染源实行抽样调查，重点污染源年度统计报表。

（3）科学估算：对重点企业及社会生活污染物排放进行科学估算。

（4）专项调查：对环境保护工作中有重大意义的进行专项调查，例如乡镇企业污染调查、畜禽业专项调查、环保产业专项调查等。

4.2.3 环境统计的研究方法

环境统计研究方法主要有大量观察法、综合分析法、归纳推断法等。

（1）大量观察法：环境现象是复杂多变的，各单位的特征与其数量表现有不同程度的差异，建立在大量观察基础上的统计结果必然具有较好的代表性。在研究现象的过程中，统计要对总体中的全体或足够多的单位进行调查与观察，并进行综合研究。

（2）综合分析法：综合分析法是指对大量观察所获资料进行整理汇总，计算出各种综合指标（总量指标、相对指标、平均指标、变异指标等），运用多种综合指标来反映总体的一般数量特征，以显示现象在具体的时间、地点及各种条件的综合作用下所表现出的结果。

（3）归纳推断法：所谓归纳是由个别到一般，由事实到概括的推理方法，这种方法是统计研究常用的方法。统计推断可用于总体特征值的估计，也可用于总体某些假设的检验。

4.3 社会经济预测方法

4.3.1 社会发展预测

社会发展预测重点是人口预测，也包括一些其他社会因素的确定，例如规划期内区域内的人口总数、人口密度和人口分布等方面的发展变化趋势，人们的可持续发展观念和环境意识等各种社会意识的发展变化，人们的生活水平、居住条件、消费倾向和对环境污染的承受能力等方面的变化等。

人口预测是指根据一个国家、一个地区现有人口状况及可以预测到的未来发展变化趋势，测算在未来某个时间人口的状况，是环境规划与管理的基本参数之一。进行人口预测，主要关心的是未来的人口总数，常见的预测模型见表4-6。

表4-6 常见的人口预测模型

项目	公式	说明
算术级数法	$N_t = N_{t_0} + b(t - t_0)$	N_t——预测年的人口数量，万人； N_{t_0}——基准年的人口数量，万人； b——逐年人口增加数（即 t 变动一年 N_t 的增加数），万人/a； t，t_0——预测年和基准年，a； K——人口自然增长率，是人口出生率与死亡率之差，常表示为人口每年净增的千分数
几何级数法	$N_t = N_{t_0}(1+K)^{(t-t_0)}$	
指数增长法	$N_t = N_{t_0}\, 2.718^{K(t-t_0)}$	

4.3.2　经济发展预测

经济发展预测包括能源消耗预测、国民生产总值预测、工业总产值预测等。表 4-7 和表 4-8 分别列出了能源消耗指标和能源消耗预测方法。

表 4-7　能源消耗指标

指标名称	说　明
产品综合能耗	包括单位产值综合能耗（总耗能量和产品总产值的比值）和单位产量综合能耗（总耗能量和产品总产量的比值）
能源利用率	有效利用的能量和供给的能量的比值
能源消费弹性系数	规划期内能源消耗量增长速度与年平均经济增长速度之间的比值，年平均经济增长速度，可采用工业总产值、工农业总产值、社会总产值或国民收入的增长速度等

表 4-8　能源消耗预测方法

方法名称	说　明
人均能量消费法	按人民生活中衣食住行对能源的需求来估算生活用能的方法，我国平均每人每年消耗 1.14t 标准煤
能源消费弹性系数法	能源消费弹性系数 e 一般为 0.4～1.1，由国民经济增长速度，粗预测能耗的增长速度 $\beta=e\cdot\alpha$，其中 α 为工业产值增长速度，以此可进行规划期能耗预测 $E_t=E_0(1+\beta)^{(t-t_0)}$，其中 E_t 为预测年的能耗量，E_0 为基准年的能耗量，t，t_0 为预测年和基准年

目前，耗煤量的预测可分为民用耗煤量预测和工业耗煤量预测，民用耗煤量预测可用式（4-2）表示；工业耗煤量预测方法有弹性系数法、回归分析法、灰色预测等几种常用的方法。以弹性系数法为例，设工业耗煤量平均增长率为 α，工业总产值平均增长率为 β，工业耗煤量弹性系数 C_E 可用式（4-3）表示。

$$E_s = A_s \cdot S \tag{4-2}$$

式中　E_s——预测年采暖耗煤量，$\times 10^4$ t/a；

A_s——采暖耗煤系数，t/m^2；

S——预测年采暖面积，m^2。

$$C_E = \frac{\alpha}{\beta} = \frac{(E_t/E_0)^{\frac{1}{t-t_0}}-1}{(M_t/M_0)^{\frac{1}{t-t_0}}-1} \tag{4-3}$$

式中　E_t——预测年的工业耗煤量，$\times 10^4$ t/a；

E_0——基准年的工业耗煤量，$\times 10^4$ t/a；

M_t——预测年的工业总产值，$\times 10^4$ 元/a；

M_0——基准年的工业总产值，$\times 10^4$ 元/a；

t，t_0——预测年和基准年，a。

4.4　环境预测方法

预测技术是一门新技术，是环境管理系统分析的重要组成部分，萌芽于 20 世纪 40、50 年代，形成于 60 年代，发展于 70 年代，它是环境管理的重要依据之一。

4.4.1 环境预测

1. 内涵

在环境管理过程中，经常需要对人类活动将可能引起的环境质量变化趋势进行预测。环境预测是在调查研究和科学实验的基础上进行的，借助于数学、计算理论和信息处理技术等工具，对未来某一时间环境质量的变化趋势，进行定性和定量分析。或者说，预测就是根据过去和现在来估计未来，是对研究对象的未来发展作出科学推测和估计，预测是决策的基础。

把需要进行预测的客观环境看成一个系统，根据一般系统的整体性、相关性和动态性等特点，把事物的过去、现在和将来看成一个连续的、不断发展变化的辩证统一体，并依据已有资料数据，使用预测方法，对未来的环境污染趋势、污染控制对策以及控制污染所需的投资趋势等进行评价和估算。

这种围绕系统的环境、技术和价值等未来情况进行预测，主要为决策提供必需的未来信息，对环境管理系统开发和提高环境效益是十分重要的。

2. 分类

预测可从内容、作用和时间三个方面分为三大类别 11 个子项，见表 4-9。

表 4-9　预测分类内容

类　别	分类子项
按预测内容划分	区域环境预测、行业环境预测、专题环境预测
按预测作用分	定性预测：对未来发展的定性分析（递增、递减、加快、减缓节奏）； 定量预测：占有历史和现实数据，运用数学模型预测； 定时预测：寻找时间序列上的发展变化规律（过去、现在和今后）； 定比预测：定结构比例，例如环保投资结构比例分析（水、气、渣、噪）； 评价预测：对预测结果可信度、风险性进行评价
按预测时间分	短期预测：5 年内； 中期预测：5～15 年； 长期预测：20 年

4.4.2 常用预测方法

1. 预测的基本原则

（1）资料的完整性：预测不同于猜测，猜测是随心所欲，不负责任，而预测必须以周密的调查和详尽的统计资料为依据。

（2）数据的准确性：基础数据必须准确完整，预测结果必须给出误差分析；由于资料数据、预测技术和预测人员素质三方面的因素，预测结果不可能十全十美，误差总会有，但误差有大有小。

（3）方法的可靠性：对所有方法、模型进行分析、评价和检验。

（4）结果的可验性：预测应有明了的结论，且这个结论是可以检验的。

2. 环境预测内容和基本程序

环境预测是通过已取得的情报资料和监测统计数据，对未来未知的环境前景进行的估计和推测，也就是把环境作为预测对象，置于一定的时间和空间中，研究在未来一定时期经济、社会活动对环境的影响，预测环境要素和系统将达到的运动状态及可能出现的结果，它

是环境决策的依据，也是制定环境规划与环境管理的基础。

（1）环境预测的内容

① 能源和资源消耗的增长、土地利用、资源开发的规模和速度、预测供求矛盾及其对环境的影响；

② 社会经济发展对环境产生的各种影响及污染源的变化情况；

③ 大气环境、水环境、土壤环境等环境要素污染状况的变化；

④ 开发活动可能造成的生态破坏；

⑤ 环境污染与破坏造成的经济损失和对人体健康的损害；

⑥ 主要污染物的削减量。

（2）环境预测的一般程序

① 确定预测的目的和任务；

② 收集和分析有关资料；

③ 选择预测方法；

④ 建立预测模型；

⑤ 进行预测计算；

⑥ 对预测结果的鉴别和分析。

3. 环境预测的方法

根据预测结果一般可分为两类，即定性预测方法和定量预测方法。

（1）定性预测方法

定性预测是预测者利用直观的材料，根据掌握的专业知识和丰富的实际经验，运用逻辑思维方法对环境变化作出定性的预计推断和环境交叉影响分析，它主要包括专家会议法、德尔菲法、主观概率法和层次分析法等。

① 专家会议法又称“集合意见法”，是通过专家之间的信息系统，引起“思维共振”并产生组合效应，形成宏观智能结构后进行创造性思维的方法。这种方法可以排除折衷，对所议的问题通过客观的连续分析，找到一组切实可行方案。

② 德尔菲法又称“专家调查法”或“函询调查法”，以无记名方式，通过数轮函询征求专家意见。预测领导小组对每轮的专家意见进行汇兑整理，作为参考资料再发给专家，供其分析判断，进一步提出新的论证，并不断修正自己的见解，如此循环反复数次，专家意见日趋一致，产生较为可靠结论。

德尔菲法一般情况下包括设计调查表、发放调查表实施调查、回收调查表进行统计处理、将所有调查对象对每项指标权重的平均估计值及本人估计值的离差反馈给每个参加调查者并进行第二轮调查和收回调查表进行统计处理五个基本步骤，具有不具名（应邀参加者并不了解，克服易受权威人士思想和见解的束缚）、反馈性（一般经 3～4 轮，每轮统计结果反馈给每位参加者作为下一轮参考）和预测结果统计性（每一轮采用统计方法处理预测结果，作定量处理）等特点。

③ 主观概率法是定性预测和德尔菲两种方法的结合，首先允许专家在预测时可以提出几个估计值，并评定备选值出现的可能性；然后计算各个专家预测值的期望值；最后，对所有专家预测期望值取平均值，得到预测结果。

④ 层次分析法利用递阶层次结构和矩阵方程将思维过程数学化，采用 1～9 标度构造判断矩阵，通过求解矩阵特征向量及最大特征根，求得低层因素相对目标层的相对重要性权重

值，以决定其影响程度。

(2) 定量预测方法

定量预测以运筹学、系统论、控制论、系统动态仿真和统计学为基础，根据历史数据和资料，应用数理统计方法来预测事物的未来，或者利用事物发展的因果关系来预测事物的未来。常用的定量预测方法主要有时间序列法、逻辑型规律法和环境系统的数学模型法等。

① 时间序列法

时间序列是指同一变量按事件发生的先后顺序排列起来的一组观察值或记录值。构成时间序列的要素有两个：一是时间，二是与时间相对应的变量水平。

时间序列法是在时间序列变量分析的基础上，运用一定的数学方法建立预测模型，使时间趋势向外延伸，从而预测未来市场的发展变化趋势，确定变量预测值，它又叫历史延伸法或外推法。

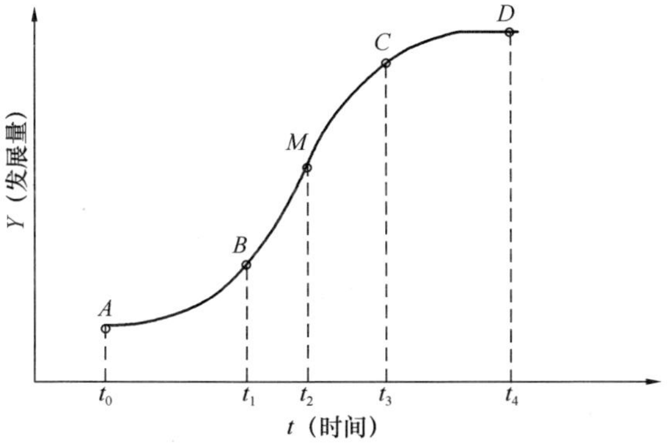

图 4-1　逻辑型规律示意图

② 逻辑型规律法

逻辑型规律是自然环境和社会环境中事物发展的基本规律之一，其基本线形是由一条指数曲线和一条对数曲线平滑衔接组合而成，呈 S 形，又称 S 规律（图 4-1、表 4-10）。

表 4-10　逻辑型规律的发展阶段及特点

事物发展基本规律	时　间	曲　线	特　点
前期缓慢发展（第一阶段）	t_0-t_1	AB	一阶导数 dY/dt 较小，二阶导数 $d^2Y/dt^2>0$，曲线上凹，呈加速上升趋势，缓慢而持续增加
中期加速发展（第二阶段）	t_1-t_2	BM	dY/dt 较大，且越来越大，二阶导数 $d^2Y/dt^2>0$，曲线连续保持上凹式发展，呈明显指数特征
中后期减速发展（第三阶段）	t_2-t_3	MC	以 M 为拐点，曲线由徒升转变为折状，dY/dt 逐渐减小，$d^2Y/dt^2<0$，曲线开始下凹式地减速发展
后期饱和发展（第四阶段）	t_3-t_4	CD	相对稳定的饱和阶段，变化率甚小，几乎不随时间变量 t 的增长而变化，逻辑函数绝对值达最大值，这是发展的极限

③ 环境系统的数学模型

依据科学定律或者数据的统计分析，或者两者兼而有之，包括代数方程模型、微分方程模型等。

(3) 回归分析法

回归分析法是通过对历史资料的统计与分析，寻求变量之间相互依存的相关关系的一种数量统计方法。

回归分析法的特点包括：① 回归模型中的因变量和自变量之间必须有因果关系；② 自变量与因变量间必须具有强相关关系，自变量间必须具有弱相关关系；③ 自变量的预测值较准确且易得到；④ 正确选定回归模型的形式；⑤ 回归模型必须通过各种检验后才能用于预测。

回归预测法的基本步骤包括：① 进行因素分析，确定回归模型的自变量；② 绘制散点图，构造回归模型的理论形式；③ 利用最小平方法估计模型参数，建立模型；④ 对建立的回归模型进行检验，检验的方法包括 S 检验和相关检验等；⑤ 利用检验后的回归模型进行

预测。

4. 环境预测的常见类型

（1）大气环境质量预测

大气环境质量预测是为了了解未来一定时期的经济、社会活动对大气环境带来的影响，以便采取改善大气环境质量的措施，其主要内容是预测大气环境中污染物的含量，常用方法有箱式模型法、高斯模型法、线源扩散模式法、面源扩散模式法和总悬浮微粒扩散模式法等，表 4-11 列出了常用预测模型。具体内容可参阅《环境影响评价技术导则 大气环境》（HJ 2.2—2018）。

表 4-11　常用大气环境质量预测模型

<table>
<tr><th colspan="2">模型名称</th><th>模型公式</th><th>说　明</th></tr>
<tr><td colspan="2">箱式模型</td><td>$\rho_B=\rho_{B0}+\frac{Q}{uLH'}$</td><td rowspan="9">$\rho_B$——预测区大气污染物浓度，$mg/m_N^3$；
ρ_{B0}——预测区大气污染物浓度背景值，mg/m_N^3；
Q——源强，t/a；
u——风速，m/s；
L——箱体长度，m；
H'——预测区混合层高度，m；
$\bar{u}$——平均风速，m/s；
H——有效源高，m；
σ_y，σ_z——污染物在 y、z 方向的标准差，m；
Q_L——线源源强，g/m·s；
θ——无线长线源与风向夹角；
x——预测点距污染源距离，m；
y——横风向距污染源距离，m；
z——垂直向距离，m；
x_0——构建虚拟点源距污染源距离，m；
α——反射系数；
v_g——粒子沉降速度，m/s</td></tr>
<tr><td rowspan="5">高斯模型法</td><td>高架连续点源高斯扩散模式</td><td>$\rho_B(x,y,z,H)=\frac{Q}{2\pi\bar{u}\sigma_y\sigma_z}\exp\left(-\frac{y^2}{2\sigma_y^2}\right)\times\left\{\exp\left[-\frac{(z-H)^2}{2\sigma_z^2}\right]+\exp\left[-\frac{(z+H)^2}{2\sigma_z^2}\right]\right\}$</td></tr>
<tr><td>高架连续点源地面浓度的高斯扩散模式</td><td>$\rho_B(x,y,0,H)=\frac{Q}{\pi\bar{u}\sigma_y\sigma_z}\exp\left(-\frac{y^2}{2\sigma_y^2}\right)\exp\left(-\frac{H^2}{2\sigma_z^2}\right)$</td></tr>
<tr><td>高架连续点源地面轴线浓度的高斯扩散模式</td><td>$\rho_B(x,0,0,H)=\frac{Q}{\pi\bar{u}\sigma_y\sigma_z}\exp\left(-\frac{H^2}{2\sigma_z^2}\right)$</td></tr>
<tr><td>高架连续点源地面轴线最大浓度模式</td><td>$\rho_{Bmax}=\frac{2Q}{\pi\bar{u}H^2e}\cdot\frac{\sigma_z}{\sigma_y}$　$\sigma_z\|_{x=x_{\rho Bmax}}=\frac{H}{\sqrt{2}}$</td></tr>
<tr><td>地面连续点源扩散模式</td><td>$\rho_B(x,y,z,0)=\frac{Q}{\pi\bar{u}\sigma_y\sigma_z}\exp\left(-\frac{y^2}{2\sigma_y^2}\right)\exp\left(-\frac{z^2}{2\sigma_z^2}\right)$</td></tr>
<tr><td colspan="2">线源扩散模式</td><td>$\rho_B=\frac{\sqrt{2}Q_L}{\sqrt{\pi}\bar{u}\sigma_z\sin\theta}\exp\left(-\frac{H^2}{2\sigma_z^2}\right)$　$(\theta>45°)$</td></tr>
<tr><td colspan="2">面源扩散模式</td><td>$\rho_B=\frac{\sqrt{2}Q}{\sqrt{\pi}\bar{u}\sigma_z}\cdot\frac{1}{\frac{\pi}{8}(x+x_0)}\exp\left(-\frac{H^2}{2\sigma_z^2}\right)$</td></tr>
<tr><td colspan="2">总悬浮微粒扩散模式</td><td>$\rho_B=\frac{Q(1+\alpha)}{2\pi\bar{u}\sigma_y\sigma_z}\exp\left(-\frac{y^2}{2\sigma_y^2}\right)\exp\left(-\frac{(H-v_gx/\bar{u})^2}{2\sigma_z^2}\right)$</td></tr>
</table>

（2）水环境质量预测

水环境质量预测最基本的问题就是要找出污染排放变化与水体控制点处主要污染物含量水平的相关关系，以此预测区域（或城市）由于实施经济、社会发展规划而产生的环境影响。可选用或建立水质模型，例如河流模型，河口、湖泊水库模型等均是进行水质预测最常采用的方法，表 4-12 列出了部分常用预测模型。其他预测模型可参阅《环境影响评价技术导则 地表水环境》（HJ 2.3—2018）。

表 4-12　部分常用水环境质量预测模型

<table>
<tr><th>模型名称</th><th>模型公式</th><th>说　明</th></tr>
<tr><td>完全混合的河流水质预测方法</td><td>$$c_B = \frac{(1-k_1)(q_{v0}c_{B0}+q_v c_{Bi})}{q_{v0}+q_v}$$</td><td rowspan="3">c_B——河流下游断面污染物浓度，mg/L；
q_{v0}——河流上游断面河水流量，m^3/s；
c_{B0}——河流上游断面污染物浓度，mg/L；
c_{Bi}——流入废水中污染物浓度，mg/L；
q_v——废水流量，m^3/s；
k_1——污染物削减综合系数，可由上、下断面水质监测资料反求，若不考虑污染物的削减时，$k_1=0$。
c_{Bmax}——河流断面污染物最大可能浓度，mg/L；
x——计算断面与排污口的距离，m；
α——系数；
ϕ——河道弯曲系数；
ξ——排放口位置系数（岸边排放口 $\xi=1$，水体内排放口 $\xi=1.5$）；
L——河道的实际长度，m；
L_0——计算断面与排污口的直线距离，m；
D——扩散系数；
g——重力加速度，m/s^2；
h——河水的平均深度，m；
v——河流断面平均流速，m/s；
S——谢才系数；
m_b——布辛淀斯克系数，一般取 $22.3m/s^2$；
θ——废水在湖水中的稀释扩散角度，在岸边排放时为 180°，在湖心排放时为 360°；
H——废水扩散区在湖水中的平均深度，m；
r——预测点距排放口的距离，m；
k_2——污染物自净系数，1/d</td></tr>
<tr><td>一维河流水质模型</td><td>$$c_{Bmax} = c_B + (c_{Bi}-c_B)\exp(-\alpha x^{\frac{1}{3}})$$ $$\alpha = \phi\xi\left(\frac{D}{q_v}\right)^{\frac{1}{3}}$$ $$\phi = \frac{L}{L_0} \quad D = \frac{ghv}{2m_b S}$$</td></tr>
<tr><td>湖泊水质预测模型</td><td>$$c_B = c_{B0}\exp\left(-\frac{k_2\theta H}{2q_v}r^2\right)$$</td></tr>
<tr><td>单一河段S-P模型</td><td>$$t_c = \frac{1}{K_a-K_d}Ln\frac{K_a}{K_d}\left[1-\frac{D_0(K_a-K_d)}{L_0K_d}\right]$$ $$D_c = \frac{K_d}{K_a}L_0e^{-K_d t_c}$$</td><td>L_0——河流起始点的 BOD 值；
D_0——河流起始点的氧亏值；
D_c——临界点的氧亏值；
t_c——由起始点到达临界点的流行时间；
K_d——河水中 BOD 衰减（耗氧）速度常数；
K_a——河流复氧速度常数；
t_c——临界氧亏发生的时间</td></tr>
<tr><td>多河段BOD模型</td><td>$$Q_{2i} = Q_{1i} - Q_{3i} + Q_i$$ $$L_{2i}Q_{2i} = L_{1i}(Q_{1i}-Q_{3i}) + L_iQ_i$$ $$L_{1i} = L_{2,i-1}e^{-K_{d,i-1}t_{i-1}}$$ 令 $\alpha_i = e^{-K_{d,i}t_i}$ 则 $L_{1i} = \alpha_{i-1}L_{2,i-1}$ $$L_{2i} = \frac{L_{2,i-1}\alpha_{i-1}(Q_{1i}-Q_{3i})}{Q_{2i}} + \frac{Q_i}{Q_{2i}}L_i$$ 令 $\alpha_{i-1} = \frac{\alpha_{i-1}(Q_{1i}-Q_{3i})}{Q_{2i}}$ 和 $b_i = \frac{Q_i}{Q_{2i}}$
有 $L_{21} = \alpha_0L_{20} + b_1L_1$
$L_{22} = \alpha_1L_{21} + b_2L_2\cdots$
即 $\vec{AL}_2 = B\vec{L} + \vec{g}$ $$A - \begin{bmatrix} 1 & 0 & \cdots & \cdots & 0 \\ -a_1 & 1 & 0 & \cdots & 0 \\ \cdots & \cdots & 1 & \cdots & \cdots \\ \cdots & \cdots & \cdots & \cdots & \cdots \\ 0 & \cdots & 0 & -a_{n-1} & 1 \end{bmatrix}$$ $$B = \begin{bmatrix} b_1 & 0 & \cdots & \cdots & 0 \\ 0 & b_2 & \cdots & \cdots & \cdots \\ \cdots & \cdots & \cdots & \cdots & \cdots \\ \cdots & \cdots & \cdots & \cdots & 0 \\ 0 & \cdots & \cdots & 0 & b_n \end{bmatrix}$$ $\vec{g} = (\vec{g}_1 \quad 0 \quad \cdots \quad 0)$，$g_1 = \alpha_0L_{20}$</td><td>$Q_i$——第 i 断面进入河流的污水的流量；
Q_{1i}——由上游进入断面 i 的河水流量；
Q_{2i}——由断面 i 输出到下游的河水流量；
Q_{3i}——在断面 i 处的取水量；
L_i——在断面 i 处进入河流的污水的 BOD 的浓度；
L_{1i}——由上游进入断面 i 的河水的 BOD 的浓度；
L_{2i}——由断面 i 向下游输出的河水的 BOD 的浓度；
t_i——断面 i 下游河段内河水的流经时间</td></tr>
</table>

续表

模型名称	模型公式	说　明
多河段DO模型	$\vec{L}_2 = U\vec{L} + \vec{m}$ $\vec{O}_2 = V\vec{L} + \vec{n}$	每输入一组污水的BOD（$\vec{L}$）值，就可以获得一组对应的河流BOD值和DO值（$\vec{L}_2$ 和 $\vec{O}_2$）。由于 U 和 V 反映了这种因果变换关系，因此称 U 为河流BOD稳态响应矩阵，V 为河流DO稳态响应矩阵

（3）固体废弃物环境质量预测

固体废弃物对环境影响是多方面的，对这类预测问题，一般包括工业固体废物产生量、城市垃圾产生量及固体废物环境影响预测等内容。表 4-13 列出了前两种内容的预测方法。固体废物环境影响预测则可采用大气、水影响预测模型，以及因果关系分析法等。

表 4-13　部分常用固体废物预测模型

模型名称		模型公式	说　明
工业固体废物产生量预测	系数预测法	$W = P \cdot S$	W——预测年固体废物排放量，$\times 10^4$t/a； P——固体废物排放系数，t/t产品； S——预测年产品产量，$\times 10^4$t/a
	回归分析法	$y = bx + a$	根据固体废物产生量与产品产量或工业产值的关系，可建立一元回归模型。若固体废物产生量受多种因素影响，还可建立多元回归模型进行预测 y——固体废物产生量； x——产品产量或工业产值； a、b——拟合回归模型代数值
	灰色预测法	—	根据历年固体废物产生量序列来建立灰色预测模型，其基本方法可参见大气、水环境污染预测有关内容
城市生活垃圾产生量预测	系数预测法	$W_{生} = 0.365 f_{生} \cdot N$	$W_{生}$——预测年城市垃圾产生总量，$\times 10^4$t/a； $f_{生}$——排放系数，kg/(人·天)； N——预测年人口总数，万人

（4）噪声环境质量预测

噪声污染预测主要有两方面的内容，一是交通噪声预测，二是环境噪声预测。

① 交通噪声预测方法：交通噪声预测方法常用的有多元回归预测，即根据用车流量、道路宽度、本底噪声值与交通噪声等效声级之间的关系，建立多元回归预测模型。

② 环境噪声预测方法：环境噪声预测方法常见的主要有两种：一种是多元回归预测方法，通过噪声源、本底噪声与噪声等效声级之间的关系，建立多元回归预测模型。另一种为灰色预测方法，即根据历年环境噪声值，建立灰色预测模型。

设备噪声（点源）的声音的递减量用下面的点源衰减公式（4-4）计算，而交通噪声一般采用线源衰减公式预测。

$$L_2 = L_1 - 10\lg\left(\frac{r_2}{r_1}\right)^2 \tag{4-4}$$

式中　L_2——指定距离 r_2 处声压级，dB（A）；

L_1——已知某处 r_1 的声压级，dB（A）；

r_1——特定距离，m；

r_2——指定距离，m。

4.4.3 环境预测的工作程序

环境预测工作根据内容、要求的不同，工作程序也有不同，大体上可分为四个步骤、十一个子项，见表4-14。

表4-14 预测的一般工作程序步骤和子项

步骤	子项	内容	说明
（1）准备阶段	① 确定预测目的	按照环境决策管理的需要确定预测对象和目的，目的必须明确，任务必须具体	
	② 确定预测时间	按照目的、任务的要求，规定预测的时间期限	
	③ 制定预测计划	将预测目的、任务按时间序列具体化，将各项任务分配到可以操作的程度	
（2）收集分析信息阶段	④ 收集预测资料	围绕预测目的收集相关数据和资料，资料必须完整、真实、充足和有效	
	⑤ 资料分析检验	对收集的资料进行加工、整理、分类和选择，对相关因素进行验证和调整	
（3）预测分析阶段	⑥ 选择预测方法	依据环境过程的特点、资料的拥有量、精确度、人力、时间和费用等因素，正确选择预测方法	
	⑦ 建立预测模型	模型应能反映预测对象的基本特征与经济、社会、环境之间的本质联系，以及相互之间的制约关系	
	⑧ 进行预测计算	将收集的信息值等代入模型中计算，求出初步的环境预测结果	
	⑨ 检验预测结果	对预测结果进行分析、检验，并确定准确度	若误差大，返回子项⑥⑦⑧
（4）输出结果阶段	⑩ 输出预测结果	当预测结果满足现实情况或精度要求后，输出结果	
	⑪ 提交预测结果	将预测结果提交给相应部门，以制定环境管理方案	

4.5 决策分析方法

决策问题古已有之，在人类几千年的历史记载中，不乏著名的决策范例。春秋末期孙武著的《孙子兵法》就是一部关于军事决策的名著；西汉刘向编的《战国策》重在关于政治决策和经验决断方面，它们都是所谓“经验决策”阶段的著名文献。历史发展到近代，人们进

入了所谓“理性决策阶段”，丹尼尔·伯努利在 1738 年研究了抽彩和保险的问题，利用概率来反映状态的随机性，引入效用思想并以基数效用的期望作为择优的度量指标。1814 年，拉普拉斯首先提出主观概率思想，为不确定性决策提供了描述工具。1881 年，F. Y. 埃奇沃思在经济研究中采用了序数效用概念，以等效曲线来刻画商品的优劣次序，反映了无风险情况下的决策行为。

4.5.1　决策

1. 内涵

决策是人们为了达到一定目标，从若干可能的策略中选取最好策略的过程。

决策分析是研究怎样才能作出科学的决策，是一种为复杂的和结果不肯定的决策问题提供旨在改善决策过程的合乎逻辑的系统分析方法，它的任务是为决策者提供优的或满意的决策及其可能结果的分析，供决策时参考。

决策问题具有多目标性、决策影响的长期性、后果的不确定性、可供选择方案的多样性及决策大多数情况下的一次性等特点。

决策是系统工程的核心，也是管理的核心，决策是人类社会的重要活动，贯穿于人类各项活动之中，决策一错，全盘皆输。1964 年瑞士研制出第一只石英电子表，决策者以为市场前途不大，未引起重视，敏感的日本人立即从技术到市场进行深入调研，结论是大有市场，它利用其雄厚电子技术基础，首先推出成批产品占领市场，刮起石英技术誉满全球的旋风，仅 20 世纪 70 年代后 5 年就挤垮瑞士 178 家手表厂。

2. 分类

决策问题通常分为确定型和非确定型，其中非确定型决策包括风险型决策和不确定型决策。确定型决策是在决策环境完全确定的条件下进行的，其选择的结果也是确定的。所谓风险型情况下的决策和不确定情况下的决策，都是在决策环境不是完全确定的情况下进行的，它们之间的区别在于：前者对于各自然状态发生的概率，决策者是可以预先估计或计算出来的；而后者对于各自然状态发生的概率，决策者是一无所知的，只能靠决策者的主观倾向进行决策。

4.5.2　决策因素

一般的决策问题都包含三个最基本的因素：

1. 自然状态

“产品销路好”“产品销路一般”和“产品销路差”都是自然状态，是决策者无法控制的因素。

2. 策略

策略是决策者可以采取的行动方案。采取哪一个策略，完全由决策者决定。

3. 益损值

益损值是不同策略在不同自然状态下的收益值或损失值。

4.5.3　决策方法

1. 确定型决策的方法

确定型决策法适应于处理确定型决策问题，也就是说在自然状态已清楚而且完全确定，

决策者可以凭借个人的判断，按既定目标及评价准则选定行动方案，这样的决策就是确定型决策问题。它有四个主要特征：① 只有一个确定的自然状态；② 存在决策者希望达到的一个明确的目的；③ 存在着可供决策者选择的两个或两个以上的行动方案，而且每种方案的最终结果是确定的；④ 不同的行动方案在确定状态下的收益值或损失值可以计算出来。

确定型决策的方法有很多，例如单纯择优法、模型决策法、排队决策法和盈亏平衡分析等。单纯择优法就是可以直接选择最优的决策方案；模型决策法是利用一定的数学模型进行计算后，加以择优的方法。

2. 非确定型决策的方法

对于风险型决策问题，其状态的发生或不发生是带有某种概率的，这种概率对决策者来讲要承担一定的风险。最大收益期望值决策准则的公式见式（4-5），最小机会损失期望值决策准则公式见式（4-6）。

$$A_n = \max\left\{\sum_{i=1}^{n} P_j a_{ij}\right\} \tag{4-5}$$

式中 P_j——某状态发生的概率；

a_{ij}——状态的期望值。

$$A_n = \min\left\{\sum_{i=1}^{n} P_j o_{ij}\right\} \tag{4-6}$$

式中 o_{ij}——状态的损失值。

【例 4-1】某厂开发环保产品，其市场状态 E_j，发生概率 P_j 和各方案不同收益 a_{ij} 见表 4-15，对各方案 A_i 择优决策。

表 4-15 最大收益期望值方案决策矩阵（最小机会损失期望值）

方案 A_i	市场状态 E_j 及概率 P_j						收益期望
	E_1 良好 $P_1=0.4$		E_2 一般 $P_2=0.5$		E_3 不佳 $P_3=0.1$		
	a_{ij}	o_{ij}	a_{ij}	o_{ij}	a_{ij}	o_{ij}	
A_1	80	0	50	20	20	30	
A_2	60	20	70	0	50	0	$\Sigma P_j a_{ij}$ $\Sigma P_j o_{ij}$
A_3	50	30	40	30	20	30	

解：据式（4-5）

$$\begin{aligned} A_n &= \max\{(0.4\times 80+0.5\times 50+0.1\times 20),(0.4\times 60 \\ &\quad +0.5\times 70+0.1\times 50),(0.4\times 10+0.5\times 40+0.1\times 20)\} \\ &= \max\{59,64,42\} = 64 \quad \text{选择期望值最大的方案 } A_2 \end{aligned}$$

据式（4-6）

$$\begin{aligned} A_n &= \min\{(0.4\times 0+0.5\times 20+0.1\times 30),(0.4\times 20 \\ &\quad +0.5\times 0+0.1\times 0),(0.4\times 30+0.5\times 30+0.1\times 30)\} \\ &= \min\{13,8,30\} = 8 \quad \text{选择机会损失最小的方案 } A_2 \end{aligned}$$

对于不确定型决策问题，不但状态的发生是随机的，而且各状态发生的概率也是未知的和无法事先确定的。对于这类问题的决策，主要取决于决策者的素质、经验和决策风格等。本书介绍几种比较常见的处理不确定型决策问题的决策方法。

（1）等可能性准则

对于不同的自然状态，如果没有确切理由说明每个自然状态的概率，那么只能认为它们发生的机会是相等的，即每一种自然状态发生的概率都是 $1/n$。将每一个自然状态的概率定为 $1/n$ 后，就可以用已经介绍过的方法了。

（2）乐观准则

按乐观准则决策时，决策者持最乐观的态度，决策时不放弃任何一个获得最好结果的机会，愿意以承担一定风险的代价去获得最大的利益。

【例 4-2】已知数据见表 4-16，试用乐观准则决策。

表 4-16　效益矩阵

方案（A_i）	状态（S_j）			
	S_1	S_2	S_3	S_4
A_1	4	4	6	7
A_2	2	4	6	9
A_3	5	7	3	5
A_4	3	5	6	8
A_5	3	5	5	5

解：决策方法如下：

首先从每个方案中选择出一个最大的效益值：

对于 A_1：　　$\max(4, 4, 6, 7)=7$

对于 A_2：　　$\max(2, 4, 6, 9)=9$

对于 A_3：　　$\max(5, 7, 3, 5)=7$

对于 A_4：　　$\max(3, 5, 6, 8)=8$

对于 A_5：　　$\max(3, 5, 5, 5)=5$

再从选出的 5 个最大效益值中，挑选一个最大值：

即：　　$\max(7, 9, 7, 8, 5)=9$

故选方案 A_2。

按乐观准则决策，实际是瞄准整个效益矩阵中的最大者。这当然不会丧失获得最好结果的机会，但有时也不可避免落到最坏的结局。比如本例中选择了 A_2，若自然状态 S_4 发生，则获得最好结果；而若自然状态 S_1 发生，则将落到最坏结局。

（3）悲观准则

悲观法（最大最小准则法或瓦尔德准则法）的决策原则："小中取大"，是当有多种方案可供决策者选择时，先估算出每个方案在每种状态下的收益值或收益率，然后把各个方案的最小收益值或收益率单列出来，在这组最小收益值或收益率中，选择收益值或收益率最大的那个方案作为最佳方案。这种决策方法，在出现不利的情况下，也可使损失减到最小。其特点是决策者持最悲观的态度，他总是把事情估计得很不利。仍以例 4-2 为例：

对于 A_1：　　$\min(4, 4, 6, 7)=4$

对于 A_2：　　$\min(2, 4, 6, 9)=2$

对于 A_3：　　min(5，7，3，5)=3

对于 A_4：　　min(3，5，6，8)=3

对于 A_5：　　min(3，5，5，5)=3

再从选出的5个最小效益值中，挑选一个最大值：

即：　　max(4，2，3，3，3)=4

故选方案 A_1。

按悲观准则决策，可能丧失掉获得最好结果的机会。但不管最终哪个自然状态发生，决策者都能够避免最坏的结局。

(4) 折衷准则

采用乐观法与悲观法决策的缺点：在决策过程中所损失的信息过多，而且决策结果也有很大的片面性。所谓折衷，即在乐观与悲观之间折衷。在折衷准则中，用乐观系数 α 表示乐观程度（$0\leqslant\alpha\leqslant1$），而（$1-\alpha$）就是悲观系数，它表示悲观程度。折衷法的特点：既不非常乐观，也不非常悲观，而是通过一个系数 α（$0\leqslant\alpha\leqslant1$）表示决策者对客观条件估计的乐观程度。

上例中，假设 $\alpha=0.45$，则 $1-\alpha=0.55$ 。折衷效益值 c_i 的公式为：

$$c_i=\max\{a_{ij}\}+(1-\alpha)\min\{a_{ij}\}\qquad(i=1,2,\cdots5)$$

对于 A_1：　　$c_1=0.45\times7+0.55\times4=5.35$

对于 A_2：　　$c_2=0.45\times9+0.55\times2=5.15$

对于 A_3：　　$c_3=0.45\times7+0.55\times3=4.8$

对于 A_4：　　$c_4=0.45\times8+0.55\times3=5.25$

对于 A_5：　　$c_5=0.45\times5+0.55\times3=3.9$

再从各个方案的折衷效益值 c_i 中选择一个最大值：

即：　　$\max\{c_i\}=\max(5.35,5.15,4.8,5.25,3.9)=5.35$

其相应方案即所选方案。故选方案 A_1。

当乐观系数 α 取值不同时，选择的方案可能不同。当 $\alpha=1$ 时，折衷准则即成为乐观准则，而当 $\alpha=0$ 时，折衷准则成为悲观准则。

(5) 后悔值准则（最小后悔值准则）

对于非确定型决策问题，为了避免事后遗憾没有选准效益最大或损失最小的方案，可以采用后悔值法进行决策。后悔值（最小最大后悔值法），是后悔值法决策的主要依据，是指某状态下的最大效益值与各方案的效益值之差。

决策者作出决定之后，若不够理想，必有后悔之感。后悔值准则就是把每一自然状态对应的最大效益值视为理想目标，把它与该状态下的其他效益值之差作为未达到理想目标的后悔值，这样可得到一个后悔矩阵。

求出后悔矩阵中每一行的最大值，这些最大值中的最小者对应的方案，即为应选方案。

上例中，效益矩阵对应的后悔矩阵见表4-17。

表4-17　效益矩阵对应的后悔矩阵

方案（A_i）	状态（S_j）				最大后悔值
	S_1	S_2	S_3	S_4	
A_1	1	3	0	2	3

续表

方案（A_i）	状态（S_j）				最大后悔值
	S_1	S_2	S_3	S_4	
A_2	3	3	0	0	3
A_3	0	0	3	4	4
A_4	2	2	0	1	2
A_5	2	2	1	4	4

因为各个方案的最大后悔值中最小者为 2，故选择方案 A_4。

对于不确定型问题，采用不同的决策准则做出的决策往往是不同的。为了使决策更准确可靠，最好设法了解各自然状态发生的概率，以便将不确定问题转化为风险型问题，提高决策的科学性。

【例 4-3】某厂试制一种防噪耳机，新产品成本每件 3 元，销售价每件 5 元，若产品当天未销售出，每件损失 1 元，该厂日产量方案共 5 个，0、1000、2000、3000、4000 件，试问为使该厂收入最高，试确定采用何种生产方案。

解：各种生产方案见表 4-18：

表 4-18　各种生产方案下的销售量

产量方案	销售量 j				
	0　j_1	1000　j_2	2000　j_3	3000　j_4	4000　j_5
A_1：0　i_1	0	0	0	0	0
A_2：1000　i_2	−1000	2000	2000	2000	2000
A_3：2000　i_3	−2000	1000	4000	4000	4000
A_4：3000　i_4	−3000	0	3000	6000	6000
A_5：4000　i_5	−4000	−1000	2000	5000	8000

① 采用小中取大准则的收益矩阵（表 4-19）

$$A_n = \max\{\min(a_{1j}), \min(a_{2j}), \min(a_{3j}), \min(a_{4j}), \min(a_{5j})\}$$

表 4-19　采用小中取大准则的收益矩阵

方案 A_i	0	1000	2000	3000	4000
最小收益期望值	0	−1000	−2000	−3000	−4000

因此 $A_n = \max\{0, -1000, -2000, -3000, -4000\} = 0$，收益期望值为 0 所对应的方案为 A_1，即应停止生产。

② 采用大中取大准则的收益矩阵（表 4-20）

$$A_n = \max\{\max(a_{1j}), \max(a_{2j}), \max(a_{3j}), \max(a_{4j}), \max(a_{5j})\}$$

表 4-20　采用大中取大准则的收益矩阵

方案 A_i	0	1000	2000	3000	4000
最小收益期望值	0	2000	4000	6000	8000

因此 $A_n = \max\{0, 2000, 4000, 6000, 8000\} = 8000$，收益期望值为 8000 所对应的方案为 A_5，即日产 4000 件。

③ 等可能性决策准则

据表中数据可得备选方案期望值：

各方案期望值即为各种自然状态可能出现结果的算术平均值，五种市场状态所取得收益平均值如下：

$$A_1: \frac{1}{5}(0)+\frac{1}{5}(0)+\frac{1}{5}(0)+\frac{1}{5}(0)+\frac{1}{5}(0)=0$$

$$A_2: \frac{1}{5}(-1000)+\frac{1}{5}(2000)+\frac{1}{5}(2000)+\frac{1}{5}(2000)+\frac{1}{5}(2000)=1400$$

$$A_3: \frac{1}{5}(-2000)+\frac{1}{5}(1000)+\frac{1}{5}(4000)+\frac{1}{5}(4000)+\frac{1}{5}(4000)=2200$$

$$A_4: \frac{1}{5}(-3000)+\frac{1}{5}(0)+\frac{1}{5}(3000)+\frac{1}{5}(6000)+\frac{1}{5}(6000)=2400$$

$$A_5: \frac{1}{5}(-4000)+\frac{1}{5}(-1000)+\frac{1}{5}(2000)+\frac{1}{5}(5000)+\frac{1}{5}(8000)=2000$$

最大收益期望值：$A_n=\max\left\{\sum_{j=1}^{n}P_j a_{ij}\right\}=\max\{0,1400,2200,2400,2000\}=2400$ 对应 A_4 方案。

④ 最小机会损失决策准则

计算每种销售量时，各备选方案的机会损失 O_{ij}：

O_{ij} = 事件 j 的最大收益值 − 各方案 i 的可能收益值(表 4-21)

事件 1，销售量为 0 时，

$$O_{11}=0-0=0$$
$$O_{21}=0-(-1000)=1000$$
$$O_{31}=0-(-2000)=2000$$
$$O_{41}=0-(-3000)=3000$$
$$O_{51}=0-(-4000)=4000$$

事件 2，销售量为 1000 时，

$$O_{12}=2000-0=2000$$
$$O_{22}=2000-2000=0$$
$$O_{32}=2000-1000=1000$$
$$O_{42}=2000-0=2000$$
$$O_{52}=2000-(-1000)=3000$$

表 4-21　最小机会损失决策准则下最大机会损失矩阵

产量方案	销售量 j					最大机会损失
	0　j_1	1000　j_2	2000　j_3	3000　j_4	4000　j_5	
A_1：0　i_1	0	2000	4000	6000	8000	8000
A_2：1000　i_2	1000	0	2000	4000	6000	6000
A_3：2000　i_3	2000	1000	0	2000	4000	4000
A_4：3000　i_4	3000	2000	1000	0	2000	3000（最小）
A_5：4000　i_5	4000	3000	2000	1000	1000	4000

由最小机会损失的方案可以推出应选 A_4 方案。

因此，等可能决策原则和最小机会损失原则结果一致，相对较为客观。

4.5.4　决策原则和决策程序

1. 决策原则

决策原则主要包括信息快准全原则、预测未来原则、可行性原则、系统性原则、对比优选原则和集团决策原则。

2. 决策程序

决策作为一个过程，通常是通过调查研究后，在了解客观实际和预测今后发展的基础上，明确提出各种可供选择的方案以及各种方案的效应，然后从中选定某个最优方案。整个过程分为下列程序（表 4-22）。

表 4-22　决策程序

序　号	决策过程	说　明
1	明确问题	根据提出的问题，找出症结点，明确对问题的认识
2	确定目标	目标是决策所要达到的结果。如果目标不明确，往往造成决策失误。当有多个目标时应分清主次，统筹兼顾。明确目标时，要注意目标的先进性与可靠性
3	制定方案	确定目标后，应对状态进行分析和收集信息，建立模型，提出实现目标的多种可行方案
4	方案评估	对提出的多种方案的效果进行评价，尽可能通过科学计算，用数量分析的方法比较其优劣和得失
5	选择方案	决策者从总体角度对各种方案的目的性、可行性和时效性进行综合的系统分析，选取使目标最优的方案
6	组织实施	为了保证最优方案的实施，需要制定实施措施，落实执行单位，明确具体责任
7	反馈调整	在决策实施过程中可能会产生这样或那样偏离目标的情况，因此必须及时收集决策执行中的信息，分析既定决策是否可以实现预定目标

4.6　环境审计方法

4.6.1　环境审计

环境审计是对特定项目的环境保护情况，包括组织机构、管理、生产及环保设施运转与排污等情况进行系统的、有文字记录的、定期的、客观的评定。环境审计按范围可分为地区（城市）级的环境审计及工厂、工艺、特定污染物等的环境审计；按审计的目标可分为提高环境管理效率、有效控制污染、提高环保资金使用效率、减少事故等环境审计；按审计的目的可分为审查环境执法、废物减量化、实施清洁生产等环境审计。

环境审计是对环境管理的某些方面进行检查、检验和核实，目的一般是将潜在的、可能出现的环境危险降到最低程度。环境审计也是一种管理工具，它用于对环境组织、环境管理和仪器设备是否发挥作用进行系统的、定期的和客观的评价，一般包括对管理的承诺、环境审计小组的目标、专业能力、环境审计程序、书面报告、质量保证和跟踪等环节。

4.6.2 环境审计的内容

环境审计的总体目标是根据成本效益原则，审查环保工作的合法性、效益性，评价生态资源的价值，手段是鉴证，对象是与环境有关的、能够带来业绩的组织、管理和设备等。环境审计涉及企业管理的各个方面，具体包括以下内容：

1. 符合性审计

主要为环境保护法规的符合性审计，对企业有关环境的现状及管理当局所作的努力进行详细的、特定区域的评价，以提高符合性，减少因不符合而造成的后果。

2. 环境保护管理系统审计

确定环境管理系统是否运作良好，是否能处理当前或未来的环境风险。

3. 过渡审计

评价与不动产的获取和剥离有关的风险。企业的资产与特定的环境有关，由于环境因素的影响可能导致企业资产的贬值。因此企业在购买和转让不动产时，需要对其有关环境因素加以审计，以此来降低由此带来的风险。

4. 关于有害物质的处理、存放及清理的审计

评价危险原料的处理、存放及清理会产生的全部负债。有害物质如果处理、存放和清理不当，会对周边环境造成污染，甚至会威胁人类的健康，易带来诉讼、赔偿和罚款，导致环境成本上升、经济效益和社会效益下降，因此需要对其所经历的各个环节进行审计。

5. 污染预防审计

确定减少废物的机会，通过对企业可能发生污染情况的审计预测结果，采用一系列有效的措施，减少企业在生产经营过程中产生污染的机会。

6. 环境效益审计

评价由于采取了保护环境的措施而产生的成本及其估算的合理性、合法性和真实性，并估计环境治理的效益。由于环保设备的价格普遍较高，而其带来的效益又具有潜在的、长期的特性，通过环境效益审计，能提高企业的环保意识并在生产经营活动中兼顾企业的长远发展。

7. 产品审计

确定产品是否与环境政策的要求相符合。如果一个企业的产品被列为绿色产品，就会吸引众多的消费者，企业将在激烈的竞争中取得优势。通过产品审计，企业可以看出自己产品与环境政策要求的差距，并加以改进。

4.6.3 环境审计方法

环境审计是审计的一种类型，常规审计方法对环境审计同样适用，例如我们在进行财务收支审计和经济效益审计中运用的审计检查法，包括资料检查法、实物检查法；审计调查法，包括查询法、观察法、专题调查法；审计分析法，包括账户分析法、账龄分析法、逻辑推理分析法、经济活动分析法、经济技术分析法、数学分析法；抽样审计法等。

目前在环境审计专业人才缺乏的情况下如何开展环境审计，我们采取了以下几种方式：

1. 将微观审计与宏观分析相结合

环境审计工作涉及面广、政策性强，要从宏观着眼，把为宏观管理服务贯穿于审计工作全过程。在制定审计工作计划时，要分析当前环境管理中的主要问题，以资金为主线，以重点环保项目为对象，由浅入深选择环境污染最为严重的项目和重点污染源治理项目实施审

计。将审计中的微观经济现象与有关环境保护宏观经济政策、法规、措施相联系，反映问题实质，并提出切实可行的意见和建议，及时反馈给政府及有关部门，为宏观决策提供依据。

2. 将财务收支审计与经济效益审计相结合

环境审计不仅要对环保资金的筹集及使用情况、开展财政与财务收支的真实性和合法合规性进行审计，而且更重要的是要根据国家各项起居室环境指标，测评被审计单位应承担的环境保护责任、环境治理责任及工作绩效，反映环境保护政策的落实情况，因此，在开展财务收支审计的同时，必须开展环境绩效审计。

3. 将审计人员与环保专业技术人员相结合

环境审计专业技术性很强，审计人员仅有财务、审计知识是不能适应工作需要的，还必须熟悉国家环保法律、法规、制度和宏观经济政策，同时还要有综合分析、判断能力，因此，现阶段开展环境审计，一方面审计人员要通过学习和实践，尽快提高素质，成为既懂财务又懂环保、具有宏观分析问题能力的复合型人才，提高环境审计质量；另一方面，可以聘请环保专业技术人员参与审计组，合作开展审计，促进审计向纵深方向发展，尽快发挥环境审计的社会功效。

目前环境审计刚刚起步，企业环境审计是最基本的，其中企业清洁生产审计应用较广泛。清洁生产审计是指对组织产品生产或提供服务全过程的重点或优先环节、工序产生的污染进行定量监测，找出高物耗、高能耗、高污染的原因，然后有的放矢地提出对策、制定方案，减少和防止污染物的产生。清洁生产审计的一个重要内容就是通过提高能源、资源利用效率，减少废物产生量，达到环境效益和经济效益的和谐统一。

清洁生产与清节生产审计方法详见本书第 7 章相关内容。

4.7　环境管理信息系统

4.7.1　环境信息及其系统

1. 环境信息

环境信息是在环境管理工作中应用的经收集、处理而以特定形式存在的环境知识，以数字、字母、图像和音像等多种形式存在。环境信息是环境系统受人类活动等外来影响作用后的反馈，是人类认知环境状况的来源。因此，环境信息是环境规划与管理系统的神经。

环境信息除具有一般信息的事实性、等级性、传输性、扩散性和共享性等基本属性外，还具有时空性、综合性、连续性和随机性的特征。

2. 环境信息的检索

环境信息在各种学术刊物和内部资料上均有刊登，环境管理人员可充分利用国内外的检索刊物，查阅相关信息，表 4-23 介绍了一些目前国内外有关环境类刊物的分类。

表 4-23　国内外有关环境类刊物的分类

序　号	名　称	说　明
1	全国报刊索引科技版	它是全国报刊的一个分册，由上海图书馆编辑出版，以题录形式按中国图书分类法分类编制，分类号为 X

续表

序　号	名　称	说　明
2	环境科学文摘	它是目前国内环境科学技术信息唯一的检索刊物，是全国科技信息检索体系的组成部分，采用中、英、德、法、日、俄6种文字，报道国内外百种期刊中有关环境科学技术的最新文献资料。以文摘和题录形式向广大读者提供环境信息服务，全年报道量约3600篇，其中文摘约占70%，题录约占30%，报道内容具有科学性、技术性、动态性、实用性、准确性和系统性
3	中文科技资料目录——环境科学	它是由中国环境科学研究院情报研究所编辑，中国环境科学出版社出版，以全国环保科技情报网交流的内部资料为主要资料来源，集中报道我国有关环境科学的会议论文、科技成果、出国访问考察、来华技术座谈、学位论文、引进技术成套资料以及中文期刊上译文资料等
4	国外科技资料馆藏目录——环境污染与保护	它由科学技术文献出版社出版，是一种题录检索工具，报道中国科技情报研究所入藏的有关环境污染与保护方面的科技资料文献
5	环境污染物对人体健康影响文摘	它是美国生物科学情报服务社编辑出版的英文刊物，按类目（水污染、微生物、食品卫生、气体污染、职业卫生、农药、射线、土壤、物理污染物、植物、动物、微粒污染及其化学原因等）编排，题录文后附有生物分类学分类和内容主题词
6	空气与水保护——API文摘	它收录了世界各国300多种期刊及90种会议文件以及其他出版物中有关空气与水保护方面的文献
7	环境文摘	它收录了美国1000余种期刊、政府文献、研究报告、会议记录以及新书中有关环境污染与环境保护研究方面的文献资料
8	环境期刊文献题录	它报道各国出版的400余种环境科学技术期刊的近期目次，主题包括人类生态学、空气、土地资源、水资源、营养与保健、能源等，并附有主题和作者索引及年终累积索引
9	污染文摘	它报道的主要类目有空气污染、水污染、土壤污染、海洋污染、噪声污染等
10	科学技术文献速报——环境公害篇	它主要报道环境公害、水质污染、水质污染控制技术、大气污染、大气污染控制技术、废弃物处理、其他公害、污染物保护、恶臭、农药与残留农药、放射性污染、自然保护等类目
11	水研究中心通报	它摘录了世界各国关于给水、水质分析、污染和废水处理、天然水源污染等

3. 环境信息系统

环境信息从产生到应用于环境保护工作所构成的系统，即环境信息系统，是从事信息处理工作的部门，是由工作人员、设备（计算机、网络技术、GIS技术、模型库等软硬件）及环境原始信息等组成的系统。按内容可分为环境管理信息系统（EMIS）和环境决策支持系统（EDSS）。

环境管理信息系统（EMIS）是以现代数据库技术为核心，将环境信息存储在电子计算机中，在计算机软、硬件支持下，实现对环境信息的输入、输出、修改、删除、传输、检索和计算等各种数据库技术的基本操作，并结合统计数学、优化管理分析、制图输出、预测评价模型、规划决策模型等应用软件，构成一个复杂而有序的、具有完整功能的技术工程系统。它既是各种环境信息的数据库，又是环境管理政策和策略的实验室。其基本功能包括：① 全面准确地查询和检索各种环境信息，系统提供环境科研和管理所需要的各种数据和信息并具有统一的格式。② 分析各种空间数据，利用数学模型进行数据加工，进行区域环境质量的现状评价、污染源评价、污染控制方案预测、经济发展对环境影响的预测以及区域环

境质量控制规划等工作。③ 决策支持，针对不同层次环境管理部门的不同要求，输出各种图件和报告，为环境管理工作提供辅助决策。④ 有效地利用系统本身的功能，可降低系统成本，提高效益。政府环境管理信息系统示意图如图 4-2 所示。

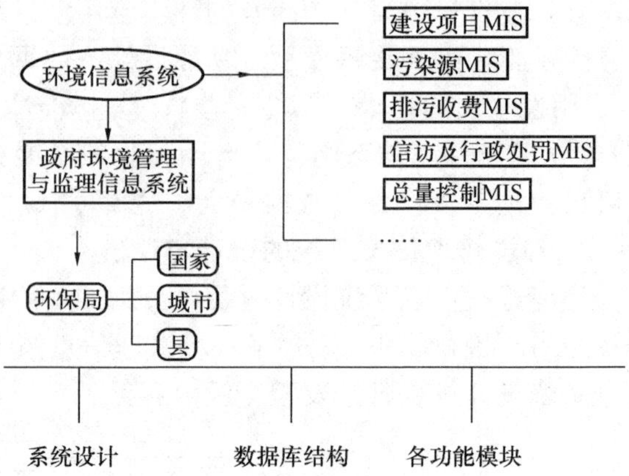

图 4-2　政府环境管理信息系统示意图

建设项目环境管理的基本目标主要包括：① 实现基本信息、污染物的预测排放量与实际排放量、区域范围“三废”排放分布、区域范围污染物累积负荷等专题图的显示；② 实现通过地图对建设项目基础数据查询分析结果进行图文互查，并针对专题信息能在图上进行任意选取范围进行分析、汇总，生成专题图表。建设项目环境管理信息系统示意图如图 4-3 所示。

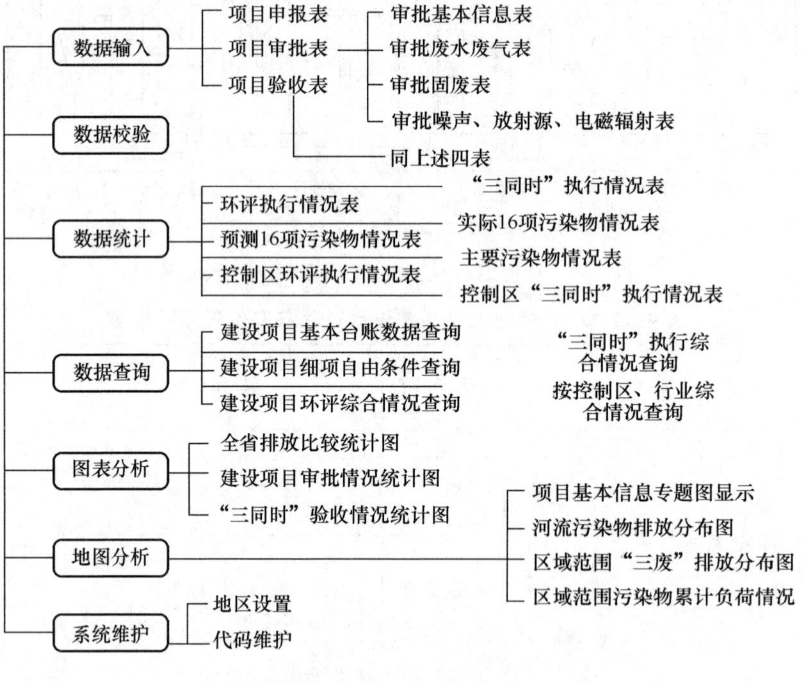

图 4-3　建设项目环境管理信息系统示意图

环境决策支持系统（EDSS）是将决策支持系统引入环境规划、管理、决策工作中的产物，对定结构化、未定结构化或不定结构化问题进行描述、组织，进而协助人们完成管理决策的支持技术。其基本功能是收集、整理、贮存并及时提供本系统与本决策有关的各种数据，对环境信息进行加工、处理、分析、综合、预测、评价。

4.7.2　环境管理信息系统的设计与评价

1. 信息系统设计的目标、任务和原则

一般情况下，以充分利用先进的 GIS 技术、数据库技术、网络通信技术、分布式计算

技术等，建设一个科学、高效的环境应用信息系统为环境管理信息系统的开发目标。其根本任务为逻辑模型→物理模型（功能设计→数据库设计→应用设计）的转变。设计原则包括：① 实用性（面向需求，功能完善）；② 标准性（标准化，统一化）；③ 先进性（紧跟技术潮流）；④ 动态性（动态调整，与环境业务发展相适应）；⑤ 开放性（后续开发）；⑥ 经济性（性价比）；⑦ 安全性（数据安全，逻辑可靠）。

2. 环境管理信息系统的设计与评价

环境管理信息系统设计过程可分为四个阶段：可行性研究、系统分析、系统设计和系统的实施与评价，图 4-4 表述了环境管理信息系统 EMIS 的设计过程，表 4-24 列出了环境管理信息系统设计过程各开发程序及内容。

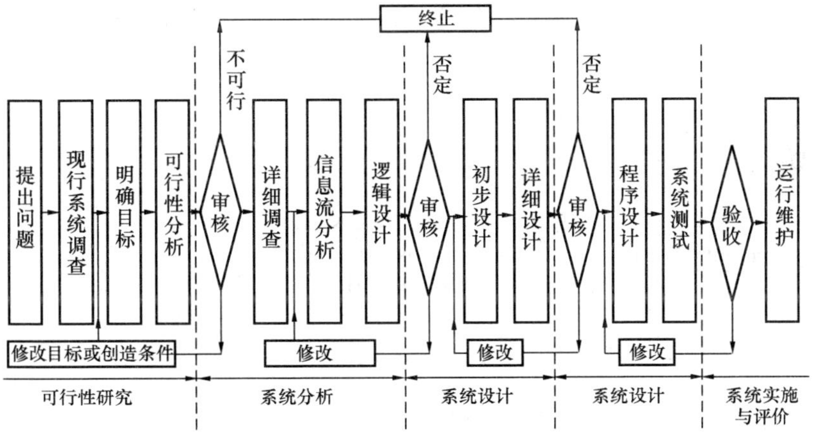

图 4-4　环境管理信息系统 EMIS 的设计过程

表 4-24　环境管理信息系统设计过程各开发程序及内容

阶段名称	目标或任务	步　骤	主要内容	主要成果
可行性研究	为整个工作过程提供一套必须遵循的衡量标准	（1）提出请求	可行性研究的前提：明确研究的目的、要求、方法及评价准则	可行性报告；项目开发计划
		（2）可行性研究	用户调查：分析现有系统，提出系统选择方案进行可行性投资效益分析	
		（3）批准	主要审核	
系统分析	解决“干什么”，即明确系统的具体目标，系统的界限以及系统的基本功能	（4）对问题进行逻辑处理，决定做什么	功能和性能要求，限制条件运行环境，完成系统的功能分解，给出系统的功能分解图表	系统分析报告
		（5）系统分析方案	数据流程图及文字说明	
系统设计	系统的分解、功能模块的确定及连接方式的确定、输入设计、输出设计、数据库设计及模块功能说明	（6）如何解决问题	对问题给出几个解决方案，尽可能给出系统流程图； 结构化方法使用模块的 IPO 表来表示程序的技术要求	系统设计报告

续表

阶段名称	目标或任务	步　骤	主要内容	主要成果
系统实施与评价	系统设计完成后就应交付使用，并在运行过程中不断完善，不断升级，因而需要对其进行评价	(7) 建立系统调试程序	各模块程序的编写； 系统功能和性能的评价报告； 实施组织管理运行维护	系统程序； 系统测试报告； 系统使用报告； 系统评价验收报告

4.7.3　环境决策支持系统的设计与评价

环境决策支持系统的设计分为制定行动计划、系统分析、总体结构设计和系统的实施与评价四个步骤：

① 制定行动计划，可有快速实现方案、分阶段实现方案和完整的 EDSS 方案 3 种；

② 系统分析步骤是 EDSS 设计的重要步骤，包括确定系统的组成要素，划分内在变量，分析各要素间的相互关系，确定 EDSS 的基本结构和特征；

③ 总体结构设计阶段，由用户接口、信息子系统、模型子系统和决策支持子系统构成；

④ 提供系统支持决策的分析与评价的相互关联的功能子模块，进而完善该系统。

习题与思考

1. 简述环境现状调查的内容和方法。
2. 简述环境评价的内容和方法。
3. 简述环境目标的组成。
4. 简述环境规划与管理指标体系的组成内容。
5. 简述环境统计的内容及研究和调查方法。
6. 简述社会发展预测的主要方法。
7. 简述经济发展预测的主要方法。
8. 简述环境质量预测的主要方法。
9. 简述环境审计的方法和内容。
10. 简述环境管理信息系统的组成和设计方法。

第5章　环境规划的基本内容和程序

学　习　提　示

学习目标：了解环境规划的原则，掌握环境规划的工作程序、环境评价和环境预测的主要内容。理解环境功能区划的含义，了解环境规划方案的设计、决策过程及实施条件。

学习重点：环境目标和环境规划的指标体系及环境功能区划。

学习难点：环境规划方案的设计、决策和优化实施。

5.1　环境规划的原则和程序

5.1.1　环境规划的基本原则

环境规划是以生态学理论和经济发展规律为基础，以经济、社会和环境协调发展的战略思想为依据，正确处理资源开发利用、经济活动与环境保护间的辩证关系，通过制定环境规划目标、方案和措施，以实现环境效益与社会效益、经济效益相统一。在制定环境规划时应遵循以下基本原则：

（1）坚持全面规划、合理布局、突出重点、兼顾一般的原则。坚持可持续发展，使环境保护与经济发展相协调。

（2）坚持经济效益、社会效益、环境效益相统一的原则。遵循生态规律和经济规律，使有限的资金发挥更大的作用。

（3）坚持预防为主、防治结合的原则。依靠科技进步，大力发展清洁生产和推广三废综合利用，将污染消灭在生产过程中，积极采用适宜规模的、先进的、经济的治理技术，保护环境。

（4）坚持系统性原则。把环境规划对象看作综合体，用系统论的观点和系统论的方法进行环境规划。

（5）坚持实事求是、因地制宜的原则。环境目标应符合国民经济计划总要求，要从实际出发，规划措施要切实可行，具有可操作性。

（6）坚持强化环境管理的原则。运用经济、法律、行政手段促进环境保护事业发展，充分体现有中国特色的环境管理思想、制度和措施。

5.1.2　环境规划的工作程序

1. 规划的编制

（1）接受任务与组织规划编制

上一级环境保护部门下达编制规划任务，并提出主要要求、时间进度，下一级环境保护部门组织规划编制组，编制工作计划和规划大纲。编制规划任务也可以由政府直接下达给同级环境保护部门。规划编制组一般分为领导组、协调组和技术组，由通晓规划对象的专家以及有关规划、计划管理部门的人员组成，由对规划地域或领域具有决策权和协调能力的部门领导人担任指导。环境规划的工作程序如图 5-1 所示。

(2) 完成规划文本的编制

环境规划的编制由专门组织的技术队伍（规划编制组）承担，其编制技术程序如图 5-2 所示。

2. 规划的申报与审批

规划的申报和审批过程是沟通上下级认识、协调环境保护部门与其他部门之间关系的过程，是将规划方案变为实施方案并纳入国民经济和社会发展规划的过程，同时也是环境规划管理工作的一项重要制度。

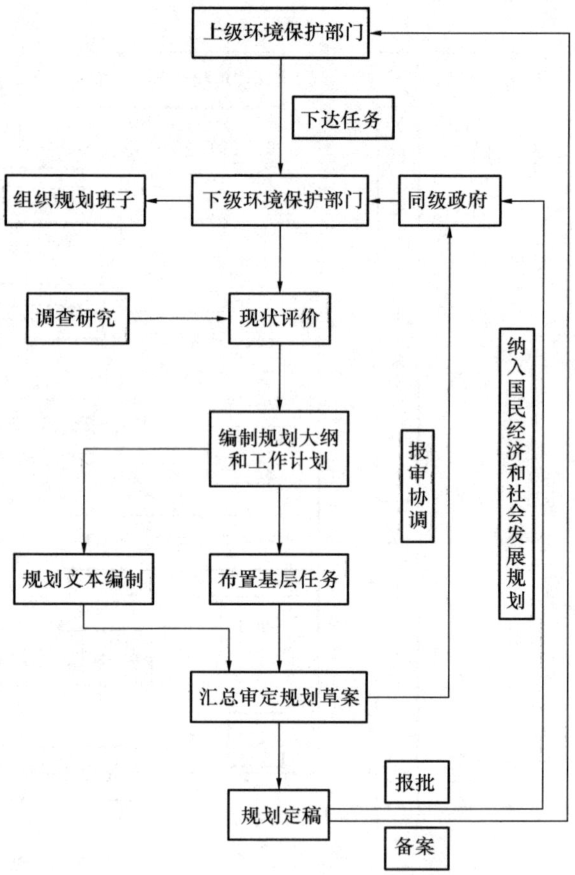

图 5-1　环境规划的工作程序

(1) 初级申报和审核

编制单位在规划编制基本完成后，将文本报送同级政府和上一级环境保护部门初审，同级政府在其职权范围内，可对方案进行决策、批准、驳回或提出修改意见；上级环境保护部门在收到申报文本后，进行初审，在与有关部门取得协商意见后，对申报文本予以批准或提出修改意见。

规划的审批应在组织各行业专家进行评审和论证的基础上进行。

(2) 终极申报与审批

下级环境保护部门在得到初审意见后，对规划进行修改、完善或重新编制。若认为初审意见不合理，可提出申辩，对规划进行修改或重新编制后，再次申报给同级政府审批和上一级环保部门备案。

同级政府收到申报文本并确认符合要求后，应予迅速批准，并将批准后的环境规划付诸实施。在规划实施过程中，若出现新的重大问题，确需对环境规划的指标或内容进行补充修改时，必须报请原审批机关同意。

(3) 环境规划文本

环境规划工作结束时，一般应有三类文本。

① 技术档案文本：是指将规划过程所收集的背景材料、调查或监测所采集的信息、规划编制过程的技术档案或记录进行整理而形成的背景材料文本。

② 环境规划文本：是指正式的环境规划文本。它由环境规划管理部门管理，作为进行

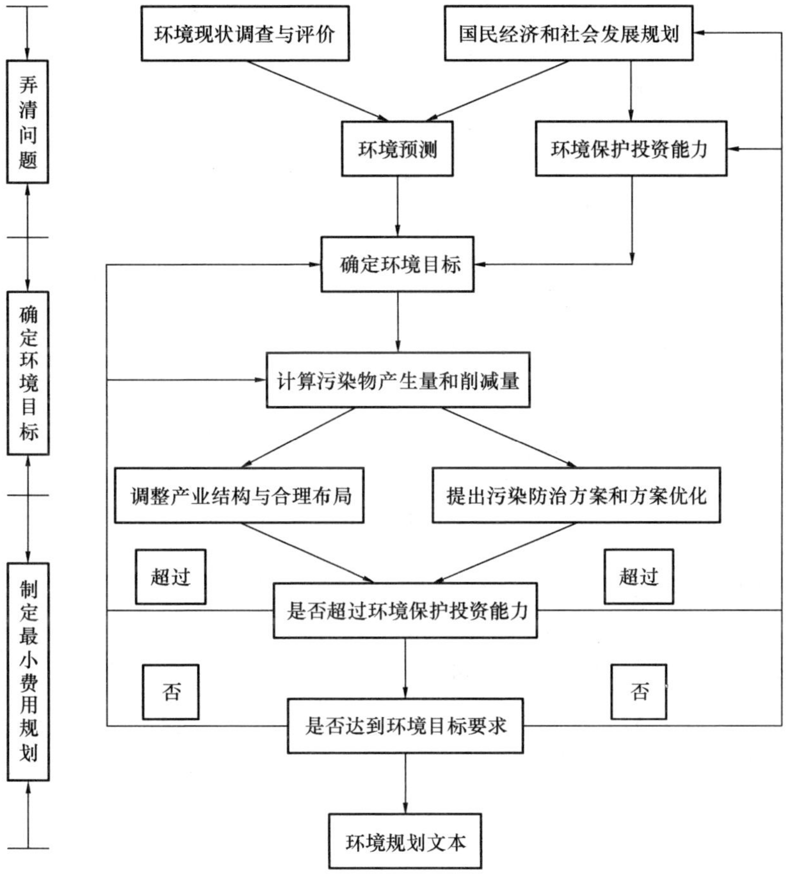

图 5-2　环境规划编制技术程序

规划实施与管理的蓝本。

③ 环境规划报审文本：是指正式的环境规划文本的缩编文本或简编文本，主要用于申报、审批。简编文本内容应包括：自然环境特点，经济和社会简况，前期环境规划（或计划）执行简况，规划要解决的主要环境问题，规划目标（时空限定），主要措施，主要工程项目及说明，投资预算及来源，主要困难及要求提供的条件等。

5.2　环境规划目标和指标体系

5.2.1　环境规划目标

环境规划目标是环境规划的核心和灵魂，是指在一定条件下，决策者对环境质量期望达到的状况或标准，其作用是明确环境发展的方向和目的。

环境规划目标根据不同的层次和要求可以划分为以下几类。

1. 按环境目标的层次划分

按环境目标的层次可分为总目标、单项目标、环境指标三个层次。

(1) 总目标：规划区域环境质量所要达到的要求和状况。

(2) 单项目标：根据环境要素、环境功能和环境特征所确定的环境目标，例如大气污染物总量控制目标、水环境质量目标等。

(3) 环境指标：体现环境目标对单一因子的要求，例如 TSP 总量排放指标。

2. 按规划内容划分

(1) 环境质量目标：表征自然环境要素的质量状况，主要包括大气环境质量目标、水环境质量目标、声环境质量目标、生态环境质量目标等。

(2) 环境建设目标：反映环境改善程度。

(3) 污染控制目标：是对规划区内主要污染物在一定时空范围内的允许排放量所作的限定。

(4) 环境管理目标：环境规划的制定和实施要依靠科学的管理来进行，在环境规划编制中应包括组织、协调、监督等各项管理目标，以及实施环境规划的措施等，例如环境影响评价、“三同时”执行率等。

3. 按规划时间划分

根据规划时间的长短不同，可分为短期（<5 年）、中期（5～10 年）和长期（>10 年）目标，或者具体划分为 5 年、10 年、20 年目标等。

4. 按规划空间范围划分

根据规划空间范围的不同，可分为国家、省（自治区、直辖市）、市、县、经济开发区环境目标，或分为区域、流域环境目标等。

5.2.2　环境规划的指标体系

环境规划指标是指能直接反映环境对象及有关事物，用来共同描述环境规划目标内容的数量和质量的特征值。环境规划的指标体系则是由一系列既相互独立，又相互联系、互为补充的环境指标构成的有机集合。在环境规划与管理过程中，根据规划指标表征对象、作用及在环境规划中的重要性和相关性，通常把它们分为环境质量指标、污染物总量控制指标、环境规划措施与管理指标以及相关指标。指标的具体内容、应用范围及要求见表 5-1。

表 5-1　环境规划指标类别与内容

指标类别与内容			应用范围				要求
			省域	城市	部门/行业	流域	
环境质量指标	大气环境	PM10（年/24 小时平均值）或达到大气环境质量的等级		√			√
		PM2.5（年/24 小时平均值）或达到大气环境质量的等级		√			√
		TSP（年/日均值）或达到大气环境质量的等级		√			√
		SO_2（年/日均值）或达到大气环境质量的等级		√			√
		NO_x（年/日均值）或达到大气环境质量的等级		√			○
		降尘（年/日均值）		√			○
		酸雨频度与平均 pH	√	√			○
	水环境	饮用水源水质达标率；饮用水源数		√			√
		地表水达到地表水水质标准的类别或 COD	√	√	√		√
		地下水矿化度、总硬度、COD、硝酸盐氮和亚硝酸盐氮		√			○
		海水达到近海海域水质标准类别或 COD、石油、氨氮和磷	√	√			○
	噪声	区域噪声平均值和达标率		√			√
		城市交通干线噪声平均声级和达标率		√			√

续表

指标类别与内容			应用范围				要求
			省域	城市	部门/行业	流域	
污染物总量控制指标	大气污染物宏观总量控制	大气污染物（SO_2、烟尘、工业粉尘、NO_x）总量排放；燃烧废气排放量、消烟除尘量；工艺废气排放量、处理量；工业废气处理量、处理率；新增废气处理能力	✓	✓	✓		✓（NO_x，○）
		大气污染物（SO_2、烟尘、工业粉尘、NO_x）去除量和去除率	✓	✓			✓（NO_x，○）
		锅炉数量、达标量、达标率；窑炉数量、达标量、达标率	✓	✓	✓		○
		汽车数量、耗油量、NO_x排放量		✓			○
	水污染宏观总量控制	工业用水量和工业用水重复利用率，新鲜水用量	✓	✓	✓	✓	✓
		废水排放总量；工业废水总量、外排量；生活污水总量	✓	✓	✓	✓	✓
		工业废水处理量、处理率、达标率、处理回用量和回用率；外排工业废水达标量、达标率；新增工业废水处理能力；万元产值工业废水排放量	✓	✓	✓	✓	✓
		废水中污染物（COD、BOD_5、重金属等）的产生量、排放量、去除量	✓	✓	✓	✓	✓
	工业固体废物宏观控制	工业固体废物（冶炼渣、粉煤灰、炉渣、煤矸石、化工渣、尾矿和其他）产生量、处置量和处置率；堆存量、累计占地面积、占耕地面积、综合利用量、综合利用率；产品利用量、产值、利润；非产品利用量	✓	✓	✓		✓
		危险废物产生量、处置量、处置率	✓	✓	✓		○
	乡镇环境保护规划	乡镇工业大气污染物排放（产生）量、治理量、治理率和排放达标率	✓	✓			○
		水污染物排放（产生）量、削减量、治理量和治理率、排放达标率	✓	✓			○
		固体废物产生量、综合利用量、排放量等	✓	✓			○
环境规划措施与管理指标	城市环境综合整治	燃料气化：建成区居民总户数、使用气体燃料户数、城市气化率		✓			✓
		型煤：城市民用煤量、民用型煤普及率		✓			✓
		集中供热："三北"采暖建筑面积、集中供热面积、热化率、热电联产供热量		✓			✓
		烟尘控制区：建成区总面积、烟尘控制区面积及覆盖率		✓			✓
		汽车尾气达标率		✓			✓
		城市污水量、处理量、处理率、处理厂数及能力（一、二级）和处理量；氧化塘数、处理能力及处理量；污水排海量、土地处理量		✓			✓
		地下水位、水位下降面积、区域水位降深；地面下沉面积、下沉量		✓			✓
		工业固体废物集中处理场数、能力、处理量	✓			✓	✓
		生活垃圾无害化处理量、处理率；机械化清运量、清运率；建成区人口、绿地面积、覆盖率；人均绿地面积		✓			✓
	乡镇环境污染控制	污染严重的乡镇企业数，关、停、并、转、迁数目	✓	✓			○
		污灌水质	✓	✓			○
	水域环境保护	功能区：工业废水、生活污水、COD、氨氮纳入水量（湖泊总磷、总氮纳入量）	✓	✓		✓	✓
		监测断面：COD、BOD_5、DO、氨氮或达到地表水水质标准类别（湖泊取COD、氮、磷）	✓	✓		✓	✓
		海洋功能区划：工业废水和生活污水入海通量	✓				○
	重点污染源治理	污染物处理量、削减量；工程建设年限、投资预算及来源	✓	✓	✓		○
	自然保护区的建设与管理	重点保护的濒危动植物物种和保存繁育基地数目、名称	✓				✓
		自然保护区类型、数量、面积、占国土面积百分比和新辟建的自然保护区	✓				✓
	环境保护投资	环境保护投资总额占国民收入的百分数	✓	✓	✓		✓
		环境保护投资占基本建设和更新改造资金的比例	✓	✓	✓		✓

续表

指标类别与内容			应用范围				要求
			省域	城市	部门/行业	流域	
相关指标	经济	国民生产总值：工、农业生产总值及年增长率；部门工业产值	√	√			○
		工业密度：单位占地面积企业数、产值	√	√			○
	社会	人口总量与自然增长率、分布、城市人口	√	√			○
	生态	森林覆盖率、人均森林资源量、造林面积	√	√			○
		草原面积、产量、载畜量、人工草场面积	√	√			○
		耕地保有量、人均量；污灌面积；农药化肥污染土壤面积	√	√			○
		水资源：水资源总量、调控量、水资源流域面积、水利工程和地下水开采	√	√			○
		水土流失面积、治理面积、减少流失量	√	√			○
		土地沙化面积、沙化控制面积	√				○
		土地盐渍化面积、改良复垦面积					○
		农村能源、生物能源占能源的比例，薪柴林建设					○
		生态农业试点数量及类型					○

注：省内城市按城市要求，城市内行业按行业要求；“√”表示确定采用的指标，“○”表示灵活性选择指标。

指标过多，会给规划工作带来困难；反之，指标过少则难以保证规划的科学性和执行的有效性。因此，在环境规划指标体系建立过程中，应根据规划对象存在的主要问题、环境质量和经济条件等具体情况，遵循整体性、科学性、规范性和可操作性的原则，选取适宜的环境规划指标，建立起全面、准确、系统和科学的环境规划指标体系。

5.3　环境评价和环境预测

5.3.1　环境调查与评价

环境调查与评价是环境规划的基础工作，其目的是为了全面了解规划区域环境质量现状，了解区域环境特征、环境容量和环境承载力，给区域环境质量作出合理的评价并发现区域存在的主要环境问题。同时，需要通过评价确定各环境问题的重要性和造成环境污染的主要污染源。

环境调查与评价应特别重视污染源的调查与评价，并将污染源按污染物排放总量、“三废”超标排放情况进行排序，从而确定污染物总量控制的主要污染物和主要污染来源。

1. 环境现状调查

(1) 环境信息采集的内容

环境信息的收集与分析是贯穿规划全过程的基础性工作，是规划的重要支持系统之一。

初期的环境信息收集以广和全为原则，应包括与规划有关的一切经济的、社会的、科技的、人文的以及自然、地理、生态、污染情况等。待规划方向、内容范围基本确定后，信息的收集应有重点地进行。信息源主要包括：

① 先前的环境规划、计划及其基础资料；

② 统计部门历年的统计资料（包括经济、社会和环境方面）；

③ 有关部门的规划和背景资料；

④ 环境科研部门保管的文献资料（包括环境调查、科研成果等）；

⑤ 环境监测部门的有关环境基础资料和历年的环境质量监测报告书；

⑥ 专家系统提供的信息情报；

⑦ 为规划编制或专门进行的实地考察、测试所得的资料等。

（2）环境信息采集的方法

环境信息采集采取的主要方法包括：查阅和收集公开发表的上述文献资料；召开专家和管理干部座谈会，请他们撰写有关资料或通过信函调查采集信息；吸收与环境规划有关部门的干部和专家参与环境规划编制；依靠当地环境保护委员会或上级协调部门疏通信息渠道，取得有关文献和资料；设立规划研究课题，委托科研单位进行关键问题的研究或关键数据的测试、核算等。

2. 环境评价

环境评价工作是在全面、可靠的环境调查基础上进行的，参见本书 4.1.3 节的相关内容。

5.3.2 环境预测

环境预测是在环境现状调查与评价基础上，结合社会经济发展状况，对环境的发展趋势进行的科学分析，指出影响未来环境质量的主要因素，寻求改善环境并与经济社会协调发展的途径。环境预测是环境规划科学决策的基础；预测—规划—决策所形成的完整体系，是整个环境规划工作的核心。

1. 环境预测的主要依据

（1）环境质量评价。规划区环境质量评价是环境预测的基础工作和依据，通过评价，可为科学预测提供许多基础资料。

（2）社会经济发展目标。环境问题主要是由经济发展引起的，预测经济发展达到规划目标时对环境造成的影响，在此基础上提出合理的发展规划模式。

（3）城镇发展规划、区域发展规划及能源、交通、电力、水利、通信等行业发展规划。

2. 环境预测的内容

（1）社会发展和经济发展预测

社会发展预测的重点是人口数量预测。

经济发展预测以经济系统与环境系统之间和系统内部的相互联系和变化为核心，重点是能源消耗预测、国民生产总值预测、工业总产值预测等，同时对经济布局与结构、交通和其他重大经济建设项目作必要的预测与分析。经济发展预测要注意选用社会和经济部门（特别是计划部门）的资料和结论。

（2）污染产生与排放量预测

参照环境规划指标体系的要求选择预测内容，污染物宏观总量预测的重点是确定合理的排污系数（例如单位产品和万元工业产值排污量）和弹性系数（例如工业废水排放量与工业产值的弹性系数），从而得到相应的污染物产生和排放量。主要内容包括：

① 大气污染物排放量预测；

② 废水排放量预测；

③ 噪声和废渣污染预测；

④ 农业污染源预测——土地中农药、化肥施用量、积累量，粮食、蔬菜、水果中农药

含量；

⑤ 环境污染治理和环境保护投资预测等。

（3）环境质量预测

根据污染物在环境中的扩散、迁移和转化规律及相关影响因素，预测各类污染物在大气、水体、土壤等环境要素中的总量、浓度及分布，预测可能出现的新污染种类和数量。

（4）生态环境预测

预测主要生态指标的变化情况，主要内容包括：水资源合理开发利用情况，城市绿地面积及环境影响，土地利用现状及城市发展趋势等。

预测的基本思路是，首先预测原始运行状况（或无有力措施）下主要生态指标的变化情况，再根据经济发展和城市建设规划预测分析主要生态指标的变化情况，然后综合分析各种状况下可能引起的生态环境变化，为编制生态环境规划、调整城市建设总体规划提供依据。

（5）环境容量和资源预测

根据环境功能区划、环境质量标准和环境污染状况预测区域环境容量变化情况；根据产业结构和人口数量等因素预测区域内资源利用情况和资源支持能力。

（6）环境资源破坏和环境污染造成的经济损失预测

主要内容包括：资源不合理开发造成的经济损失；环境污染造成的经济损失；环境污染引起的人体健康损失。

5.4　环境功能区划

环境功能区划是指依据社会经济发展需要和地区在环境结构、环境状态和使用功能上的差异，对区域进行的合理划分。环境功能区是指对经济和社会发展起特定作用的区域或环境单元，常常是经济、社会与环境的综合性功能区。环境功能区划是对环境实现科学规划与管理的一项基础工作，它研究环境单元的承载力（环境容量）和环境质量现状的发展变化趋势，揭示人类活动与环境间的关系。环境功能不同，对环境质量要求和影响程度也不一样。因此，确定合理的环境功能区划，对具有不同功能的环境区域或环境单元分类管理，有针对性地制定环境保护目标，并分别采取环境保护对策，有利于科学地进行环境规划并提高规划的可操作性。

5.4.1　城市环境功能区

城市环境功能区包括：工业区；居民区；商业区；机场、港口、车站等交通枢纽区；风景旅游或文化娱乐区；特殊历史纪念地；水源保护区；文化教育区；高新技术经济开发区；农副产品生产基地；污染物处理区（垃圾场、污水处理厂等）；卫星城等。

5.4.2　环境空气功能区

根据《环境空气质量标准》（GB 3095—2012）规定，将环境空气功能区分为两类：

一类区为自然保护区、风景名胜区和其他需要特殊保护的区域；

二类区为居住区、商业交通居民混合区、文化区、工业区和农村地区。

5.4.3 地表水环境功能区

根据《地表水环境质量标准》(GB 3838—2002)，依据地表水水域环境功能和保护目标，将地表水环境按功能高低依次划分为五类：

Ⅰ类水域：主要适用于源头水、国家自然保护区；

Ⅱ类水域：主要适用于集中式生活饮用水地表水源地一级保护区、珍稀水生生物栖息地、鱼虾类产卵场、仔稚幼鱼的索饵场等；

Ⅲ类水域：主要适用于集中式生活饮用水地表水源地二级保护区、鱼虾类越冬场、洄游通道、水产养殖区等渔业水域及游泳区；

Ⅳ类水域：主要适用于一般工业用水区及人体非直接接触的娱乐用水区；

Ⅴ类水域：主要适用于农业用水区及一般景观要求水域。

5.4.4 声环境功能区

根据《声环境质量标准》(GB 3096—2008)，按区域的使用功能特点和环境质量要求，声环境功能区分为以下五种类型：

0类声环境功能区：指康复疗养区等特别需要安静的区域；

1类声环境功能区：指以居民住宅、医疗卫生、文化体育、科研设计、行政办公为主要功能，需要保持安静的区域；

2类声环境功能区：指以商业金融、集市贸易为主要功能，或者居住、商业、工业混杂，需要维护住宅安静的区域；

3类声环境功能区：指以工业生产、仓储物流为主要功能，需要防止工业噪声对周围环境产生严重影响的区域；

4类声环境功能区：指交通干线两侧一定区域之内，需要防止交通噪声对周围环境产生严重影响的区域，包括4a类和4b类两种类型。4a类为高速公路、一级公路、二级公路、城市快速路、城市主干路、城市次干路、城市轨道交通（地面段）、内河航道两侧区域；4b类为铁路干线两侧区域。

5.5 环境规划方案的设计和决策过程

环境规划方案设计是环境规划工作的重点，它是在充分考虑国家或地区有关政策的前提下，根据环境目标、污染状况和计划污染削减量及经济实力、经济发展规划，对规划区提出具体的污染防治措施和对策。

5.5.1 环境规划方案设计的原则

(1) 因地制宜，紧扣目标

充分利用规划准备阶段获取的各项环境信息，分析规划区的实际情况，明确规划区自身的治理和管理技术、现有设备及可能投入的资金、环境污染削减能力和承载力，在此基础上，紧扣预定的环境目标，提出各种措施和对策。

（2）以提高资源利用率为中心

环境污染的实质是资源和能源的浪费，在规划方案设计中，空气污染综合整治、生态保护、总量控制、生产结构和布局规划都要围绕资源利用率这个中心。

（3）遵守国家或地区有关政策法规

这是保证规划能够获批和有效实施的前提，要在相关政策法规允许的范围内进行规划方案的设计，提出措施和对策，绝不能与之相抵触。

5.5.2　环境规划方案的设计过程

（1）分析调查评价结果

包括环境质量、污染状况、主要污染物和污染源，现有环境承载力、污染削减量、现有资金和技术，从而明确环境现状、治理能力和污染综合防治水平。

（2）分析预测结果

弄清区域存在的主要环境问题，明确环境现有的承载能力、削减量和可能的投资、技术支持，从而综合考虑实际存在的问题和解决问题的能力。

（3）详细列出环境规划的总目标和各项分目标

通过列出目标，以明确环境现状与环境目标的差距。

（4）制定环境发展战略和主要任务

从整体上提出环境保护目标、重点、主要任务和步骤。

（5）制定环境规划的措施和对策

运用各种方法制定针对性强的措施和对策，例如区域环境污染综合防治措施、生态环境保护措施、自然资源合理开发利用措施、调整生产力布局措施、土地规划措施、城乡建设规划措施和环境管理措施。

5.5.3　环境规划方案的决策

一般说来，凡是根据预定的目标作出的任何行动决定，都可以称之为决策。环境规划在经过环境调查与预测、功能区划与承载力计算、目标初步确定之后，一般要做多个不同的规划方案，这些规划方案的筛选成为环境规划的核心任务，需要通过各种各样的决策完成。

这些可供选择的环境规划方案，构成了一个决策问题。在决策问题中，每种客观条件或自然状态，称之为状态变量。这些可供选择的方案或策略称之为决策变量。每一个状态变量出现的概率称之为状态概率，对于每一种可供选择的方案取得的效果通过损益值来体现。最后需要按照某种决策准则，选取决策目标最优的规划方案。

决策问题一般可分为确定型决策和随机型决策两类。

确定型决策是指只存在一种完全确定的自然状态的决策，确定型规划方案常采取的决策方法有：线性规划法、非线性规划法、动态规划法、环境费用效益分析等方法。

随机型决策是指各种自然状态都是随机出现的，如果这种状态出现的概率已知或者可以估计，则称之为风险型决策，否则就变成了一个非确定型决策问题。风险型规划方案常用的决策方法有：最大可能法、期望值法、决策树分析法、贝叶斯决策法和灵敏度分析法；非确定型规划方案常用的决策方法有：乐观决策法、悲观决策法、折中决策法、后悔决策法和等概率决策法。

若决策目标只有一个，则称之为单目标决策，否则称为多目标决策。

5.6 环境规划的实施

环境规划编制工作完成后，若不能得到较好的实施，则对区域环境的建设和发展起不到应有的指导和约束作用。为发挥规划的指令性作用，实现经济、社会和环境效益的协调发展，应把规划所定的环境目标和任务组织落实。环境规划的实施工作涉及政府各个部门，其难度和复杂性不亚于规划的编制工作，因此需要各方努力，共同推进。环境规划的实施应具备以下几个条件：

1. 将环境规划与国民经济和社会发展规划统一起来

国民经济和社会发展是国家或区域对未来一段时间内经济和社会发展的全局安排，是区域建设、发展的指导性文件，是区域发展战略的具体体现。它规定了经济和社会发展的总目标、总任务、发展重点、需要经过的阶段、采取的方案和措施。将环境规划纳入国民经济和社会发展规划之中，是实现环境法制管理的具体行动。

环境规划任务由环境保护部门和计划部门联合下达，其编制工作要与国民经济和社会发展规划的编制同步进行，采取相同的程序，并纳入其中。环境规划与国民经济和社会发展规划同时批准下达。

环保部门应与发改委、市政和建委等部门联系，将大中型污染治理项目和生态保护项目列入规划之中，淘汰落后的生产工艺，引进节能新技术，并强制重点污染行业实行清洁生产审核。把环境目标考核列入相关政绩考核，同时切实发挥公众参与作用，让环境保护置于全民监督之下，形成全民参与、保护环境、人人有责的观念。

2. 环境规划的分解

环境规划按时间跨度可分为长期规划、五年规划和年度规划等。按照编制顺序，一般是先编制长期规划，然后编制五年规划，在此基础上编制年度规划。长期规划和五年规划一般是对环境目标的长远要求，其实现有赖于每年的具体执行情况，年度规划就是落实这一目标的基石，各地区、各部门和各单位、行业遵照执行。因此，各级政府在分解制定年度国民经济和社会发展规划的同时，也必须把年度环境保护规划作为一项重要内容纳入其中。

（1）环境年度规划分解

环境规划分解为环境保护五年规划和年度规划，是规划分解的主要形式。

规划分解的原则要求是：

① 环境保护规划必须有明确的目标和达到目标的指标体系，包括综合指标和形成专项计划书的指标。

② 环境保护规划需与环境保护责任目标、城市环境综合整治定量考核、限期治理、重大工程建设项目等实际工作相对应，并紧密结合起来，同时与环境统计、考核工作相协调。

③ 环境保护规划应与城市、区域的经济发展规划相对应，同步编制并纳入其中，参与综合平衡。

④ 环境保护规划特别是年度规划的指标、任务、措施、资金、考核目标、责任承担等，均需定量化和具体化，并逐条逐项层层落实。所列环境保护项目应数据齐全，能检测，有资金保证。

⑤ 环境保护规划要从实际出发，与经济支撑能力相适应，并充分考虑科学技术进步的作用。

（2）环境规划目标的空间分解

环境规划目标的空间序列分解是指将规划目标按照地区（省区按地、州、市，城市按功能区或行政区）分解并落实到有关行政管理部门。分解的主要内容是：

① 宏观质量指标分解。例如大气环境质量指标、水环境质量指标、噪声控制指标、固体废物综合利用与处理指标、自然保护或生态保护指标等。各类指标的选择应能保证地区的环境功能。

② 污染物削减指标分解。例如主要削减的污染物及分期分批削减量等。

（3）行业或企业污染治理任务的分解

根据环境污染主要由工业生产造成的特点，行业或企业应是污染负荷削减的主要承担者。行业或企业承担污染负荷削减任务的原则是：

① 多排放者多削减原则。根据规划编制过程中的污染排序进行分解。

② 重点性原则。抓主要影响地区或功能区环境质量的行业或企业实行有重点的分配和有重点的分担。

③ 经济性原则。按投资少而污染物削减量大的原则实行优化分配，增强规划分解的合理性和可行性。

④ 依靠科技进步。注意结合技术改造、工艺改造进行分解。

3. 落实环境保护资金

资金是实施环境规划的关键，是制约环境规划目标的主要因素之一。环保投资规模一般用占当年 GDP 的百分数表示，我国“十一五”期间环保投资在当期 GDP 额度的 1.35%左右。住房城乡建设部、环境保护部联合印发《全国城市生态保护与建设规划（2015—2020年）》，文件对生态园林建设、城市污染治理、海绵城市建设等在 2020 年的目标作出了明确要求，同时提出城市环境保护投资占 GDP 比例不低于 3.5%。2021 年重庆市生态环境保护投入 956.5 亿元，占 GDP 的 3.4%，其中，固定资产投资类占生态环境保护投入的 84.2%。资金和资源投入力度的不断增加，为生态环保工作提供了强有力的保障。

4. 实行环境保护目标管理

为了实现环境保护的规划目标，仅靠一般化的行政管理模式，已经不能适应目前环境保护工作的需要。把环境保护规划目标和任务与责任制紧密结合起来，实行各级领导的环境保护目标责任制的管理制度，是顺利实现规划目标和任务的主要措施。

环境保护目标责任制是以签订责任书的形式，从各级领导的职责范围出发，具体规定他们在任期内的环境保护目标和任务这一基本职责，从而理顺各地区、各部门和各单位在环境保护方面的关系，使改善环境质量的规划目标和任务得到层层落实。实行环境规划目标责任制，有利于将纳入国民经济和社会发展规划中的环境保护规划目标和任务具体化，有利于调动各地区、各部门和各单位的力量共同保护和改善环境。

习题与思考

1. 简述环境规划的工作程序。

2. 简述环境规划目标与环境规划指标体系间的关系，说明环境规划指标体系包括哪些

方面的内容。

3. 论述环境评价和环境预测的主要内容。

4. 什么是环境功能区划？它的主要类型有哪些？

5. 环境规划方案的设计和决策是怎样进行的？

6. 简述环境规划实施的条件。

第 6 章　环境规划

学　习　提　示

学习目标：了解大气环境规划、水环境规划的基本程序和步骤，掌握大气环境规划、水环境规划、固体废物管理规划和生态环境规划的内容，熟悉大气环境和水环境的污染防治措施，掌握大气环境规划、水环境规划和生态环境规划现状调查的内容和方法。

学习重点：大气环境规划、水环境规划、固体废物管理规划和生态环境规划的方法、程序和内容。

学习难点：大气环境规划、水环境规划、固体废物管理规划和生态环境规划的方法。

6.1　大气环境规划

大气环境质量的优劣不仅直接影响人群健康乃至以人为主体的城市生态系统，而且关系到社会、经济的持续健康发展。为协调城市社会、经济健康发展与大气环境保护之间的关系，制定与社会经济发展相匹配的大气环境规划是行之有效的手段。

6.1.1　大气环境规划的主要内容与类型

1. 大气环境规划的主要内容

（1）查清大气环境的主要问题

通过大气污染源调查和环境现状评价，查清规划区的主要污染源，并预测其发展趋势，查清主要大气环境问题。

（2）确定大气环境规划目标

在大气环境现状调查、预测及明确功能区划的基础上，根据规划期内所要解决的主要环境问题和社会经济与大气环境协调发展的需求，确定合理的大气环境规划目标。

（3）建立大气环境质量模型

确定污染源与环境目标之间的关系，这是直接影响大气总量控制规划方案优劣的主要因素之一。

（4）制定大气污染控制方案

实现同一目标的途径一般有多种，应制定多套包括切实可行的治理措施的方案。

（5）方案优选

对多种方案进行环境、经济和社会影响分析，通过决策分析，选择最佳方案。

(6) 实施规划方案

编制的规划方案只有在实际应用中取得成功，才能证明方案是切实可行的，才能最终体现大气环境规划的目标。

2. 大气环境规划的类型

(1) 大气环境质量规划

大气环境质量规划是以城市总体规划和大气环境质量标准为依据，规定了城市不同功能区主要大气污染物的浓度限值。它是城市大气环境管理的基础，也是城市建设总体规划的重要组成部分。大气环境质量规划模型主要是建立污染源排放和大气环境质量之间的关系。

(2) 大气污染控制规划

大气污染控制规划是指实现大气环境质量的方案。大气污染控制规划的内容和目的因城市大气污染程度的不同而有所区别。对于新建或污染较小的城市，大气污染控制规划可根据城市的性质、发展规模、工业结构、产品结构、资源状况、大气污染控制技术等，结合城市总体规划中其他专业规划进行合理布局，一方面为城市及其工业的发展提供足够的环境容量，另一方面提出可以实现的大气污染物排放总量控制方案。

对于已经受到部分污染的城市，大气污染控制规划的目的则主要是寻求实现城市大气环境质量规划的便捷、经济、可行的技术方案和管理方案。

大气环境污染控制模型是在设计气象条件下，建立污染源排放与大气环境质量间的响应关系。设计气象条件是指综合考虑气象条件、环境目标、经济技术水平、污染特点等因素后，确定的较不利（以保证率给出）的气象条件。

6.1.2 大气环境污染源调查与评价

1. 大气污染物与污染源

大气污染物种类很多，根据其存在的特征可分为气溶胶状污染物和气体状态污染物两类，前者主要表现为PM10、降尘、TSP、PM2.5等；后者主要有SO_2、NO_x，CO_x、碳氢化合物和卤族化合物等。

大气污染物的发生源或排放装置称为大气污染源。在大气污染控制工程或大气环境规划中，主要对象是人为污染源，通常又可分为工业污染源、生活污染源和交通污染源，前两类污染源统称为固定源，交通污染源则称为流动源。

另外，按污染源的几何形状，可分为点源、线源、面源和体源；按污染源的几何高度可分为高架源、中架源和低架源；按污染源排放污染物时间的长短，可分为连续源、瞬时源；按污染源排放形式可分为有组织排放源和无组织排放源。

2. 大气污染源的调查与分析

大气污染源调查的目的是弄清规划区污染的主要来源，一般按工业污染源、生活污染源和交通污染源进行分类和调查。如有近期的工业污染源调查资料，一般可直接选用，而生活污染源和交通污染源的调查则可结合规划区的具体情况进行。但是，调查所得的基础资料和数据，必须能满足环境污染预测与制定污染综合整治方案的需要。主要包括以下几方面：

(1) 画出污染源分布图

画出规划区域范围内的大气污染源分布图，标明污染源的位置、排放方式，并列表给出各主要参数。高的、独立的烟囱一般作点源处理；无组织排放源及数量多、排放源不高且源强不大的排气筒一般作面源处理（一般把源高低于30m、源强小于0.04t/h的污染源列为面

源）；繁忙的公路、铁路、机场跑道一般作线源处理。

（2）点源调查统计内容

主要包括：排气筒底部中心坐标（一般按国家坐标系）及分布平面图；排气筒高度（m）及出口内径（m）；排气筒出口烟气温度（℃）；烟气出口速度（m/s）；各主要污染物正常排放量（t/a，t/h 或 kg/h）。

（3）面源调查统计内容

将规划区在选定的坐标系内网格化。网格单元，一般可取 1000m×1000m，规划区较小时，可取 500m×500m，按网格统计面源的如下参数：主要污染物排放量[$t/(h \cdot km^2)$]；面源排放高度（m），如网格内排放高度不等时，可按排放量加权平均取平均排放高度；面源分类，如果面源分布较密且排放量较大，当其高度差较大时，可酌情按不同平均高度将面源分为 2～3 类。

3. 大气污染源的评价

通过污染源评价，分析和估计其对规划区域的影响程度，确定出该区域的主要污染源和主要污染物，常采用等标污染负荷法和污染物排放量排序的方法。

（1）等标污染负荷法：采用等标污染负荷法对区域工业污染源进行评价，用等标污染负荷法对污染源及污染物进行评价并排序。

（2）污染物排放量排序：污染物排放量排序是直接评价某种污染物的主要污染源的最简单方法。采用总量控制规划法时，针对区域总量控制的主要污染物，对排放主要污染物的污染源进行总量排序。

针对主要污染物的排放量对污染源进行排序的方法很简单，首先要有污染源排放量清单，然后排序。排序后，可选出占污染物排放总量 90%以上的污染源，按此制定总量控制规划。

6.1.3　大气污染预测

大气污染预测主要包括两部分内容，即污染源源强（排放量）预测和大气环境质量变化预测。

1. 大气污染源源强预测

对瞬时点源，源强就是一次排放的总量；对连续点源，源强就是在单位时间里的排放量。预测大气污染源源强的一般模型为：

$$Q_i = K_i W_i (1 - \eta_i) \tag{6-1}$$

式中　Q_i——源强，对瞬时排放源以 kg 或 t 计，对连续稳定排放源以 kg/h 或 t/d 计；

K_i——某种污染物的排放因子；

W_i——燃料的消耗量，对固体燃料以 kg 或 t 计，对液体燃料以 L 计，对气体燃料以 $100m^3$ 计，时间单位以 h 或 d 计；

η_i——净化设备对污染物的去除效率，%；

i——污染物的编号。

2. 大气环境质量预测

大气环境质量预测是为了了解未来一定时期的经济、社会活动发展对大气环境带来的影响，在环境规划工作中常用的大气质量预测模型主要有两类：一是箱式模型，二是扩散模型。

6.1.4 大气环境规划目标与指标体系

1. 大气环境规划目标

大气环境规划目标的制定要根据国家要求和规划区域（省域、市域、城镇等）的性质功能，从实际出发，既不能超出本规划区域的经济技术发展水平，又要满足人民生活和生产所必需的大气环境质量。制定科学、合理的大气环境规划目标是编制大气环境规划的重要内容之一，大气环境规划目标主要包括大气环境质量目标和大气污染物总量控制目标。

（1）大气环境质量目标

大气环境质量目标是基本目标，依地域和功能区有所不同，由表征大气环境质量的指标具体体现。

（2）大气污染物总量控制目标

大气污染物总量控制目标是以大气环境功能区环境容量为基础制定的，便于实施和管理的目标；通过制定污染物总量控制目标，将污染物控制在功能区环境容量的限度内，其余部分作为削减目标或削减量。

大气环境规划目标的决策通常包括以下步骤：初步拟定大气环境目标，并编制达到该目标的方案；论证环境目标方案的可行性，当可行性出现问题时，返回去重新修改大气环境目标及对应的方案，并进行综合平衡；经多次反复论证，最终科学地制定大气环境规划目标。

2. 大气环境规划指标体系

大气环境规划指标体系通常包含以下几个方面：

（1）气象气候指标

大气环境质量与气候、气象因素有很大的相关性，因此，进行环境规划时需要首先了解基础大气资料，主要包括气温、气压、风向、风速、风频、日照、大气稳定度和混合层高度等。

（2）大气环境质量指标

主要包括总悬浮颗粒物、飘尘、SO_2、降尘、NO_x、CO、光化学氧化剂、臭氧、氟化物、苯并芘和细菌总数等指标。

（3）大气污染控制指标

主要指标包括废气排放总量、SO_2排放量及回收率、烟尘排放量、工业粉尘排放量及回收量、烟尘及粉尘的去除率、CO排放量、NO_x排放量、光化学氧化剂排放量、烟尘控制区覆盖率、工业尾气达标率和汽车尾气达标率等。

（4）城市环境建设指标

主要指标包括城市气化率、城市集中供热率、城市型煤普及率、城市绿地覆盖率和人均公共绿地等。

（5）城市社会经济指标

主要指标包括国内生产总值、人均国内生产总值、工业总产值、各行业产值、各行业能耗、生活耗煤量、万元工业产值能耗、城市人口数量、分区人口数量、人口密度及分布和人口自然增长率等。

6.1.5 大气污染物总量控制方法

大气污染物总量控制是通过控制给定区域污染源排放总量，优化分配到污染源，来确保

控制区大气环境质量满足相应的环境目标值的一种方法。大气污染物总量控制绝不仅仅是一种将总量削减指标简单地分配到污染源的技术方法，而是将区域定量管理和经济学的观点引入到环境保护中考虑的手段。大气污染物排放总量控制是大气环境管理的重要手段。

1. *A-P* 值法

A-P 值法是由国家颁布的《制定地方大气污染物排放标准的技术方法》(GB/T 3840—1991)中提出的，是用 *A* 值法计算控制区域中允许排放总量，用修正的 *P* 值法分配到每个污染源的一种方法。它直接将 *P* 值控制方法结合到总量控制方法中，不仅使未来的总量控制吸收了 *P* 值控制法的优点，而且直接对污染源用原来国家正式颁布的标准加以评价，起到了基础平衡的作用。

(1) *A* 值法

A 值法属于地区系数法，只要给出控制区总面积或几个功能分区的面积，再根据当地总量控制系数 *A* 值，就能很快地算出该面积上的总允许排放量。

$$Q_a = \sum_{i=1}^{n} Q_{ai} \tag{6-2}$$

$$Q_{ai} = A_i \frac{S_i}{\sqrt{S}} \tag{6-3}$$

$$A_i = Ac_{si} \tag{6-4}$$

式中　Q_a——区域内某种类污染物年允许排放总量限值，也是城市理想大气容量，10^4 t/a；

Q_{ai}——第 i 个分区内某种类污染物年允许排放总量限值，10^4 t/a；

A——地理区域性总量控制系数，10^4 km^2/a；

A_i——第 i 个分区内某种污染物总量控制系数，10^4 km^2/a；

S——控制区域总面积，km^2；

S_i——第 i 个分区面积，km^2；

c_{si}——第 i 个区域某种污染物的年平均浓度限值，mg/m^3，计算时减去本底浓度。

(2) *P* 值法

P 值法是一种烟囱排放标准的地区系数法，给定烟囱有效高度 H_e (m) 和当地点源排放系数 *P*，便可算出该烟囱允许排放率 Q_{pi} (t/h)，烟囱有效高度 H_e 的点源允许排放：

$$Q_{pi} = PC_{si} \times 10^{-6} H_e^2 \tag{6-5}$$

式中　C_{si}——排放质量浓度，mg/m^3。

2. 平权分配法

平权分配法是基于城市多源模式的一种总量控制方法，它是根据多源模式模拟各污染源对控制区域中筛选出来的控制点的污染物浓度贡献率，若控制点处的污染物浓度超标，根据各源贡献率进行削减，使控制点处的污染物浓度符合相应环境标准限值的要求。控制点是标志整个控制区域大气污染物浓度是否达到环境目标值的一些代表点，这些点的浓度达标情况应能很好地反映整个控制地区的大气环境质量状况。

3. 优化方法

优化方法是将大气污染控制对策的环境效益和经济费用结合起来的一种方法，它将大气污染总量控制落实到防治对策和防治经费上，运用系统工程的理论和原则，制定出在大气环境质量达标的前提下，治理费用较小的大气污染总量控制方案。优化方法同样利用城市多源模式模拟污染物的扩散过程，建立数学模型，设定目标函数，在控制点浓度达标的约束条件

下，求使目标函数最大（或最小）的最优解。

6.1.6 大气污染防治措施

1. 全面规划，合理布局

从区域（或城市）大气环境整体出发，针对该地域内的大气环境容量、主要污染问题（例如污染类型、程度、范围等）及大气环境质量的要求，以改善大气环境质量为目标，综合运用各种措施，组合、优化、确定大气污染防治方案。制定大气污染综合防治规划，是全面改善城市大气质量环境的重要措施。

合理布局是预防大气污染的重要手段。根据区域的自然环境与环境质量特征，合理布局污染源与大气环境保护目标，能大大降低大气污染的影响，这也是编制环境规划时应重点解决的问题。

2. 以集中控制为主，降低污染物排放量

所谓集中控制，就是从区域的整体着眼，采取宏观调控和综合防治措施。集中控制不仅能节约资源和能源（例如煤、油、气等），还便于采取污染防治措施并提高污染物的处理率。例如：调整工业结构，改变能源结构，集中供热，发展无污染少污染的新能源（太阳能、风能、地热等），集中加工和处理燃料，采取优质煤（或燃料）供民用的能源政策等。

对局部污染物，例如工业生产过程排放的大气污染物，工业粉尘，制酸及氮肥生产排放的 SO_2、NO_x、HF 等，则要因地制宜采取分散防治措施。

3. 强化污染源治理，降低污染物排放

在我国目前的能源结构（以煤为主）、燃烧技术等条件下，很多燃烧装置不可能消除污染物排放，加上一些较落后的工艺技术，不进行污染源治理，就不可能彻底控制污染。因此，在注意集中控制的同时，还应研发先进的处理技术，强化污染源治理，包括烟尘治理技术、SO_2 治理技术、NO_x 治理技术等。

4. 综合防治汽车尾气

随着经济持续的高速发展，我国汽车的保有量急剧增加，特别是在大城市表现得更为明显，汽车排气的污染危害日益明显，研究表明，汽车尾气是大气污染物 PM2.5 的来源之一。防治汽车尾气的主要措施有：① 加强立法和管理，建立、健全机动车污染防治的法规体系并严格执行；② 提高汽油品质并研发新型清洁燃料，使机动车达到节能、降耗、减少污染物的排出量的目标；③ 大力发展公共交通事业，倡导绿色出行。

6.2 水环境规划

6.2.1 水环境规划基础

1. 水环境规划的内容

水环境规划是指在水环境系统分析的基础上，摸清水质和供需情况，合理确定水体功能，进而对水的开采、供给、使用、处理、排放等各个环节进行统筹安排和决策。水环境规划主要包括以下内容：

（1）明确水环境的主要问题

通过调查和综合分析，找出水环境的主要问题，包括水量、水质、水资源利用等方面的问题，并分析问题的根本原因。

（2）确定水环境规划目标

根据国民经济和社会发展要求，同时考虑客观条件，从水质和水量两个方面拟定水环境规划目标。规划目标的提出需要经过多方案比较和反复论证后才能确定。

（3）选定规划方法

最优化法和模拟优选法是水环境规划中最为常用的两类规划方法，采用何种规划方法，应根据具体水环境规划的内容而定，这也是水环境规划的核心。

（4）拟定规划措施

可供考虑的措施有：调整产业结构与布局，提高水资源利用率，加大污水治理的投入，增加污水处理措施等。

（5）方案比选

将各种措施综合起来，提出可供选择的实施方案。在评价、优化的基础上，提出供决策选用的方案。

（6）规划实施

只有规划方案最终被采纳与执行，才能体现出其自身的价值与作用，因此，水环境规划的实施也是制定规划的一个重要内容。

2. 水功能区划

水环境规划的目标是通过对水污染物排放的合理组织与控制，保证水体的水质满足特定功能区的需求。水功能区是指为满足水资源开发和有效保护的需求，根据自然条件、功能要求、开发利用现状，按照流域综合规划、水资源保护规划和经济社会发展的要求，在相应水域按其主导功能划定并执行相应质量标准的特定区域。水环境功能区划即根据上述要求将水域划分为不同的分类管理功能区，为水资源利用、水环境改善提供基础与依据。

（1）水环境功能区划的原则

水环境功能区的划分应遵循以下原则：

① 优先保护集中式饮用水水源地。在规定的各类功能区中，以饮用水水源地为优先保护对象。在保护重点功能区的前提下，可兼顾其他功能区的划分。

② 不得降低水体现有的水质等级。对于一些水资源丰富、水质较好的地区，在开发经济、发展工业、制定规划功能时，应经过严格的经济技术论证，并报上级批准。

③ 上下游和区域之间兼顾，适当考虑潜在功能要求。不同水环境功能区边界水质应该达标交接，要求对生物富集或环境积累的有毒有害物质造成的环境影响给予充分的考虑。

④ 与工业合理布局相结合。功能区划要层次分明，突出污染源的合理布局，使水环境功能区划与工业布局、城市发展规划相结合。

⑤ 实用可行，便于管理。功能区划方案实用可行，有利于强化目标管理，解决实际问题。

（2）水环境功能区划的方法与步骤

水环境功能区划分的系统分析过程如图 6-1 所示，需要经过多次反复，包括以下主要方法和步骤：

① 对环境保护目标进行全面分析，既考虑环境保护的需要，又考虑经济、技术的可行；

② 将环境目标具体化为环境质量标准中的数值；

③ 对功能可达性进行分析，确定引起污染的主要人为污染源；

④ 建立污染源与水质目标之间的相应关系，将各种污染源排放的污染物输入各类水质模型，以评价污染与对水质目标的影响；

⑤ 分析减少污染物排放的各种可能的途径和措施；

⑥ 通过对多个可行方案的优化决策，确定技术、经济最优的方案组合；

⑦ 通过政策协调和管理决策，最终确定环境保护目标和水环境功能区划分方案。

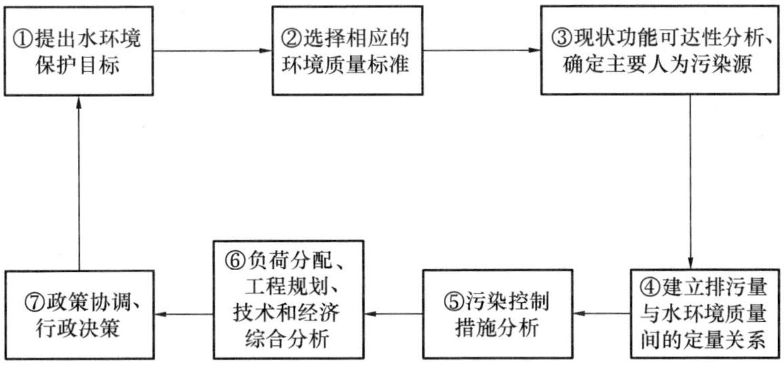

图 6-1　水环境功能区划分的系统分析过程

(3) 水功能分区

地表水的水功能区一般分为水功能一级区和水功能二级区。水功能一级区分为保护区、缓冲区、开发利用区和保留区四类。水功能一级区中的开发利用区又划分为七类二级区，分别为饮用水源区、工业用水区、农业用水区、渔业用水区、景观娱乐用水区、过渡区和排污控制区。水功能区的划分是水环境质量标准在具体水域的具体应用，是水环境规划的依据。具体的水功能区及与之对应的水质标准见表 6-1。

表 6-1　水功能区划分的条件指标和水质标准

一级区	二级区	区划条件	区划指标	执行水质标准
保护区		国家级、省级天然保护区；具有典型意义的自然生境；大型调水工程水源地；重要河流的源头	集水面积、水量、调水量、水质级别	Ⅰ～Ⅱ级或维持现状
缓冲区		跨地区边界的河流、湖泊的边界水域；用水矛盾突出的地区之间的水域	省界断面水域；矛盾突出的水域	按实际需要执行相关标准或按现状控制
开发利用区	饮用水源区	现有城镇生活用水取水口较集中的水域；规划水平年内设置城镇供水的水域	城镇人口、取水量、取水口分布等	Ⅱ～Ⅲ类
	工业用水区	现有或规划水平年内设置的工矿企业生产用水集中取水池	工业产值、取水总量、取水口分布等	Ⅳ类
	农业用水区	现有或规划水平年内需要设置的农业灌溉集中取水池	灌区面积、取水总量、取水口分布等	Ⅴ类

续表

一级区	二级区	区划条件	区划指标	执行水质标准
开发利用区	渔业用水区	自然形成的鱼、虾、蟹、贝等水生生物的产卵场、索饵场；越冬场及洄游通道；天然水域中人工营造的水生生物养殖场	渔业生产条件及生产状况	《渔业水质标准》（GB 11607—1989）并参照执行Ⅱ～Ⅲ
	景观娱乐用水区	休闲、度假、娱乐、水上运动所涉及的水域；风景名胜区所涉及的水域	景观、娱乐类型、规模、用水量	执行Ⅲ～Ⅳ
	过渡区	下游用水的水质高于上游水质状况，有双向水流且水质要求不同的相邻功能区之间的水域	水质、水量	出流断面水质达到相邻功能区的水质要求
	排污控制区	接受含可稀释、降解污染物的污水的水域；水域的稀释自净能力较强，有能力接纳污水的水域	污水量、污水水质、排污口的分布	出流断面水质达到相邻功能区的水质要求
保留区		受人类活动影响较少、水资源开发利用程度较低的水域；目前不具备开发条件的水域；预留今后发展的水资源区	水域水质及其周边的人口产值、用水量等	按现状水质控制

注：表中所列标准凡未注明者，均指《地表水环境质量标准》（GB 3838—2002）。

3. 水污染控制单元

以往的水污染防治是以行政区域为基本单位进行管理的，实践证明这种“一刀切”的做法存在很大的盲目性，容易引起跨界污染行政纠纷。水污染控制单元的概念就是在这种背景下提出来的。

水污染控制单元是这样的可操作实体：包括排放源与受纳水体两部分；在行政区划的基础上结合水体使用功能和水质目标划分；各单元之间污染物类型、分布规律、输入-响应关系等一般不同；各控制单元的污染物排放及常规监测资料齐全；解决的环境问题不同，控制单元的划分也不同。

划分水污染控制单元后，应阐明各功能区的相关情况，主要内容有：功能说明（属于哪类功能区、执行的水质标准等）、水质现状分析、污染源分析、水质预测、技术措施制定、环境容量计算等。

4. 水环境容量

（1）水环境容量的定义与内涵

水环境容量是指在保证特定水质目标的前提下，所能接受的最大污染物的量，一般以水体中能容纳的最大污染物的量来衡量。但水环境容量与最大允许纳污量这两个概念是有差异的，后者是指在排污口空间分布及排放方式给定的条件下环境单元所允许排放污染物的量，前者是指理想环境容量。也就是说，完全分散的排放方式所对应的污染物容纳量就是水环境容量，与其他排放方式相对应的污染物容纳量都称之为允许排放量，水环境容量是最大允许纳污量的极限值。

水环境容量是总量控制工作的基础和依据，也是进行水环境规划的基础和关键。水环境容量既反映了水流域的自然属性，又反映了人类对环境的要求，由污染物特点、受纳水体自身的特点和环境质量目标三方面决定。在环境规划与管理中，一旦确定了环境功能，人们能够控制的因素仅仅是污染物的排放方式。

(2) 水环境容量的计算

进行水环境容量计算时，首先进行水环境功能区划，确定水体的水质目标，根据不同的水环境功能划分为不同的水污染控制单元，并对水污染控制单元进行简化，以便能够利用水质模型描述水质的变化规律；然后进行水环境基础资料的调查与收集，包括水文和水污染源两方面的内容，例如流量、流速、污水排放量、排放浓度、排放方式等；最后根据水域简化结果选择或建立合适的水质模型，并确定模型中所需的各项参数，进行水环境容量的计算。

(3) 河流水环境容量计算模型

不同研究者对水环境容量计算模型的表述略有不同，并且对于特定的污染物还有特定的计算公式（例如S-P模型下环境容量的计算）。

一般来说，河流和湖库的水污染问题都是三维问题，但往往可根据实际情况简化为零维、一维或二维问题处理。

5. 允许排放量的分配

污染物排放总量的分配是在多层面上进行的，从国家到区域，从流域到城市，最终到点源。点源中工业企业是污染大户，在实行基于总量控制的排污许可证的过程中，污染物排放总量指标分配的最关键问题就是如何将初始排污权公平合理地分到各企业。

企业分为现有企业和待建企业。对现有企业，由于已知其排污现状、管理经济水平、治理情况，分配有据可依；而待建企业，由于没有既定企业的情况，则分配无据可依，相对较困难。

虽然污染物排放总量控制中存在多种形式的允许排放量的分配，但是原则上主要基于如下两种策略：一是公平性策略；二是效率策略。

公平性策略的出发点就是追求各个污染源之间污染物分配的公平性，通常认为，等比例削减污染物量属于公平分配之列；而效率策略则是追求污染物削减过程达到最高的效率，例如典型效率策略目标是区域污水处理费用最小。公平和效率是社会生活的两个基本准则。效率准则的实施，可以促进社会经济的发展，而公平原则则有利于保持社会的稳定和安定，效率和公平缺一不可。此外，对于水环境管理来说，可操作性也是一个不可忽略的方面。分配策略的选择需要从实际条件出发，因地制宜。表6-2是几种常见的水污染物总量分配策略。

表6-2 水污染物总量分配策略

策略类型	公平策略	效率策略	混合策略
策略举例	均等分摊允许排放量	区域总费用最小	分区均匀削减*
	等比例削减实际排污量	区域削减总量最小	
	按照企业的社会贡献（例如产值）确定排污量	区域总效益最大	
	按照企业对环境（例如水质）的影响确定排污量		

* 在各个污染控制区之间实施效率策略（例如区域总费用最低），在污染控制区内部实施公平策略（例如等比例削减污染物）。

6.2.2　水污染源的调查与评价

水污染源调查包括水污染物的种类、数量、排放方式、排放途径及污染源的类型和位置等内容，在此基础上，判断出主要污染物和主要污染源，为水环境现状评价提供依据。

1. 水污染源调查

通常，将水污染源划分为工业和生活水污染源两方面分别进行调查。

工业水污染源主要调查内容包括工业企业产品规模、产值、用水量、废水排放量，污染物（例如 BOD_5、COD、氨氮）浓度和排放量，污染治理措施，废水排放去向，排放方式等。通过调查与分析，查清工业主要污染源和主要污染物的数量，以及在各个水域的分布情况，确定重点工业污染源、主要污染行业和重点控制区。

生活水污染源主要调查内容包括区域人口、人均用水量、人均废水排放量、人均污染物（例如 BOD_5、COD、氨氮）排放量，污染治理措施，废水排放去向和排放方式等。在此基础上，查清生活污水的排放方式和主要污染物浓度、生活污水的治理现状和排放情况。

水污染源调查的方法主要有收集资料法和现场实测法。

2. 水污染源评价

水污染源评价是在水污染源调查的基础上进行的，其目的是要确定主要的水污染源和水污染物，提供水环境质量水平及成因，为水环境规划提供依据。

目前，我国水污染源评价多采用等标污染指数评价法。

6.2.3　水污染物预测

通过对区域经济发展规划的分析，识别区域发展的水环境主要污染问题；利用有关资料，根据社会经济发展情况、技术经济政策、生活水平，预测不同水平年污（废）水及主要水污染物排放量，作为水污染综合整治方案设计的依据。

对于点源，通过指数增长法或万元产值污染物的排放系数或单位产品污染物或废物的排放系数预测排污的发展趋势。对于面源，主要采用区域土地属性变化-面源污染源强的关系估算法，根据土地利用情况进行预测。

1. 用水量预测

（1）工业生产用水量

生产用水量的预测以规划目标年工业产量的预测值为基础，根据现状年的万元工业产值用水量预测规划年工业生产用水量，例如可取现状年的万元工业产值用水量的 60%预测规划年工业生产用水量，具体可视实际计算结果调整，计算公式如下：

$$Q_{工业} = \alpha G_t \tag{6-6}$$

式中　$Q_{工业}$——规划目标年工业需水量，万 t/a；

G_t——规划目标年工业产值预测值，万元；

α——规划目标年万元工业产值用水系数，万 t/(万元·a)。

（2）生活用水量

考虑节水力度、经济发展速度变化、城镇化进程的迟缓等因素对生活用水量的影响，确定规划目标年的人均生活用水系数，对生活用水量进行预测。

生活用水量预测可采用以下公式：

$$Q_t = 365 \times AD_t \tag{6-7}$$

式中 Q_t——规划目标年城镇生活用水量，万 t；

A——规划目标年份城镇人口，万人；

D_t——规划目标年城镇人均生活用水量，t/(人·d)。

D_t 的确定方法：以规划基准年的城镇人均生活用水量为基准，延续现有城镇生活用水方式，根据近年来的城镇人均生活用水量推测目标年的城镇人均生活用水量并适当考虑节水力度加大、经济发展速度变化、城镇化进程的迟缓等因素的影响。

2. 废水排放量预测

（1）工业废水

用水量和排水量之间存在密切的相关关系，根据规划目标年用水量预测指标，推算排水量，表达式如下：

$$W_{ti} = Q_{ti} c_t \tag{6-8}$$

式中 W_{ti}——规划目标年工业废水产生量，万 t/a；

Q_{ti}——规划目标年工业用水量，万 t/a；

c_t——规划目标年排水系数。

规划目标年排水系数可用规划基准年排水系数，并适当考虑节水措施深化、工业结构调整等的影响。

（2）生活污水

根据规划目标年城市（镇）生活用水量预测指标，推算排水量，表达式如下：

$$W_{tu} = Q_t c_t \tag{6-9}$$

式中 W_{tu}——规划目标年生活废水排放量，万 t；

Q_t——规划目标年生活用水量，万 t；

c_t——排水系数。

在确定规划目标年排水系数时，不考虑污水处理厂对排水量的影响，可直接采用规划基准年的排水系数（可采用基准年的城镇生活污水排放量除以城镇生活用水量）。

3. 污染物产生量、排放量预测

（1）工业污染物排放量预测

工业污染物排放量预测表达式如下：

$$P_{ti} = \beta_t G_t \tag{6-10}$$

式中 P_{ti}——规划目标年工业污染物排放量，t/a；

G_t——规划目标年工业产值预测值，万元；

β_t——万元工业产值污染物排放量，t/(万元·a)。

按现状万元工业产值污染物排放量进行预测，适当考虑技术进步、产业结构调整等因素的影响。预测指标一般为 COD 和氨氮。

（2）生活污染物产量、排放量预测

城市（镇）生活污染物产生量预测表达式如下：

$$P_{tu} = 3.65 \times A \times E_{tu} \tag{6-11}$$

式中 P_{tu}——规划目标年生活污染物产生量，t/a；

A——规划目标年份人口，万人；

E_{tu}——规划目标年人均污染负荷，g/(人·d)。

城镇生活污水人均COD产生量推荐范围：60～100g/d，人均氨氮产生量推荐范围4～9g/d。适当考虑受城镇生活用水方式改变（如节水力度加大）等因素的影响，可以参照各地污染源普查数据进行计算。产生量减去生活污水厂的去除量就得出排放量。

6.2.4　水污染控制规划方法

水污染控制规划过程中，规划方法的选择是核心，是决定着规划成败的关键。水污染控制规划方法主要有两种，即最优化法和模拟优选法。

1. 最优化法

最优化是指运用数学方法研究对象的优化途径，提供优化方案，以便为决策者提供科学决策的依据。评价水污染治理规划方法优劣的关键是在达到预定水质目标的前提下，费用是否最小，这就涉及最优化问题。水污染控制的最优化问题是在污水处理费用并未随着处理技术的改进而提高的背景下提出来的。从水污染控制解决问题的不同途径来看，最优化问题主要可分为排污口最优化处理、最优化均匀处理、区域最优化处理等。

（1）排污口最优化处理（水质规划）

排污口最优化处理是指以每个小区的排放口为基础，在满足出水水质的前提下，求解各排放口的污水处理效率的最佳组合，目标是各排放口的污水处理费用之和为最低。在进行排放口处理最优规划时，各个污水处理厂的处理规模不变，它等于各小区收集的污水量。

（2）最优化均匀处理（厂群规划）

最优化均匀处理是指在区域范围内，在同一污水处理效率的条件下，寻求最佳的污水处理厂的位置与规模（包括污水处理厂选址、规模及污水管线布局）的组合，追求全区域的污水处理费用最低。在工业发达国家或地区，法律规定所有排入水体的污水都必须经过二级处理（物理处理＋生化处理），这是均匀处理最优规划的基础。

（3）区域最优化处理（区域处理最优规划）

区域最优化处理是排污口最优化处理与最优化均匀处理的综合，也就是说，为了使区域污水处理总费用最低，它既要考虑污水处理厂最佳位置和数量，又要考虑每座污水处理厂的最佳处理效率。

2. 模拟优选法

在实际的水环境规划案例中，有时不能获取进行最优化所需的基本资料，在这种情况下，最优化方法不适用，可采用模拟优选法，即通过规划方案的模拟优选来对水污染控制进行规划。规划方案的模拟优选是定性分析与定量计算的结合，先定性确定模拟的范围，再进行定量的模拟计算，最后优选确定最佳实用方案。应用规划模拟方法得到的解，一般不是区域的最优解，其好坏程度多数取决于规划人员的经验和能力。因此，应用此方法时，尽可能多提出一些初步规划方案，以供筛选。模拟优选的工作量往往较大，主要通过计算机完成方案的对比寻优工作。但在很多情况下，规划方案的模拟优选是一种更为有效的方法。

6.2.5　水污染综合防治措施

水污染的本质原因是水污染物的排放量超出了水体自净能力，因此，水污染的防治通常

从减少污染物的排放量和合理利用水体的自净能力两方面进行。

1. 减少污染物的排放量

(1) 节约用水

水资源浪费不仅加剧水资源短缺的矛盾，同时也不可避免地产生大量废水，增加水污染治理负担。节约用水、提高水的重复利用率是减少水污染物的有效途径之一。

要全面推进各种节水技术和措施，发展节水型产业。采用先进工艺技术，发展工业用水重复和循环使用系统；开展城市废水再生回用；调整农业结构，干旱地区减少水稻种植面积；实施水权制度，加强水权管理，形成节水机制。同时，应加强节水宣传教育，加强人们的节水意识，必要时，利用价格机制，控制不必要的用水。

(2) 推行清洁生产

调整工业结构，改革生产工艺，推行清洁生产。根据国家产业政策，调整行业结构、产品结构、原料结构、规模结构，逐步淘汰或限制耗水量大、水污染排放量大的行业和产品，积极发展对水环境危害小、耗水量小的高新技术产业；以无毒、无害原料替代有毒、有害原料，改革生产工艺等，对产品的整个生命周期推行清洁生产。

(3) 加强污水处理

积极推行清洁生产，采取一切措施减少水污染物的产生，也难以实现水污染物的零排放，所以，要防治结合，即加强污水处理。工业企业还必须加强水污染的治理，尤其是有毒污染物必须单独处理或预处理。随着工业布局、城市布局的调整和城市下水道管网的建设和完善，可逐步实现城市污水的集中处理，使城市污水处理与工业废水治理结合起来。

(4) 控制面源污染

面源污染主要来自农村，包括农村人口生活、农业生产、畜禽养殖等过程产生的污染。要解决面源污染比解决工业污染和城市生活污水的难度要大，需要通过综合防治和开展生态农业示范工程等措施进行控制。

2. 合理利用水体的自净能力

(1) 人工复氧

人工复氧是改善河流水质的重要措施之一，它是借助于安装增氧器来提高河水中的溶解氧浓度。在溶解氧浓度很低的河段使用这项措施尤为有效。人工复氧的费用可表示为增氧机功率的函数。

(2) 污水调节

在河流水量低的时期，用蓄污池把污水暂时蓄存起来，待河流水量高时释放，可以更合理地利用河流的自净能力来提高河流的水质。污水调节费用主要是建池费用，缺点是占地面积大、有可能污染地下水等。国外蓄存的污水大都是经过处理的水，避免或减轻了恶臭现象的发生。

(3) 河流流量调控

国外对流量调控以及从外流域引水冲污的研究较早，并已应用于河流的污染控制。世界上很多河流的径流量时间上分配不均，在枯水期水质恶化，而在高流量期，河流的自净能力得不到充分利用。因此，提高河流的枯水期流量成为水质控制的一个重要措施。实行流量调控可利用现有的水利设施，也可新建水利工程。

6.3　固体废物管理规划

6.3.1　固体废物概述

1. 固体废物的定义及其特点

固体废物是指人类在生产建设、日常生活和其他活动中产生的，在一定时间和地点无法利用而丢弃的污染环境的固体、半固体物质。其概念具有时间性和空间性。一种过程的废物随着时空条件的变化，往往可以成为另一过程的原料，所以废物又有“放在错误地点的原料”之称。

2. 固体废物的分类

固体废物按化学组成可分为有机废物和无机废物；按物理形态可分为固态废物和半固态废物；按危险程度可分为危险废物和一般废物等。

根据 2005 年实施的《中华人民共和国固体废物污染环境防治法》，固体废物分为城市生活垃圾、工业固体废物和危险废物。

（1）城市生活垃圾。城市生活垃圾又称城市固体废物，它是指在城市居民日常生活中或城市日常生活提供服务的活动中产生的固体废物，主要包括居民生活垃圾、办公和商业垃圾等。它的主要特点是成分复杂，有机物含量高，其所含化学元素大部分为碳，其次是氧、氢、氮、硫等。

（2）工业固体废物。工业固体废物是指在工业、交通等生产过程中产生的固体废物，又称工业废渣或工业垃圾，主要包括冶金工业固体废物、能源工业固体废物、石油化学工业固体废物、矿业固体废物、轻工业固体废物以及其他工业固体废物。不同工业类型所产生的固体废物种类和性质是迥然相异的。

（3）危险废物。《中华人民共和国固体废物污染环境防治法》中规定：“危险废物是指列入国家危险废物名录或者根据国家规定的危险废物鉴别标准和鉴别方法认定的具有危险特性的废物。”

危险废物的特性，包括急性毒性、易燃性、反应性、腐蚀性、浸出毒性和疾病传染性。联合国环境规划署《控制危险废物越境转移及其处置巴塞尔公约》列出了“应加控制的废物类别”共 45 类，“须加特别考虑的废物类别”共 2 类，同时列出了危险废物“废物共性的清单”共 14 种特性。

3. 固体废物的危害

（1）固体废物的环境影响。露天存放或者填埋处置的固体废物，其中的化学有害成分可通过不同途径释放到环境中，对生物以及人类产生危害。

固体废物污染对自然环境的影响，主要表现在以下三个方面。

① 对大气环境的影响：堆放的固体废物中的细微颗粒、粉尘等可随风飞扬，从而对大气环境造成污染。其中某些物质的分解和化学反应，还可以不同程度地产生毒气或恶臭，造成地区性空气污染。

② 对水环境的影响：固体废物随天然降水和地表径流进入江河湖泊或随风飘落入水体，会引起地表水污染；随渗沥水进入土壤，则使地下水污染；直接排入河流、湖泊或海洋，又

会造成更大的水体污染。另外，向水体倾倒固体废物还将缩减江河湖面有效面积，使其排洪和灌溉能力有所降低。

③ 对土壤环境的影响：固体废物，尤其是工业固体废弃物中有毒废渣的流失，对土壤造成严重的污染。

(2) 固体废物对土地资源的影响。大量固体废物的堆积会占用土地资源。随着我国经济的发展和人民生活水平的提高，固体废物的产生量越来越大，其侵占土地的问题会变得更加严重，从而进一步加剧了我国人多地少的矛盾。

(3) 固体废物对人体健康的影响。固体废物中有害物质可通过环境介质——大气、土壤或地下水体等直接或间接传至人体，造成健康威胁。例如，化学废物的长期暴露，散发出的有毒物质被人吸入后引发的呕吐、头晕甚至中毒等症状。

6.3.2 固体废物管理规划的内容

1. 固体废物现状调查与评价

(1) 生活垃圾现状调查。调查内容包括城市概况、生活垃圾产生特征、垃圾收集方式、环境卫生体系建设概况、无害处理设施建设、回收体系建设、垃圾无害化处理量（率）和回收利用量（率）等。

(2) 工业固体废物调查。工业固体废物包括工业废渣、工业废材、工业废料等，主要工业废物为煤矸石、尾矿、粉煤灰、炉渣、冶炼废渣等。具体的调查内容包括工业固体废物中有害物质的种类、工业固体废物的种类、产生量、利用量、流向、贮存、处理与处置等。

(3) 危险废物调查。具体调查内容包括危险废物种类与产生量，危险废物的收集、运输、综合利用、贮存和处理处置情况，危险废物安全处置率等。

2. 固体废物产生量预测

(1) 生活垃圾产生量预测

生活垃圾产生量主要与经济发展和人口增长率有关，可以根据经济发展与人口增长率预测生活垃圾产生量。预测的数学模型如下：

$$W = GK_0(1+\alpha)^{\Delta t} \tag{6-12}$$

式中 W——预测年垃圾产生量，t/a；

G——预测年人口数，人；

K_0——基准年人均垃圾产生量，t/(人·a)；

α——人均垃圾增长量，无量纲；

Δt——预测年与基准年之差，a。

(2) 工业固体废物产量预测

主要是根据工业经济发展和数量统计方法预测，具体采用产品排污系数、工业产值排污系数等方法。

① 产值排污系数预测法

$$DW_t = W_t S$$

$$W_t = W_0 \exp(\lambda \Delta t) \tag{6-13}$$

$$S_t = S_D e^{-k\Delta t}$$

式中　DW_t——预测工业固体废物年产生量，$\times 10^4$ t/a；

W_t——预测年工业产值，万元；

W_0——基准年工业总产值，万元/a；

S_t——预测年工业固废产生当量，$\times 10^4$ t/万元；

S_D——基准年固废产生当量，$\times 10^4$ t/万元；

λ——工业总产值平均增长率，%；

k——工业固废产生当量衰减系数。

② 产品排污系数预测法

采用该法预测中排污系数需考虑到科学技术进步对废物产生量的影响，引入衰减系数；通过主要行业产品预测出的固废产生量除以基准年该类废物在主要行业中的产生系数，即为规划年该类废物产生量。

（3）危险废物预测

常用的方法包括应用数理统计建立线性或者非线性回归方程，或采用单位产品排污（危险废物）系数或万元产值系数进行预测等。按照工业总产值、危险废物的排污系数，可以采用危险废物年产生量预测数学模型，表达式如下：

$$Q_{固} = AW_t \tag{6-14}$$

$$W_t = W_0 \exp(\lambda \Delta t) \tag{6-15}$$

式中　$Q_{固}$——预测危险废物年产生量，t/a；

A——万元产值危险废物产生量，t/万元；

W_t——预测年工业产值，万元；

W_0——基准年工业总产值，万元/a；

λ——工业总产值平均增长率，%。

3. 固体废物污染防治规划目标与指标体系

（1）提出规划原则与目标

固体废物污染防治规划的原则与目标主要包括以下内容。

① 源头控制优先，促进清洁生产。从源头更新工艺、提高原材料利用效率、推广清洁能源使用，引导控制固体废物产生，促进清洁生产。

② 因地制宜，因废制宜。立足于规划区域的实际情况，科学客观分析固体废物处理处置状况和存在的问题，合理选用处理处置技术方法。

③ 开展多种途径资源化利用，实施产业化发展。在努力实现固体废物减量化目标的同时，切实开展固体废物利用的产业化工作，逐步将固体废物污染防治重心前移，进行源头削减和产业化利用。

④ 全过程控制管理，防止污染转嫁。对固体废物进行全过程管理，将生产排放的固体废物处理纳入到整个生产生命周期中，严格控制固体废物转移他处。

⑤ 集中治理与点源治理相结合原则。

（2）规划指标

主要指标包括：

① 生活垃圾无害化处理率、生活垃圾资源化率、生活垃圾分类收集率；

② 工业固体废物减量率、工业固体废物综合利用率、工业固体废物处置利用率；

③ 危险废物处置利用率、城镇医疗垃圾处理率。

4. 固体废物污染的防治对策

（1）城市生活垃圾的防治对策

① 从源头上控制城市生活垃圾的产生量。逐步改革城市燃料结构，控制工厂原料的消耗定额，提高产品的使用寿命等。

② 统筹安排建设城乡生活垃圾收集、运输和处置设施，开展综合利用。要解决生活垃圾污染环境问题，首先要有完善的收集、运输和处置设施。建设科学的分类收集设施，将散布于居民周围的生活垃圾聚集在一起，然后通过运输设施，运送到集中处置场所或者予以回收利用。同时，要把城市生活垃圾作为资源和能源来对待，让生活垃圾再度回到物质循环圈内，建设一个资源的闭合循环系统。

③ 提出处置方案。在开展了源头减量和资源循环利用之后，对实在不能利用的生活垃圾则经压缩和无害化处理之后，进行符合环境要求的最终处置，例如卫生填埋。

（2）工业固体废物的防治对策

① 制定并执行防治工业固体废物污染环境的技术政策。要防治工业固体废物污染环境，完善相关技术政策（例如《危险废物污染防治技术政策》《废电池污染防治技术政策》等）是重要的一项内容，在促进和支持工业固体废物污染环境防治工作、加强管理和技术选择应用、引导相关产业发展等方面发挥积极的作用。

② 从源头控制，减少工业固体废物产生量。调整产业结构，推广先进的防治工业固体废物污染环境的生产工艺和设备，积极推进企业清洁生产。通过改进工艺、提高原材料利用效率、加强生产环节的环境质量管理，减少废物的产生，促进各类废物在企业内部的循环使用和综合利用。

③ 提高工业固体废物的利用率。建立起原料和能源循环利用系统，使各种资源能够最大限度地得到利用。建设大规模消纳利用工业固废的行业，例如建材行业、冶金行业和环保产业。

④ 加强安全处置。对于目前无法开发利用的工业固体废物，要建设最终安全处置中心处理。处置中心建设要尽可能考虑区域联合建设原则，同时充分考虑地区已初选的固体废物处置设施选点以及各区域产生量中心的分布密度和需处置量。

（3）危险废物的防治对策

① 确定危险废物的名称与种类。经过调查分析，要确定规划区域的危险废物名称与种类，制定危险废物重点监管单位名单，加强对重点监管单位的管理。

② 危险废物的减量化与资源化。通过经济和其他政策措施促进企业清洁生产，重视任何产生危险废物的工艺过程，防治和减少危险废物产生。

对已产生的危险废物应首先考虑回收利用，减少后续处理处置的负荷。回收利用过程应达到国家和地方有关规定的要求，避免二次污染。

③ 危险废物的收集、运输与贮存。危险废物要根据其成分，要用合适的方法，并用符合国家标准的专门容器分类收集。鼓励发展安全高效的危险废物运输系统。

对已产生的危险废物，若暂时不能回收利用或进行处理处置的，其产生单位须建设专门的危险废物贮存设施进行贮存，并设立危险废物标志，或委托具有专门危险废物贮存设施的单位进行贮存，贮存期限不得超过国家规定，危险废物贮存设施应有相应的配套设施并按有关规定进行管理。

④ 危险废物的最终处置。危险废物的最终处置主要采用焚烧和安全填埋的方法。

6.3.3 固体废物管理规划的方法

1. 固体废物管理规划的编制依据

我国颁布的一系列固体废物管理的法规、标准及技术政策，是区域编制固体废物管理规划的基本依据。包括 2004 年修订的《固体废物污染环境防治法》《生活垃圾填埋场污染控制标准》(GB 16889—2008)、《生活垃圾焚烧污染控制标准》(GB 18485—2014)、《医疗废物管理条例》(2003 年)、《危险废物污染防治技术政策》(2001 年)、《危险废物填埋污染控制标准》(GB 18598—2019) 等。

2. 固体废物规划分析方法

固体废物规划可采用一些模型，做深入评估与方案筛选等工作，常用的模型例如固体废物管理技术经济评估模型、固体废物产生排放预测模型、固体废物处置场地选址及交通运输网络设计、固体废物处理量优化分配等。模型分为预测模型、评估模型、运筹学优化模型等类型。

固体废物对环境的影响是多方面的，对这类预测问题，一般是进行某种模拟试验，根据试验来建立预测模型，再进行相应环境问题的预测。常用的一般方法可采用大气、水影响预测模型，以及因果关系分析法等。

3. 固体废物处置选址方法

(1) 填埋场与区域的距离

生活垃圾填埋场通过多种途径对区域造成影响，因此，离区域距离较远为好。应设在当地夏季主导风向的下风向，在人畜居栖点 500m 以外。并特别注意不得建于以下地区：① 自然保护区、风景名胜区、生活饮用水源地和其他需要特别保护的区域内；② 居民密集居住区；③ 直接与航道相通的地区；④ 地下水补给区、洪泛区、淤泥区；⑤ 活动的坍塌地带、断裂带、地下蕴矿带、石灰坑及溶岩洞区。

(2) 交通运输条件

交通运输条件一般由两个因素组成：运输距离及可能采用的运输工具（水运、路运或铁路运）。当然，运输距离越近越便利。一般要求距离公路、铁路和河流不超过 500m。

(3) 环境保护条件

一般要求场地面积及容量能保证使用 15～20 年，在成本上才合算；对地表水造成污染或污染的可能性很大，一般要求距离任何地表水大于 100m，垃圾渗出液不排入土地或农田，最好不要堆放在河流岸边；尽可能地利用废弃土地或使用便宜的土地或荒地；要远离机场，要求距离大于 10km。

(4) 场地建设条件

地形越平坦越好，其坡度应有利于填埋场和其他配套建筑设施的布置，不宜选择在地形坡度起伏变化大的地方和低洼汇水处；原则上，地形的自然坡度不应大于 5%。

(5) 地质环境条件

场址应选在渗透性弱的松散岩层或坚硬岩层的基础上，填埋场防渗层的渗透性系数 $K \leqslant 10^{-7}$ cm/s，并具有一定厚度；地下水位埋深大于 2m；隔水层黏土厚度越大越好，一般要求大于 6m；与供水井的距离至少大于 300m，远离水源地 500m 以上。

6.3.4 固体废物管理规划方案的综合评价

固体废物管理规划方案评价的一个重要方法就是成本效益分析。若规划的工程项目不实

施，则会产生一定的经济损失，而实施了该工程项目则可减少经济损失。这是环境经济评价货币化的理论基础。

固体废物造成的经济损失可以从土地损失、水资源、对人体健康影响等方面的经济损失分析评价。

1. 土地损失

$$L = \sum_{i=1}^{n} s_i p_i \tag{6-16}$$

式中 L——被堆占土地的经济损失，元；

s_i——堆占土地的面积，ha；

p_i——单位土地面积的价格，元/ha；

n——被堆占土地类型，每个类型土地价格看成是一致的。

因固体废物引起土壤污染导致农作物经济损失为：

$$L_a = \sum_{i=1}^{n} s_i(\Delta y_i c_i + \Delta c_i y_i) \tag{6-17}$$

式中 L_a——被污染土壤引起农作物损失费用，元/a；

s_i——污染较严重的土地及受影响的土地面积，ha；

y_i——某农作物主、副产品产量，kg/ha；

Δy_i——某农作物主、副产品减产量，kg/ha；

c_i——某农作物主、副产品价格，元/kg；

Δc_i——某农作物主、副产品因为污染的价格降低量，元/kg；

n——农作物种类。

2. 水资源损失

固体废物堆积影响地下水水质以及下游河段的水质，使水井和取水口报废，经济损失为：

$$L_w = P_0 Q l_w \tag{6-18}$$

式中 L_w——断水经济损失，元/a；

P_0——影响人口数，人；

Q——人均生活用水量，m^3/a；

l_w——单位供水量经济损失。

农作物由于灌溉水受污染而减产的损失为：

$$L_w = \sum_{i=1}^{n} s_i(\Delta y_i c_i + \Delta c_i y_i) \tag{6-19}$$

式中 s_i——受影响灌溉面积，ha；

y_i——主、副产品产量，kg/ha；

Δy_i——受污染水灌溉后主、副产品减产量，kg/ha；

c_i——某农作物主、副产品价格，元/kg；

Δc_i——受污染水灌溉后某农作物主、副产品价格降低量，元/kg；

n——农作物种类。

3. 对人体健康影响的经济损失

固体废物引起水体污染、大气污染、放射性污染及流行病爆发，在估计环境经济损失

时，都会涉及对人的健康影响。评价工作的前提是确认固体废物与诱发疾病、造成死亡有直接关系。为简化起见，可将我国人群分为农业人口和非农业人口两大群体，农业人口的生命价值可按下式估算：

$$B_a = T_n \sum_{i=1}^{n} s_i y_i c_i + \sum_{i=1}^{N} B_i T_i \tag{6-20}$$

式中　B_a——一个农业人口的生命价值，元；

T_n——农业人口有效创收年数，a，一般取 45a；

i——某种农作物（包括经济作物）；

y_i——某种农作物的单产量，kg/ha 或 m^3/ha；

c_i——某种农作物的市场价格，元/kg；

s_i——平均每个农民种植某种农作物的种植面积，ha；

B_i——牧副渔及其他年产值，元；

T_i——从事牧副渔的劳动年数，a；

n，N——分别为作物种类数及牧副渔等其他行业门类数。

非农业人口创造的价值，按各类行业的职工人均生产力来统计，即：

$$B_n = T_n' \sum_{i=1}^{n} B_i' \tag{6-21}$$

式中　B_n——非农业人口创造的价值；

T_n'——非农业人口有效创收年数，a，一般取 35a；

B_i'——非农业人口年产值，元/a。

知道农业人口和非农业人口的价值，就可以按照固体废物对人体健康的风险进行分析，在已知对死亡概率影响的基础上评估对人体健康的损失。

6.4　生态环境规划

6.4.1　生态规划概述

1. 生态规划的概念

由于生态规划的发展迅速，其应用的领域和范围也不断扩大，生态规划的概念至今尚无统一的认识。不同学者在不同时期结合各自的研究工作对生态规划提出不同的定义。

20 世纪 60 年代初，美国宾夕法尼亚大学学者麦克哈格认为："生态规划是在没有任何有害的情况下，或多数无害条件下，对土地的某种可能用途，确定其最适宜的地区。符合此种标准的地区便认定本身适宜于所考虑的土地利用。利用生态学理论而制定的符合生态学要求的土地利用规划称为生态规划"。日本一些学者则将生态规划定义为生态学的土地利用规划。这一时期所定义的生态规划偏重于土地的空间结构布局和合理利用方面。

随着生态学的不断发展和向社会经济各个领域的广泛渗入，特别是复合生态系统理论的不断完善，生态规划也由土地利用规划、空间结构布局等方面逐步扩展到经济、人口、资源、环境等诸多方面。

我国著名生态学家王如松认为："生态规划就是要通过生态辨识和系统规划，运用生态

学原理、方法和系统科学手段去辨识、模拟、设计生态系统内部各种生态关系，探讨改善系统生态功能，促进人与环境关系持续协调发展的可行的调控政策。本质是一种系统认识和重新安排人与环境关系的复合生态系统规划”。

欧阳志云从区域发展角度指出，生态规划系指运用生态学原理及相关学科的知识，通过生态适宜性分析，寻求与自然和谐、资源潜力相适应的资源开发方式与社会经济发展途径。

王祥荣认为生态规划是以生态学原理和规划学原理为指导，应用系统科学、环境科学等多学科手段辨识、模拟和设计人工复合生态系统的各种关系，确定资源开发利用与保护的生态适宜度，探讨改善系统结构与功能的生态建设对策，促进人与环境关系持续、协调发展的一种规划方法。

综上，生态规划是以生态学原理为指导，应用系统科学、环境科学等多学科手段辨识、模拟和设计生态系统内部各种生态关系，确定资源开发利用和保护的生态适宜性，探讨改善系统结构和功能的生态对策，促进人与环境系统协调、持续发展的规划方法。

2. 生态规划的主要任务

生态规划的对象是社会—经济—自然的复合生态系统，探索不同层次生态系统发展的动力学机制和控制论方法，辨识系统中局部与整体、眼前与长远、环境与发展、人与自然的矛盾冲突关系，寻找调和这些矛盾的技术手段、规划方法、管理工具。具体包括以下主要任务。

（1）充分了解自然环境、自然资源的性能，以及自然生态过程特点和与人类活动的相互关系。

（2）使系统的发展立足于具体的社会经济条件和自然资源的潜力，形成系统社会经济功能与生态环境支持服务功能的互补与协调，突出系统优势。

（3）追求系统总体关系的协调，强调系统发展的高效和持续性，改善和提高系统的自我调控和自我发展能力。

3. 生态规划的主要类型

（1）按地理空间尺度划分

① 区域生态规划。主要任务是编制区域自然、社会、经济和生态目录；对区域发展的中长期规划制定要点，特别是提出各种不同的可供选择的土地利用及基础性公共设施、社会设施、交通运输等方案。

② 景观生态规划。主要通过研究景观格局与生态过程及人类活动与景观的相互作用在景观生态分析、综合及评价的基础上，提出景观最优利用方案和对策与建议。强调空间格局对生态过程的控制和影响，通过调整景观格局来维持景观功能的健康和安全。

③ 生物圈保护区规划。主要目标是保证生物圈现有生物多样性的完整性和永续利用。在保护区建设规划中，应用生态学原理正确处理保护、开发、利用的关系，将保护、科研、生产、旅游等多层次、多目标规划有机结合，指导保护区的建设。

（2）按地理环境和生存环境划分

有陆地生态系统、海洋生态系统、城市生态系统、农村生态系统等生态规划。

（3）按社会科学门类划分

主要有经济生态规划、人类生态规划、民族文化生态规划等。其中随着经济生态学的发展，经济生态规划发展较快，成为区域经济发展规划的重要组成部分。

4. 生态规划的步骤

生态规划目前尚无统一的工作程序。麦克哈格在《设计结合自然》(Design with Nature) 一书中提出了一个规划的生态学框架，并通过案例研究，对生态规划的工作程序及应用进行了探讨，对后来的生态规划影响很大，也成为生态规划的一个思路。该方法分为以下几个步骤：

(1) 确定规划范围与规划目标；

(2) 收集资料，并分析资源环境条件的性能及其对特定利用方向的适宜性等级；

(3) 根据规划目标，建立资源评价与分级的准则；

(4) 分析和评价资源对不同利用方向的生态适宜性；

(5) 确定规划方案。

5. 生态规划的主要内容与方法

(1) 生态调查

生态调查的目的是为了收集规划区域内的自然、社会、人口、经济等方面的资料和数据，调查的内容主要取决于规划的目标和任务，主要包括以下几方面：

① 自然环境与自然资源状况调查。主要内容包括：气候气象因素和地理特征因素，例如地形地貌、坡向坡位、海拔、经纬度等；自然资源状况，例如水资源、土壤资源、野生动植物资源及珍稀濒危物种数量，生物组分的空间分布及在区域空间的移动状况，土壤的理化组成和生产能力等；人类开发历史、方式和强度；自然灾害及其对环境的干扰破坏情况；生态环境演变的基本特征；基础图件收集和编制，主要收集地形图、土地利用现状图、植被图和土壤侵蚀图等。

② 社会经济状况调查。主要内容包括：社会结构情况，例如人口密度、人均资源量、人口年龄构成、人口发展状况、生活水平的历史和现状、科技和文化水平的历史和现状、规划区域的主要生产方式等；经济结构与经济增长方式，例如产业构成的历史和现状及发展、自然资源的利用方式和强度。

③ 生态环境质量状况调查。一般而言，生态环境质量状况的调查内容主要包括各种生态环境和人工环境现状及问题，但随着调查关注的对象不同调查内容有所差异，主要内容包括土地利用情况、植被覆盖情况、水资源与水利用情况、生物多样性等。

生态调查的方法通常包括实地调查、历史资料收集、社会调查和应用遥感技术四类。

① 实地调查。是收集资料的最直接的方法，尤其在小区域、大比例尺规划中，实地调查更为重要。

② 历史资料收集。对历史资料收集，可以为规划者提供探索人类活动与区域环境问题之间关系，还可以提供实际调查所不能得到的资料。

③ 社会调查。通过社会调查，了解区域内不同阶层的人们对发展的要求，所关注的焦点问题，在规划中充分体现公众的愿望。同时，通过进行专家咨询、座谈，可将专家的知识与经验结合于规划中。

④ 应用遥感技术。遥感技术为及时准确获取区域空间特征资料提供了十分有效的手段，尤其适用于区域面积较大的生态环境调查。

(2) 生态分析与评价

运用生态系统及景观生态学理论与方法，对规划区域系统的组成、结构、功能与过程进行分析评价，认识和了解规划区域发展的生态潜力和限制因素。主要包括以下几个方面的

内容。

① 生态过程分析。生态过程是由生态系统类型、组成结构与功能所规定的，是生态系统及其功能的宏观表现。自然生态过程所反映的自然资源与能流特征、生态格局与动态都是以区域的生态系统功能为基础的。同时，人类的各种活动使得区域的生态过程带有明显的人工特征。在生态规划中，受人类活动影响的生态过程及其与自然生态过程的关系是关注的重点。特别是那些与区域发展和环境密切相关的生态过程（例如能流、物质循环、水循环、土地承载力、景观格局等），应在规划中进行综合分析。

② 生态潜力分析。狭义的生态潜力指单位面积土地上可能达到的第一性生产力（亦称初级生产力），它是一个综合反映区域光、温、水、土资源配合的定量指标。它们的组合所允许的最大生产力通常是该区域农、林、牧业生态系统生产力的上限。广义的生态潜力则指区域内所有生态资源在自然条件下的生产和供应能力。通过对生态潜力的分析，与现状利用和产出进行对比，可以找到制约发展的主要生态环境要素。

③ 生态格局分析。人类的长期活动，使区域景观结构与功能带有明显的人工特征。原来物种丰富的自然植物群落被单一种群的农业和林业生物群落所取代，成为大多数区域景观的基质。城镇与农村居住区的广泛分布成为控制区域功能的镶嵌体，公路、铁路、人工林带（网）与区域交错的自然河道、人工河渠及自然景观残片共同构成了区域的景观格局。不同要素、区域的基质，构成生态系统第一性生产者，而在山区和丘陵区，农田则可能成为缀块镶嵌在人工、半人工或自然林中。城镇是区域镶嵌体，又是社会经济中心，它通过发达的交通网络等廊道与农村及其他城镇进行物质与能量的交换与转化。残存的自然斑块则对维护区域生态条件、保存物种及生物多样性具重要意义。

④ 生态敏感性分析。在生态规划中必须分析和评价系统各因子对人类活动的反应，进行敏感性评价。根据区域发展和资源开发活动可能对系统的影响，生态敏感性评价一般包括水土流失评价、自然灾害风险评价、特殊价值生态系统和人文景观评价、重要集水区评价等。

⑤ 土地质量与区位评价。对土地质量和区位的评价实际就是对复合生态系统的评价与分析的综合和归纳。土地质量的评价因用途不同而在评价指标、内容、方法上有所不同。对于评价指标和属性，可采用因素间相互关系构成模型综合为综合指标，也可采用加权综合或主成分分析等方法，找出因子间的作用关系和相对权重，最终形成土地质量与区位评价图。

（3）决策分析

生态规划的最终目的是提出区域发展的方案与途径。生态决策分析就是在生态评价的基础上，根据规划对象的发展与要求以及资源环境及社会经济条件，分析与选择经济学与生态学合理的发展方案与措施。其内容包括：根据发展目标分析资源要求，通过与现状资源的匹配性分析确定初步的方案与措施，再运用生态学、经济学等相关学科知识对方案进行分析、评价和筛选。

① 生态适宜性分析。是生态规划的核心，也是生态规划研究最多的方面。目标是根据区域自然资源与环境性能，按照发展的需求与资源利用要求，划分资源与环境的适宜性等级。自麦克哈格提出生态适宜性图形空间叠置方法以来，许多研究者对此进行了深入研究，先后提出了多种生态适宜性的评价方法，特别是随着地理信息系统技术的发展，生态适宜性分析方法得到进一步发展和完善。

② 生态功能区划与土地利用布局。根据区域复合生态系统结构及其功能，对于涉及范

围较大而又存在明显空间异质性的区域，要进行生态功能分区，将区域划分为不同的功能单元，研究其结构、特点、环境承载力等问题，为各区提供管理对策。区划时综合考虑各区生态环境要素现状、问题、发展趋势及生态适宜度，提出合理的分区布局方案。

③ 规划方案的制定、评价与选择。在前述分析评价的基础上，根据发展的目标和要求以及资源环境的适宜性，制定具体的生态规划方案。生态规划是由一系列子规划构成的，这些规划最终是要以促进社会经济发展、生态环境条件改善及区域持续发展能力的增强为目的。

6.4.2　城市生态规划

1. 城市生态系统及其特征

城市生态系统是城市居民与周围生物和非生物环境相互作用而形成的一类具有一定结构和功能的有机整体，也是人类在改造和适应自然环境的基础上建立起来的特殊的人工生态系统。城市生态系统是人类生态系统的主要组成部分之一，它是自然生态系统向人类生态系统演替发展到一定阶段的产物，它属于自然—经济—社会复合生态系统的范畴。

与自然生态系统和农村生态系统相比，城市生态系统具有以下特点。

（1）城市生态系统的人工主导性。城市中的一切设施都是人工制造的，人类活动对城市生态系统的发展起着重要的支配作用。与自然生态系统相比，城市生态系统的生产者——绿色植物的量很少；消费者主要是人类，而不是野生动物；在城市中，分解者——微生物的活动受到抑制，分解功能不强。

（2）城市生态系统的高度集中性和高度开放性。城市中人口密集，城市居民所需要的绝大部分食物要从其他生态系统人为地输入；城市中的工业、建筑业、交通等都需要大量的物质和能量，这些也必须从外界输入，并且迅速地转化成各种产品。城市生产和居民生活产生大量的废弃物，绝大部分不能靠城市中自然系统的净化能力自然净化和分解，如果不及时进行人工处理，就会造成环境污染。

（3）城市生态系统的不完整性。城市生态系统是人工生态系统，数量巨大的消费者（人类）所需要大量的食物和能量不能通过系统内部完全解决，而必须从外部系统获得；同时，缺少分解者，城市生态系统中产生的大量废弃物几乎全部需要通过人工设施来进行处理。因而，造成巨大的经济成本和处理的低效性。

（4）城市生态系统的高度依赖性。由于缺少充足的土地和第一性生产者，其自我更新能力与初级生产能力很低，而且，城市规模越大，它对外部所提供的能源和物质的接受、消化、转换的能力就越强，它需求外部输入的物质种类和数量就越多，其对外部的依赖性就越强。

（5）城市生态系统的脆弱性。城市生态系统的人工性和结构与功能的不完整性，就决定了城市生态系统低下的自我生产、更新、修补和调节的能力。另一方面，城市生态系统对外部系统的高依赖性，就决定了一旦切断或缺少外部系统的食物、资源、能源的持续供应，城市生态系统就会瘫痪和崩溃。同时，一旦发生自然灾害和人为灾害，城市生态系统的自我抵抗能力和恢复能力就显得极其有限。因此，城市生态系统是一个极其脆弱的生态系统，其维持的动态稳定性是通过人类社会经济活动在一定程度上的不断调控作用来完成的。

2. 城市生态规划与生态城市

城市生态规划是以生态学的理论为指导，对城市的社会、经济、技术和生态环境进行全

面的综合规划，以便充分有效和科学合理地利用各种资源条件，促进城市生态系统的良性循环，使社会经济能够持续稳定地发展，为城市居民创造舒适、优美、清洁、安全的生产和生活环境。城市生态规划的对象是城市自然—经济—社会复合生态系统。

城市生态规划的目标是建设生态城市。生态城市从广义上讲，是建立在人类对人与自然关系更深刻认识基础上的新的文化观，是按照生态学原则建立起来的社会、经济、自然协调发展的新型社会关系，是有效地利用环境资源实现可持续发展的新的生产和生活方式。从狭义上讲，就是按照生态学原理进行城市设计，建立高效、和谐、健康、可持续发展的人类聚居环境。

2008年1月，国家环保部发布了《生态县、生态市、生态省建设指标（修订稿）》，其中包括经济发展、生态环境保护和社会进步3个方面共19个指标。生态城市建设是在城市规划、环境规划、生态建设规划的基础上，根据国家城市建设的方针、社会经济建设技术政策、城市发展计划和规划，依据城市的自然条件和建设条件，以生态学、环境学、城市学、社会学、经济学原理为指导，以协调城市社会、经济发展和环境保护为主要目标，合理地确定生态城市建设目标、发展方向，布置生态区城市建设体系，重点强调规划区域内城市社会、经济、环境协调发展规划布局的合理设计等，解决城市发展面临的人口、经济、资源、环境问题，以实现城市可持续发展。

3. 城市生态规划的基本程序

目前，国内外城市生态规划还没有统一的编制步骤和技术规范，但综合已有的城市规划研究，大致可分为以下几个步骤。

（1）明确规划范围和目标。由管理决策部门、规划部门及相关部门一起协商讨论，明确规划的范围和目标。

（2）生态要素的调查、评价和预测。根据城市生态规划的内容要求，开展城市生态调查，为满足生态适宜性的评价要求，一般要按照规划详尽程度将城市空间划分为一定尺度的基本单元，如1km×1km或5km×5km，按单元收集规划区域内的自然、社会、人口与经济的资料和数据，并建立数据库。根据调查资料，运用多学科的理论和方法对城市资源与生态环境状况、生态过程特征、生态环境敏感性和重要性等进行综合分析与评价，预测其发展趋势，从而认识和了解城市生态系统发展的生态潜力和制约因素。

（3）生态适宜性分析评价。这是城市生态规划的核心，即根据城市生态环境特征和区域自然资源条件，参照城市发展的要求和资源利用的要求，分析评价各相关资源的生态适宜性，然后综合各单项资源的适宜性分析结果，划分资源与生态环境的综合适宜性等级和空间分布图。

（4）制定规划方案与措施。按照生态适宜性评价的结果，提出城市生态规划和生态设计的各种方案，包括具体建设项目及其配套措施。

（5）规划方案评价。运用生态学与经济学的有关知识，对规划方案及其对城市生态系统的影响和生态环境不可逆转的变化进行综合评价。

4. 城市生态规划的主要内容

（1）城市生态功能分区

城市生态功能分区主要是根据城市的自然环境条件、社会经济发展基础以及城市未来发展定位，对城市不同空间地域进行的主导功能定位。在生态区划分的基础上，再根据城市功能及发展要求，划分为不同的生态亚区。生态亚区注重城市发展对生态系统结构的影响大

小，反映人类活动和城市发展对生态系统和景观结构的干扰尺度，不同的生态区采用不同的评价指标划分为生态亚区。

依据生态系统的敏感性、生态服务功能类型和城市功能差异等，进一步将各生态亚区划分为不同的生态调控单元。

（2）城市生态产业发展专项规划

产业是城市经济发展的载体。根据生态城市和城市可持续发展的要求，生态产业发展是未来城市发展的必然方向。城市生态产业规划就是要根据循环经济理论和生态学理论，利用清洁生产技术和工艺对传统产业进行改造规划，制定新型生态产业发展项目，优化调整、组装与集成城市产业链，以及开展城市生态产业园的规划建设等。城市的未来产业发展定位主要是生态工业、生态服务业、环保产业、生态农业等方向。

（3）城市生态环境整治与生态建设专项规划

城市生态环境整治与生态建设是城市生态规划的重要内容之一。城市生态环境建设专项规划包括城市大气环境规划、城市水环境规划、城市声环境规划、城市固体废物污染防治规划、城市绿地系统建设规划以及城市重点生态景观区保护与建设规划等内容。

（4）城市人居环境建设专项规划

城市是一个人口高度密集的地区，人口是城市生态系统中的最主要的生物组分之一。因此，在城市生态规划中，人居环境建设规划也是一个十分重要的专项规划。

人居环境是与人类生活与生存活动密切相关的环境空间，也是人类利用自然、改造自然的主要场所。“人居环境”就城市和建筑的领域来讲，可具体理解为人的居住生活环境。人居环境的核心是“人”，因此，在人居环境建设规划中，必须以满足“人类居住”需要为目的，必须将人的居住、生活、休憩、交通、管理、公共服务、文化等各种复杂的要求在时间和空间中结合起来，要将人工建筑环境与自然环境融合起来，要将硬件建设（人居建筑及其附属设施）、软件建设（社区管理体制、社区文化）和心件（生理健康、心理健康）等结合起来，要将人居建筑的节能、节材、降耗、环保、安全、健康、循环、再生、和谐等作为规划目标，要充分体现人文关怀。

（5）城乡一体化生态建设专项规划

城市与其周边乡村地区共同构成了城乡复合生态系统，二者之间相互作用、相互影响，它们之间不断地进行着物质、能量、信息和资金交流。

城乡一体化，简单地说，就是统筹城乡社会经济发展，推动城市和农村协调发展，农村居民和城市居民共享现代文明生活。城乡一体化不是城乡一样化，而是通过统一的城乡规划，打破城乡分割的体制和政策，加强城乡间的基础设施和社会事业建设，促进城乡间生产要素流动，逐步缩小城乡差别，实现城乡经济、社会环境的和谐发展。

6.4.3 生态工业园区规划

1. 生态工业园区的概念与类型

生态工业园区是依据清洁生产要求、循环经济理念和工业生态学原理而设计建立的一种新型工业园区。它是通过物流或能流传递等方式将不同工厂或企业连接起来，形成共享资源和互换副产品的产业共生组合，使一家工厂的废弃物或副产品成为另一家工厂的原料和资源；模拟自然生态系统，在产业系统中建立“生产者—消费者—分解者”的循环途径，寻求物质闭路循环、能量多级利用和废物产生的最小化的工业发展形式。

根据园区的产业和行业特点，可将生态工业园区分为行业类园区、综合类园区和静脉产业类园区。行业类生态园区是以某一类工业行业的一个或几个企业为核心，通过物质和能量的集成，在更多同类企业或相关行业企业间建立共生关系而形成的生态工业园区。综合类生态园区是由不同工业行业的企业组成的工业园区，主要指在高新技术产业开发区、经济技术开发区等工业园区基础上改造而成的生态工业园。静脉产业类生态园区是以静脉产业生产（资源再生利用产业）的企业为主体的生态工业园区。

2. 生态工业园区规划的原则

(1)“3R”原则。“3R”原则（减量化、再利用、资源化）能够指导生态工业园区企业内部生产和企业之间的物质交换。所以，应首先遵循“3R”原则。

(2) 适用性原则。规划应能够适用于我国生态工业园区的主要特点，在提出普适性的规划要求和方法的同时，建议各园区根据自身的地域、产业结构、经济发展模式、环境管理模式等特点，提出适用于园区自身发展的适用性规划。

(3) 可操作性原则。要尽可能全面指导生态工业园区建设规划的各个方面，同时要考虑园区自身发展的潜在规律，使规划内容在经济、环境、管理等方面具备可操作性，便于园区建设者开展工作。

3. 生态工业园区规划的编制依据

在规划过程中，应对生态工业园区规划和建设具有指导和支撑作用的各项政策、标准和规范作为规划依据逐一进行描述。主要的规划依据包括：国家和地方环境保护、清洁生产和循环经济方面的相关法律法规、国家和地方对生态工业园区的管理政策、国家和地方有关园区的发展政策、园区所在区域国民经济和社会发展规划（纲要）、园区控制性规划、相关行业清洁生产标准、相关行业中长期发展规划、园区所在区域循环经济规划、园区所在区域产业发展规划、园区所在区域环境保护规划、园区所在区域土地利用规划、园区所在区域交通、电力等基础设施规划以及其他依据材料。

4. 生态工业园区规划编制的程序

生态工业园区规划的编制工作程序一般包括以下几个步骤。

(1) 确定任务。当地园区管委会或其他园区行政管理部门委托具有相应资质或经验的单位编制生态工业园区规划，通过委托文件和合同明确规划编制各方责任、要求、工作进度安排、验收方式等。

(2) 调查、收集资料。收集编制规划所必需的生态环境、社会、经济背景或现状资料，社会经济发展规划、区域总体规划和土地利用规划、产业结构、产业发展规划和布局规划、园区主导行业发展规划等有关资料，以及与规划有关的社会、经济、科技、地理、自然、生态、环境污染等方面的有关信息。调查范围以拟建设的生态工业园区为主，兼顾对园区发展影响较大的周边区域。

(3) 编制规划大纲。按照国家环境保护部发布的《生态工业园区建设规划编制指南》(HJ/T 409—2007) 要求的规划主要内容编制规划大纲。

(4) 编制规划。按照规划大纲的要求编制生态工业园区规划和技术报告。

(5) 规划论证及公众参与。在规划编制过程中应当广泛征求政府有关部门的意见和建议，同时通过多种形式咨询公众意见，并组织专家论证会对规划成果进行论证。

(6) 规划评审。有关部门依据论证后的规划大纲组织对规划进行审查，规划编制单位根据审查意见对规划进行修改、完善后形成规划报批稿。

5. 生态工业园区规划编制的内容

（1）生态工业园区概况和现状分析。包括基本概况（发展概况、地理、资源条件等）、社会现状、经济现状、环境现状（包括水环境现状、大气环境现状、固体废物现状）。

（2）生态工业园区建设必要性分析。包括园区环境影响的回顾性分析（过去 5～10 年）、生态工业园区建设的必要性和意义、生态工业园区建设的有利条件分析、生态工业园区建设的制约因素分析。

（3）生态工业园区建设总体设计。包括指导思想、基本原则、规划范围、规划期限、规划依据、规划目标与指标、总体框架（包括产业循环体系、资源循环和污染控制体系、保障体系等，绘制生态工业总体框架图和园区总体生态链图）。

（4）园区主要行业生态工业发展规划。包括规划目标和规划内容两大部分。对行业类生态工业园区、综合类生态工业园区和静脉产业类生态工业园区分别有相应的规划重点要求。

（5）资源循环利用和污染控制规划。包括水污染控制和循环利用规划（含规划目标和规划内容）、大气污染控制规划、固体废物污染控制和循环利用规划、能源利用规划。

（6）重大项目及其投资与效益分析。包括重点支撑项目、投资与效益分析。

（7）生态工业园区建设保障措施。包括政策保障（生态工业发展条例或实施办法、优惠政策等）、组织机构建设（行政管理机构及运行机制、领导干部目标考核、人才引进和培养、专家咨询机制）、技术保障体系（信息交流技术、生态工业研发、生态设计、生态工业孵化器、生态工业园区稳定运行风险应急预案、园区环境风险应急预案）、环境管理工具、公众参与、宣传教育与交流以及其他保障措施等。

习题与思考

1. 简述大气环境规划的内容和步骤。
2. 简述大气污染源调查的主要内容。
3. 简述大气污染物总量控制的主要方法及大气污染防治措施。
4. 简述水环境功能区划的原则和方法。
5. 水污染物预测主要包括哪些内容？
6. 简述水污染综合防治措施。
7. 简述固体废物管理规划的主要内容。
8. 固体废物处置选址的原则有哪些？
9. 简述生态规划的内涵。
10. 简述生态调查的主要内容和方法。
11. 城市生态规划与生态城市之间是什么关系？
12. 城市生态规划的主要内容有哪些？
13. 简述生态工业园区规划的主要内容。

第 7 章　环境管理的模式和手段

学　习　提　示

学习目标：了解末端控制为基础的传统环境管理模式；理解污染预防为基础的环境管理模式的提出和基本内容以及污染预防模式实施过程的环境规划管理。

学习重点：污染预防为基础的环境管理模式。

学习难点：污染预防模式实施过程的环境规划管理。

7.1　末端控制为基础的传统环境管理模式

7.1.1　末端控制传统环境管理模式的建立

1. 末端控制的涵义

末端控制（末端治理或末端处理），是指在生产过程的终端或者是在废弃物排放到自然界之前，采取一系列措施对其进行物理、化学或生物过程的处理，以减少排放到环境中的废物总量。

生产过程末端治理经济模式，是 20 世纪 50、60 年代开始在西方国家率先发展起来的经济模式。它开始关注环境污染和破坏问题，但是这种经济模式并没有从根本上改变传统经济；高开采、高消耗、高污染、低效益的性质，而只是通过环境处理技术对生产过程末端产生的废弃物进行处理，以减轻经济活动对环境造成的危害。末端治理不仅技术难度大，而且成本高。

例如，一座 20 万 kW 的燃煤电厂，每关停 1 天的脱硫除尘设备，就可以节约大约 20 万元；莲花味精厂每关停一天污水处理设备，大约可节约成本 10 万元。末端治理所需的大量环保投入抵消了经济发展所创造的福利。所以，以末端治理为特征的经济模式既达不到预期的经济效益、社会效益，同样也遏制不了生态环境恶化的趋势。也就是说，末端治理经济模式，从本质上仍然属于传统经济模式的范畴。

2. 基于末端控制思想的传统环境管理模式的建立

20 世纪 70、80 年代初，随着制造业的快速发展与技术革新速度的加快，人类所依赖的资源与生产的产品范围得到扩大，人工合成的各种化学物质被不断的生产与制造，而这些化学物质不能很快或不能为自然系统吸纳与循环，因此引发了严重的环境污染问题；同时制造过程中能源与资源消耗大，排放了大量的废弃物，环境的容纳与循环能力不能承载，造成环境问题日益突出。各国政府日益认识到地球生态环境的脆弱性，认识到环境污染对人类的可持续发展构成了日益严重的威胁，制定了一系列的环境污染法律法规、排放标准，对企业进

入环境的工业废弃物的最高允许量进行限制，对企业污染和破坏环境的行为进行限制和控制。这种基于末端控制的传统管理模式，成为当时各国政府管理环境、调整环境冲突的主要手段。

随着“污染者付费”原则的提出，各国法律都规定了企业对其排放污染物的行为必须承担经济责任，凡是污染物的排放量超过了规定的排放标准，都需要缴纳超标排污费，造成环境损害的，需要承担治理污染的费用并赔偿相应的损失。

在这一阶段，企业面对严厉的法律、法规、标准、政策，企业只能遵循相关的制度约束，为了能够在制度约束的范围内进行经营活动，其环境手段往往是在其制造的最后制造工序或排污口建立各种防治环境污染的设施来处理污染，例如建污水处理站，安装除尘、脱硫装置等以“过滤器”为代表的末端控制装置与设备，为固体废弃物配置焚烧炉或修建填埋厂等方式来满足政策与法规对废弃物的排放达到排放标准的要求。这种环境管理模式是以“管道控制污染”思想为核心，强调的是对排放物的末端管理。

图 7-1 所展示的传统环境管理模式若要实现整体经济系统的人与自然的和谐发展要求，应具备的基本前提是：① 自然资源的永续与无限性，制造业能永续地从自然系统中便利地得到资源与能源；② 产品在分销与使用过程中不产生对自然系统构成威胁的废弃物；③ 自然生态系统可以自然化解、吸纳和消除企业通过末端处理的废弃物。

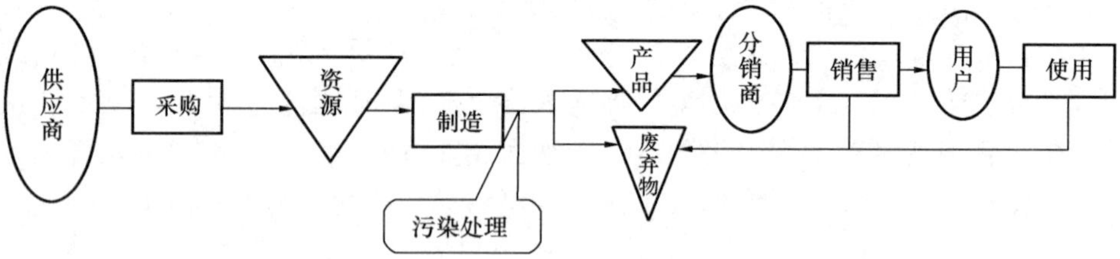

图 7-1 传统环境管理模式示意图

事实上上述三个基本前提均不存在：自然资源不是永续存在的，同时是有限的；产品在分销与使用过程中产生了大量的废弃物，如日益受到关注的电子垃圾已经对自然环境产生了巨大的环境压力；自然系统自然降解、吸纳和消除废弃物的能力是有限的。以管道控制为核心的末端控制的环境管理模式不能实现人和自然的和谐发展。

7.1.2 末端控制传统环境管理模式的实践

1. 美国末端控制传统环境管理模式的实践

美国是世界上最早开展环境保护工作的国家之一。在迄今为止的几十年的环境保护实践中，随着对环境问题认识的深化，美国的污染控制政策也不断随之变化，在基于末端控制的传统环境管理模式实践中经历了三次重大转变（表 7-1）。

表 7-1 传统环境管理模式实践中经历了三次重大转变

项目	第一次重大转变	第二次重大转变	第三次重大转变
时间	1948 年～1963 年	20 世纪 70～80 年代	20 世纪 90 年代以来
政策	从忽视污染防治转变为重视	由浓度控制向总量控制转变	提出源头控制
颁布的法律	《联邦水污染控制法》	《清洁空气法》	《污染预防法》

2. 中国末端控制传统环境管理模式的实践

我国的环境管理发展历程的前两个阶段充分说明了基于末端控制思想的传统环境管理模式在我国的建立和实践过程。

在第一个阶段实现了思想认识的转变，颁布了《中华人民共和国环境保护法（试行）》，认识到了环境保护要依法管理，并开始集中人力财力治理了一批重点污染源；在第二个阶段确定了环境保护是我国的一项基本国策，提出了“三同步、三统一”的大政方针，确立了以强化环境管理为主的“三大政策”，形成了以环境影响评价、“三同时”、征收排污费和自然资源补偿费、排污许可证、环境保护目标责任、城市环境综合整治定量考核、限期治理、污染集中控制等制度为基本内容的环境管理体系。就环境污染防治来看，其着眼点主要在于生产、生活活动与环境的“接口”处，即侧重于污染物产生后的“达标控制”上，因而把环境保护的人力、物力、财力集中到了“末端处理”。

环境法规定了对企事业单位等实行排污收费制度，国务院还颁布了《征收排污费暂行办法》，在全国范围内对废水、废气、废渣、噪声、放射性等污染物的排放者实行收费，试图以此给排污者施加一定的经济压力，促使其防治污染。但由于企业利益约束机制不健全、费率偏低等原因，实践中难以产生刺激作用。

制定和执行污染物排放标准都是以“末端处理”行为为主要目标，虽已引入排污许可证制度，确定排污总量，对各污染源下达允许排放的指标，但仍未跳出污染物“末端处理”的圈子。这样，我国在环境污染防治方面的行政控制手段可简要概括为：在经济计划方面，法律要求在“宏观决策”层次上应将环境保护纳入国民经济和社会发展计划，制定和执行环境保护规则；在“微观技术”层次上将环境保护纳入企业管理中；再加上“中观管理”层次上的各种行政管理制度和措施，共同构成了我国环境污染防治的行为控制体系。

7.1.3 末端控制传统环境管理模式的弊端

多年的实践证明，将环境污染控制的重点放在末端或污染物排放口，在危害发生后再进行净化处理的环境战略、政策和措施，有很大的局限性。面对世界人口迅速增长，经济开发能力不断提高，自然资源日益枯竭，全球性环境与生态危机进一步加深，基于末端控制的传统管理模式，遇到了新的挑战，具体表现在以下四个方面：

（1）废弃物排出后的净化、处理技术常常使污染物从一种环境介质转移到另一种环境介质，废物不减少。常用的污染控制技术只解决工艺中产生并受法律约束的第一代污染物，而忽视了废弃物处理中或处理后产生的第二代污染问题。

（2）现行环境保护法规、管理、投资、科技等占支配地位的是单纯污染控制，而没有对面临全球系统的环境威胁提出适当的解决办法。

（3）环境问题给世界各国包括发达工业国家带来了越来越沉重的经济负担，控制污染问题之复杂，所需资金之巨大远远超出了原先的预料，环境问题的解决远比原来设想的要困难得多。

（4）污染控制的现行法规体系和运行机制，导致部分企业（公司）养成了一种“污染排放后才控制”或“达标排放”的思想心态，成为强化环境管理、广泛实行污染预防的障碍因子。

传统环境管理模式在实践中所遇到的挑战说明，“管道末端”战略、路线和政策措施，虽然是不可缺少的，而且仍将发挥积极作用，但不可能改变环境保护消极被动局面。我们需

要预防或将污染物排放减少到最低限度的新政策、技术和方法，首先应是防止污染的产生，因而污染预防的环境管理模式呼之欲出。

7.2　污染预防为基础的现代环境管理模式

鉴于基于末端控制的环境管理模式的局限性，20 世纪 80 年代中期，欧美国家将环境政策的重点转向以预防为主，提出了污染预防的概念和相关政策。该概念和配套政策的调控对象是强调污染的发生，目的是减少甚至消除产生污染的根源。这种减少污染废物及防止污染的策略，称为污染预防（pollution prevention），是当今环境管理战略上的一次重大转变。在源头预防或减少污染物产生，不仅减少了处理费用与污染转移，实际上它能通过更有效地使用原材料，最终增强经济竞争力。

20 世纪 90 年代前后，发达国家相继尝试运用例如“废物最小化”“污染预防”“无废技术”“源削减”“零排放技术”和“环境友好技术”等方法和措施，来提高生产过程中的资源利用效率、削减污染物以减轻对环境和公众的危害。这些实践取得的良好的环境效益和经济效益，使人们认识到将环境保护渗透结合到生产全过程中，从污染产生的源头进行预防的重要性及其深远意义。它不仅意味着对传统环境末端控制方式的调整，更为深刻的是蕴含着一场转变传统工业生产方式，乃至经济发展模式的革命。

可以将污染预防概念定义为：在人类活动各种过程中，例如材料、产品的制造、使用过程以及服务过程，采取消除或减少污染控制措施，它包括不用或少用有害物质，采用无污染或少污染制造技术与工艺等，以达到尽可能消除或减少各种（生产、使用）过程产生的废物，最大限度地节约和有效利用能源和资源，减少对环境的污染。

7.2.1　源削减

源头控制是针对末端控制而提出的一项控制方式，在“源头”削减或消除污染物，即尽量减少污染物的产生量，实施源削减。

源削减（source reduction）包括减少在回收利用、处理或处置以前进入废物流或环境中的有害物质、污染物的数量的活动，以及减少这些有害物质、污染物的排放对公众健康和环境危害的活动。源削减的内容包括设备或技术改造，工艺或程序改革，产品的重新配制或重新设计，原料替代，以及改进内务管理、维修、培训或库存控制。明确指出污染排放后的回收利用、处理、处置不是源削减，使污染预防更显示其与过去的污染控制有截然的区别。

源削减的两种常用方法是改变产品和改进工艺，它们减少了产品的生命周期和废物处置中废物及制成品的数量和毒性。

源削减表示了西方国家对环境保护的思维方式发生了重要转折，使环境保护的立法、管理工作的重点首先是避免污染的产生，而不是在其产生后试图进行管理。美国污染预防政策的实质就是推行源头控制，实施源削减，这是一种治本的措施，是一种通过原材料替代，革新生产工艺等措施，在技术进步的同时控制污染的方法，采取了包括信息交换站、研究与开发、提供技术帮助/法规说明、提供现场技术帮助、对工业提供财政援助、对地方政府提供财政援助、废物交换、废物审计、举办研讨班和学习班、召开专业会议、调查和评价、出版

简讯和刊物、审查预防计划、与学术界合作，促进污染预防、奖励计划等内容的污染预防计划，代表了今后污染控制的方向。

从理论和实践角度上来讲，生命周期评价管理是实现源头控制的有效途径。随着可持续发展战略在全球的实施，环境保护正向污染预防的方向发展。为此，ISO 14000 向各企事业单位和社会团体推荐，应主动、自觉地承诺进行生命周期评价管理。

7.2.2 循环经济

循环经济（circular economy）一词是对物质闭环流动型（closing materials cycle）经济的简称，是把清洁生产和废弃物的综合利用融为一体的经济，要求运用生态学规律来指导人类社会的经济活动，它与传统经济对比见表 7-2。

表 7-2　传统经济与循环经济特征对比

传统经济	循环经济
“资源—生产—消费—废弃物排放”单向流动的线性经济	“资源—生产—消费—资源（再生）”的反馈式流程
经济增长靠高强度的开采和消费资源以及高强度的破坏生态环境	资源重复利用的比例很高，对生态环境的影响小
“三高一低”（高开采、高消耗、高排放、低利用）	“三低一高”（低开采、低消耗、低排放、高利用）

传统经济是一种由“资源—生产—消费—废弃物排放”所构成的物质单向流动的经济。人们高强度地开发地球上的物质和能源，在生产加工和消费过程中又把污染和废物大量地排放到环境中去，对资源的利用是粗放的和一次性的，即通过把资源持续不断地变成废物来实现经济的数量型增长，导致资源的短缺和耗竭，并造成环境破坏。

循环经济倡导的是一种建立在物质不断循环利用基础上的经济发展模式，它要求把经济活动组织成一个“资源—生产—消费—资源（再生）”的反馈式流程，所有的物质和能源要能在这个不断进行的经济循环中得到合理和持久的利用，以把经济活动对自然环境的影响降低到尽可能小的程度。

循环经济是以物质、能量梯次和闭路循环使用为特征，在环境保护上表现为污染的“低排放”甚至“零排放”，并把清洁生产、资源综合利用、生态设计和可持续消费等融为一体，运用生态学规律来指导人类社会的经济活动。

1. 循环经济的概念

（1）循环经济的起源及发展

循环经济的思想萌芽可以追溯到环境保护兴起的20世纪60年代，源于美国经济学家波尔丁提出的“宇宙飞船理论”。波尔丁对传统工业经济“资源—生产—消费—废弃物排放”的“开环模式”提出了批评。波尔丁首先提出“循环经济”一词，指在人、自然资源和科学技术的大系统内，在资源投入、企业生产、产品消费及其废弃的全过程中，把传统的依赖资源消耗的线形增长经济，转变为依靠生态型循环利用资源来发展经济。

“宇宙飞船理论”是循环经济的早期代表，该理论认为：地球就像在太空中飞行的宇宙飞船，要靠不断消耗自身有限的资源而生存，如果不合理开发资源、保护环境，就会像宇宙飞船那样走向毁灭。因此，“宇宙飞船经济”要求一种新的发展观：第一，必须改变过去那种“增长型”经济为“储备型”经济；第二，要改变传统的“消耗型经济”，而代之以休养

生息的经济；第三，实行福利量的经济，摒弃只注重生产量的经济；第四，建立既不会使资源枯竭，又不会造成环境污染和生态破坏、能循环使用各种物资的“循环式”经济，以代替过去的“单程式”经济。

20 世纪 90 年代后，发展知识经济和循环经济成为国际社会的两大趋势，此后对于循环经济的理论研究和实践不断深入。1998 年确立“3R”原理的中心地位，1999 年从可持续生产的角度对循环经济发展模式进行整合，2002 年从新兴工业化的角度认识循环经济的发展意义，2003 将循环经济纳入科学发展观，确立物质减量化的发展战略，2004 年，提出从不同的空间规模：城市、区域、国家层面大力发展循环经济，建立各种规模的生态工业园，从 2005 年起，将发展循环经济纳入到“国民经济和社会发展规划”中。2021 年国家发展改革委发布《“十四五”循环经济发展规划》提出了三个重点任务、十一项重点工程与行动、四方面政策保障。无论从全球绿色发展趋势和应对气候变化要求看，还是从国内资源需求和利用水平看，我国都必须大力发展循环经济，着力解决突出矛盾和问题，实现资源高效利用和循环利用，推动经济社会高质量发展。

（2）循环经济的概念和原则

循环经济是一种以资源的循环利用为核心，以“减量化、再利用、资源化”为原则，以低消耗、低排放、高效率为基本特征，符合可持续发展理念的经济增长模式。循环经济本质上是一种生态经济，要求运用生态学规律而不是机械论规律来指导人类社会的经济活动。

循环经济的“3R”原则为：

① 减量化原则（Reducing）

减量化原则要求用较少的原料和能源投入来达到既定的生产目的或消费目的，即从经济活动的源头就注意节约资源和减少污染。在生产中，减量化原则常常表现为要求产品小型化和轻型化；要求产品的包装应该追求简单朴实而不是豪华浪费，从而达到减少废物排放的目的；减量化原则针对的是输入端，旨在减少进入生产和消费过程中物质和能源流量。对废弃物的产生，是通过预防的方式而不是末端治理的方式来加以避免。

② 再使用原则（Reusing）

再使用原则要求制造产品和包装容器能够以初始的形式被反复使用；要求抵制一次性用品的泛滥，生产者应该将制品及其包装当作一种日常生活器具来设计，使其像餐具和背包一样可以被再三使用。要求制造商应该尽量延长产品的使用期，而不是非常快地更新换代。

③ 再循环原则（Recycling）

再循环原则要求生产出来的物品在完成其使用功能后能重新变成可以利用的资源，而不是不可恢复的垃圾。

按照循环经济的思想，再循环有两种情况：一种是原级再循环，即废品被循环用来产生同种类型的新产品，例如报纸再生报纸、易拉罐再生易拉罐等；另一种是次级再循环，即将废物资源转化成其他产品的原料。原级再循环在减少原材料消耗上面达到的效率要比次级再循环高得多，是循环经济追求的理想境界。

（3）发展循环经济的基本途径和重点

在资源开采环节，要大力提高资源综合开发和回收利用；在资源消耗环节，要大力提高资源利用效率；在废弃物产生环节，要开展资源综合利用，减少废弃物；在再生资源环节，要大力回收和循环利用各种废旧资源；在社会消费环节，要大力提倡绿色消费。

2. 发达国家循环经济的基本模式

发达国家在长期的实践中，逐步摸索形成了发展循环经济的四种基本模式，使循环经济在企业、区域和社会扎实有效地展开。

（1）企业内部的循环经济模式（杜邦模式）

基本特点是通过循环来延长生产链条，减少生产过程中物料和能源的使用量，减少废弃物和有毒物质的排放，最大限度地利用可再生资源，同时提高产品的耐用性等。

杜邦公司创造性地把循环经济三原则发展成为与化学工业相结合的“3R 制造法”，通过放弃使用某些环境有害型化学物质、减少一些化学物质的使用量以及发明回收本公司产品的新工艺，到 2000 年已经使该公司的总废物减少了 1/4，有害废弃物减少了 40%，温室气体排放量减少了 70%。

（2）区域生态工业园区模式（卡伦堡模式）

基本特征是按照工业生态学的原理，通过企业间的物质集成、能量集成和信息集成，形成产业间的代谢和共生耦合关系，使一家工厂的废气、废水、废渣、废热成为另一家工厂的原料和能源，建立工业生态园区（图 7-2）。

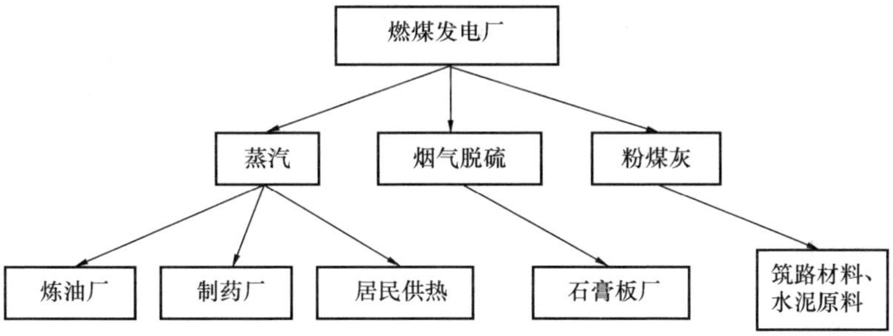

图 7-2　卡伦堡模式示意图

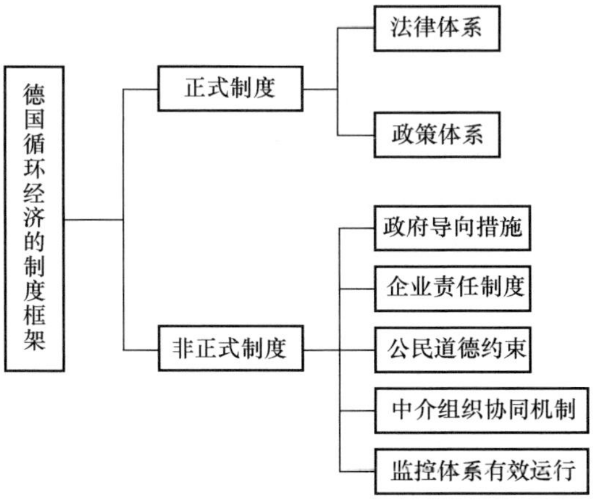

图 7-3　德国双元回收体系

（3）社会层面上废弃物的回收再利用模式（DSD 模式）

回收再利用模式的基本特征是建立废旧物资的回收和再生利用体系，实现消费过程中和消费过程后物质与能量的循环。

德国的废弃物双元回收体系（DSD）是其典型代表，是专门组织回收处理包装废弃物的非营利社会中介组织，1995 年由 95 家产品生产厂家、包装物生产厂家、商业企业以及垃圾回收部门联合组成，目前共有 1.6 万家企业加入（图 7-3）。

（4）社会循环经济体系

循环型社会是指限制自然资源消耗、环境负担最小化的社会。

2000 年，日本制定了《促进循环社会形成基本法》，提出把整个社会建成循环型社会的发展目标，与 2000 年相比，到 2010 年要达到三个目标：资源投入产出率提高 40%，资源循环利用率提高 40%，废弃物最终处置量减少 50%（表 7-3）。

表 7-3　日本循环经济法律体系

法律层次	法律名称	制定时间（年）
基本法	《环境基本法》	1993
	《建立循环型社会基本法》	2000
综合性法	《废弃物处理法》	1970
	《资源有效利用处理法》	1991
专项法	《容器与包装物的分类收集与循环法》	1995
	《特种家用机器循环法》	1998
	《建筑材料循环法》	2000
	《多氯联苯废弃物妥善处理特别措施法》	2001
	《车辆再生法》	2002

3. 我国循环经济发展的对策

（1）引导企业发展循环经济

循环经济的基本原则与企业效益最大化原则是相同的，节能减排、提高资源利用率显然与企业的经营目标是统一的，企业是有动力开发新技术发展循环经济的。政府管理部门充分发挥管理和调节的职能，引导企业发展循环经济产业。投入初期，因考虑废弃物质的重复利用的成本，需要加大投资，甚至加大人员的配置等，企业将加大投资规模和企业经营负担，甚至增大投资的风险。国家对发展循环经济模式或者生产资源综合利用目录的产品的企业应给予政策上的支持和补贴，以减轻企业发展循环经济带来的经济负担，若发展循环经济模式的生产企业有利可图，就可以引导企业自愿发展循环经济。

（2）依靠科技创新，鼓励企业加大技术研发投资，提高企业生产技术

科学技术是发展循环经济的重要支撑。通过产学研结合，组织一批关键技术攻关，努力突破制约循环经济发展的技术瓶颈。

循环经济的发展，最终要靠技术，发展循环经济必须要有一个强大的技术为基础提供支持。政府和企业都要加大创新力度，以创新推动技术进步。发展循环经济的工具和方法，包括产品生态设计原则与方法、物质流分析方法和供应链管理的原理和技术，提高生态效率的经济、技术效益分析原理与方法等，研究开发一批经济效益好、资源消耗低、环境污染少的平台性和共性技术。循环经济成为全球提升经济韧性和绿色竞争力的重要发展模式，也是我国落实“双碳”目标的重要行动路径。

（3）加强宣传教育，倡导节约型社会、树立新的资源观、环境观与发展观

政府组织开展形式多样的宣传教育活动，运用各种手段和舆论宣传，强化循环经济和节约型社会的宣传教育，大力宣传循环经济的理念和重大意义，增强全体公民对节约资源、保护环境的责任感，使企业认识到自己应承担的社会责任感，将污染预防和资源控制贯穿于产品生命周期的各个阶段，对整个生命周期特别是产品使用寿命终结后产品的回收利用承担责任。

（4）强化环境管理，构建循环经济指标体系，积极推广示范典型

企业是经济活动的主体，也是资源消耗、废弃物产生和排放的载体，加强企业资源环境管理是发展循环经济的基础。企业要树立经济与资源环境协调发展的意识，建立健全资源节约管理制度，大力开展资源综合利用，积极推行清洁生产，从源头上削减污染，提高资源利

用效率。

（5）完善循环经济发展的法律体系，加大环境执法监管力度

完善的政策法律体系也可以促进循环经济理念的推广和实践的发展。我国循环经济政策与法律体系建设的内容主要包括经济政策、产业政策、技术政策、教育与消费政策等。循环经济是实现社会经济和资源可持续利用的重要策略，而资源的利用涉及社会、经济、环境各个层面，这就需要建立有效的机制，进行科学和严格的管理。有奖必有罚，对发展循环经济的企业需要奖励的同时也要对高污染、高排放、高能耗的企业进行适当的征收补偿费，如征收排污费等措施，对垃圾的排放进行收费迫使企业改变生产方式，减轻对环境的污染。

（6）制定相关经济政策，建立促进循环经济发展的激励机制。

除了在法律法规中体现出对循环经济的扶持外，应制定相关经济政策，加大对循环经济发展的支持力度。如在税收减免、引导资金等方面给予激励政策，对采用清洁生产工艺和资源循环利用的企业给予减免税收、财政补贴以及信贷优惠政策。

7.2.3 废物减量化

早期的污染预防主要工作是“废物减量化”（waste minimization）或“废物最小化”，即由产生者减少有害物的体积和毒性，其中包括削减废物产生的活动及废物产生后进行回收利用与减少废物体积和毒性的处理、处置。“减量化”不一定要鼓励削减废物的生产量和废物本身的毒性，而仅要求减少需要处置的废物的体积和毒性。

废物减量化与末端治理相比，有明显的优越性，例如据化工、轻工、纺织等15个企业投资与削减量效益比较，废物减量化比末端治理，万元环境投资削减污染物负荷高3倍多。但由于废物的处理和回收利用，仍有可能造成对健康、安全和环境的危害，因而废物减量化往往是废物管理措施的改进，而不是消除它们。所以“废物减量化”仍然是一个与排放后的有害废物处理息息相关的术语，其实效性如同末端治理，仍有很大局限性。

7.2.4 产品生态设计

1. 产品生态设计的定义

产品生态设计也称为“绿色设计”，指将环境因素纳入设计之中，在产品生命周期的每一环节都考虑其可能带来的环境影响，通过设计改进，使产品的环境影响降为最低，最终引导产生一个更具有可持续性的生产和消费系统。

2. 产品生态设计战略

（1）生态产品概念开发战略

产品生态设计战略首先应考虑的就是生态产品概念开发战略。从环境保护方面考虑，生态设计的最终目标是要寻找到更优化、更合理的方案来持续减少产品对环境的影响。其实现途径见表7-4。

表7-4 实现产品生态设计的途径

实现途径	作用	说明
以非物质产品（如信息）或服务替代有形的产品	减少生产商对有形产品的生产和使用，同时也减少消费者对有形产品的依赖	非物质化主要包括：产品体积小型化；产品质量最轻化；非物质产品替代物质产品；减少对物质的使用，减少对基础设施的利用等

续表

实现途径	作用	说明
提倡产品共享	提高产品的使用效率，降低原材料和能源的消耗，降低产品的运输成本	实现产品共享的途径：考虑开发新的适用于共享的产品；提高现有共享产品的共享率；以提供服务代替提供产品

（2）易于清洁、维护和维修

产品生态设计应注意产品易于清洁、维护和维修，以延长产品的使用寿命。维护和维修包括用户和制造商两个方面。对用户来讲，厂家应为用户提供简要的维护和维修的文字指导，使用户能及时解决问题以避免维护或维修的运输成本。针对厂商的维修系统，需要考虑的是产品的易运输性、维护和维修的技能及有关工具的开发以及产品拆解的难易程度和可否模块化维修等。生态设计要点：一是清楚标明产品如何打开以进行维护和维修；二是清楚标明产品的某一部件应以某种特殊的方式进行清洁或维护；三是应清楚标明产品中需要定期检查的部件；四是对需要定期更换的部件应易于更换。

（3）产品的模块化设计

产品的模块化设计可最大限度地提高产品的可更新性，以满足不断变化的用户需求。产品的原有成分（组件）保留得越多，则对环境的影响越少。同时模块化设计也使得新技术能与已有落后产品迅速结合，使得在产品生命周期内对部件进行升级以减少用户对新产品的需求。具体的策略有：为产品预留升级空间，更新已过时或破损的部件；将易损件整合为可一次性替换的模块等。

（4）尽量利用再循环原料及材料

生态产品设计的一个特点是尽可能利用再循环原料及材料，减少原材料在采掘和生产过程中的能耗，最大程度地减少资源，降低成本，提高企业经济效益，保护生态环境。企业可以制定回收计划，对原材料或部件进行再循环。

（5）致力于产品体积的最小化和重量的最轻化

产品生态设计应致力于产品体积的最小化和重量的最轻化，以减少原材料及能源的消耗。由于产品重量的减轻，使用的原材料减少，相应产生的废物也减少，同时产品运输过程的环境影响也减小。产品和其包装体积的减小，使得同一运输工具一次可运更多的产品，从而减少能耗和成本。

总之，产品生态设计的关键在于使用一切方法，在产品的生产和消费的整个过程中减少对外部环境的废物排放，尽可能在企业内部乃至整个产业界实现生产—消费和维护—回收—再生产的封闭大循环。即使不可避免地要产生废物，也要将废物排放量降到最低或与企业外的一些生产或生态环节相耦合，实现较大系统范围内的最小化排放。

3. 产品生态管理

（1）ISO 14000 环境管理体系是产品生态管理的重要标准

1993 年 6 月，国际标准化组织（ISO）成立了 TC207 环境管理技术委员会，TC207 所制定的国际标准，通称 ISO 14000 系列标准。ISO 14000 系列标准为组织提供了一体化环境管理的规范，即建立环境管理体系，放弃传统的末端管理模式，而采取预防的做法。ISO 14000 体系体现了产品生命周期思想，即通过对产品“从摇篮到坟墓”的全过程控制，推动全行业乃至全社会环境行为的改善。ISO 14000 是一个系列环境管理标准，它包含了面向组织的 3 项标准：环境管理体系（EMS）、环境审核（EA）、环境行为评价（EPE），以及面向环境的 3 项标准：

生命周期评价（LCA）、环境标志（EL）、产品标准中的环境指标（EAPS）。

（2）产品生态管理

产品生态管理涉及产业生态领域中产品的设计、生产、销售、维护及回收的各个方面，管理方法也不尽相同。以表7-5中几个典型的例子来说明产品生态管理。

表7-5　产品生态管理典型案例

公司	环境问题	管理措施	实例说明
施乐公司	噪声、热辐射、粉尘、臭氧排放、安全性、人体工程学、动力消耗以及电磁排放和磁化率等	①从客户手里回收那些已不能使用的设备和零部件，并以各种各样的方式进行再加工；②进行产品寿命周期所有阶段的环境影响评价，既包括产品制造过程，也涉及产品的设计与开发中心，以及后勤与来自世界各地的销售与服务经营等；③推行一种“为环境而设计”原则与废物最少化计划，使资产利用最大化；④目前正在全球基础上实施一项供应商环境评价计划，以确保供应商保持与该公司一致的目标；⑤在开发新技术与材料时，经常关注行业环境标准等；⑥诸如“废物跨边界装运”、“包装废物指令”和生态标志等一系列标准也都在设计中加以考虑；⑦通过利用施乐环境纸和再循环纸，把无废物的思想引入办公室，并引进分离和再循环技术、塑料杯和饮料罐再循环技术以及采用综合性节能措施和技术	①建立综合供应链。首先，对再制造产品设备提供与新产品相同的行业独特的3年“满意保证”；其次，开展各种公开交流活动和环境宣传活动，宣传产品质量的可靠性和合理性，同时指出未来产品报废后处置的新方向；②零部件在各产品系列之间尽可能予以统一和标准化，从而简化和优化了重复利用机会。很多零件都设计成咬合或丝扣连接，而不是焊接或胶合，以更易于维修和再制造；③20世纪70年代首先引进的节能运行方式和双面复印，已成为今天复印的基本要求
航空公司	噪声、废气排放、空中交通拥挤、能源、水和其他材料、燃料的消耗大等	①发动机技术和飞机技术的进展使所产生的噪声大大减低；②更加严格地控制机场附近土地的使用；③积极改进操作规程以减低噪声影响；④各国政府及其空中交通控制等有关机构协同行动，研究长远的拥挤问题。可行的方法是建立一个能统筹考虑包括一系列环境因素，并给出总体“环境影响”的地学参照系统，利用计算机数据库进行方案比较的管理工具	①例如伦敦希思罗机场周围受航空噪声影响的人数下降了近75%；②英国航空公司正在与曼彻斯特机场进行有关引进噪声监测系统的讨论。同时，逐步用双引擎飞机替代老式飞机；③据英国航空公司的估计，仅仅由于在伦敦希思罗机场和加特威克机场的空中交通延误，该公司1993年就多消耗了6万多吨燃料
旅馆	产生废物多、水电等能耗大、空气质量低、噪声较大等	①废物管理、节能节水、水质控制、室内空气质量以及噪声控制等；②重复利用灌装的瓶、布质毛巾和洗衣袋、可洗涤的餐巾和可再充电的电池等；③制造商、供应商也应保证物品的可再循环性；④建立标准程序对主要能源和水的消耗设备或环节诸如锅炉、制冷机、冷却塔和空调设备进行检测；⑤要使资源（人员、设备、公用设施）的使用与时间、季节、占有率、天气的变化匹配；⑥采取具体的节能措施例如按实际负荷运行制冷机、锅炉、泵和冷却塔设备；按每日、每周或假日经营来安排采暖、通风和空调系统等	常见可再循环物品及其制成品有：铝（用于制造铝产品，包括罐头听），高级纸（用于制作纸盒板、薄纱纸、印刷纸、书写纸、报纸、衬里纸板、白账簿纸、有色账簿纸、混合办公纸、其他混合纸等），食品和有机材料（可用于草地与花园的土壤调节剂）

7.2.5　产品环境标志

随着人们对环境问题感受的加深和认识的提高，对环境的关注已不再局限于产品的生产

过程，而正在逐步地扩大到产品的整个生命周期，需要改变生产模式、消费模式和商贸模式。

绿色消费运动反映了公众环境意识的提高，消费者乐于把自己的购买行为作为一种保护环境的手段，要求购买对环境无害或友好的产品。产品的“环境性能”已成为市场竞争的重要因素，这种形势促进工业界开发和生产适合消费者的愿望、有利于市场竞争的较为清洁的产品。除了采取产品生态设计的方法将污染预防的原则落实到产品生命周期的各个阶段以外，在产品销售时也开始突出产品的环境性能，为消费者进行选择提供必要的信息，这就是产品的环境标志，它是由权威机构认证同类产品中具有较为优异的环境性能，除授予证书外，还可使用鲜明的环境标志图案。

1. 环境标志概述

环境标志是一种标在产品或其包装上的标签，是产品的“证明性商标”，它表明该产品不仅质量合格，而且在生产、使用和处理处置过程中符合特定的环境保护要求，与同类产品相比，具有低毒少害、节约资源等环境优势。环境标志认证指由国家权威机构认可的第三方认证机构依据环境标志产品标准及有关规定，对产品环境性能及生产过程进行确认，并以特定的标志图形予以公告，具有高度的客观公正性和可信度。

发展环境标志的最终目的是保护环境，它通过两个具体步骤得以实现：一是通过环境标志向消费者传递一个信息，告诉消费者哪些产品有益于环境，并引导消费者购买、使用这类产品；二是通过消费者的选择和市场竞争，引导企业自觉调整产品结构，采用清洁生产工艺，使企业环保行为遵守法律法规，生产对环境有益的产品。

产品环境标志的目标包括：① 为消费者提供准确的信息；② 增强消费者的环境意识；③ 促进销售；④ 推动生产模式的转变；⑤ 保护环境。

环境标志培养了消费者的环境意识，强化了消费者对有利于环境的产品的选择，促进对环境影响较少的产品的开发，达到了减少废物、减少生活垃圾、减少污染的目的。对于实施环境标志制度带来的成效可从三个方面加以评估：① 消费者行为的改变程度；② 生产者行为的改变程度；③ 对环境的好处。实践表明，实施环境标志制度确实可以提高消费者对产品环境影响的关注，瑞典第二大零售店对消费者开展了一次民意测验，约有 85％的顾客表示愿意为环境清洁产品支付较高的价格。

2. 产品环境标志的类型

世界上第一个推行环境标志计划的国家是德国。德国的“蓝天使”环境标志计划于 1977 年由政府制定，1979 年 5 月，为第一批 48 个产品授予了环境标志，这一计划经历了缓慢艰苦的开拓阶段，到 1984 年仅对 33 个产品类别颁发了 500 个标志，但是在 20 世纪 80 年代后期，这一计划赢得了公众的认可，也获得了工业界的支持，同时带动了许多国家纷纷效仿。

环境标志计划在不同的国家设计和实施的过程中，出现了不同的类型，在 ISO 14024 中将它们分为三类。

（1）类型Ⅰ即批准印记型

这是大多数国家采用的类型，其特点是：① 自愿参加；② 以准则、标准为基础；③ 包含生命周期的考虑；④ 有第三方面认证。

（2）类型Ⅱ即自我声明型

其特点在于：① 可由制造商、进口商、批发商、零售商或任何从中获益的人对产品的

环境性能作出自我声明；② 这种自我声明可在产品上或者在产品的包装上以文字声明、图案、图表等形式来表示，也可表示在产品的广告上或者产品名册上；③ 无需第三方认证。

（3）类型Ⅲ即单项性能认证型

这些单项性能有：可再循环性、可再循环的成分、可再循环的比例，节能、节水、减少挥发性有机化合物排放、可持续的森林等。目前，美国少数私人认证机构开展这项工作。由于厂商对它的兴趣有所增加，这一类型的标准还有扩大的趋势。因此，在 ISO 14000 系列标准中专门为此制定了 ISO 14025 标准。

与世界上大多数国家一样，我国实施的环境标志制度属于类型Ⅰ即批准印记型。

3. 实施产品环境标志制度的基本方法

（1）确定授予环境标志的产品类别

环境标志的产品类别由申请人提出，由主管机构审查确定。分类的原则是考虑同类产品应具有相似的使用目的、相当的使用功能并且相互间有直接竞争的关系。正确的产品分类对实施标志计划至关重要，不但要有充分的科学依据，还要兼顾消费者的利益。一般，优先类别应是对环境危害较大而又有替代的可能、消费者感到重要、工业界乐于支持、市场容量大的部分产品。例如，德国共分若干个类型，它们是可回收利用型、低毒低害物质、低排放型、低噪声型、节水型、节能型、可生物降解型及其他类型。

（2）确定授予标志的标准和尺度

通过产品类别后，就要根据这些产品生命周期各阶段对环境的影响，确定授予标准所应达到的要求。确定标准的主要手段是所谓“从摇篮到坟墓”的产品生命周期分析。确定标准时还应注意标准应该合理明确，并采取通过或不通过的方式，使申请厂家一目了然，不会劳而无功。标准及尺度也要定期修改、提高。

（3）制定标准图形

产品环境标志图形的设计既要简洁明快，又要含义丰富；既要显示民族特色，又要容易为国外消费者所接受。

图 7-4　我国Ⅰ型环境标志图

我国的Ⅰ型环境标志图形于 1993 年发布。它由青山、绿水、太阳和 10 个环组成。其中心结构表示人类赖以生存的环境；外围的 10 个环紧密结合，环环相扣，表示公众参与，共同保护；10 个环的“环”字与环境的“环”同字，寓意为“全民联合起来，共同保护我们赖以生存的环境”，如图 7-4 所示。

我国从 1994 年开始实施的环境标志认证是Ⅰ型环境标志，其最大的特点是对产品从设计、生产、使用一直到废弃处理的整个生命周期都有严格的环境要求。实施 8 年有 400 多家企业的 1000 多种产品拿到了这种标志。

我国的Ⅱ型环境标志主要针对资源有效利用，企业可以从国际标准限定的“可堆肥、可降解、可拆卸设计、延长生命产品、使用回收能量、可再循环、再循环含量、节能、节约资源、节水、可重复使用和充装、减少废物量”等 12 个方面中，选择一项或几项作出产品自我环境声明，并需经第三方验证。Ⅲ型环境标志则是企业可根据公众最感兴趣内容，公布产品的一项或多项环境信息，并需经第三方检测，例如企业称自己产品的甲醛含量低，必须要公布具体的数据。由表 7-6 可知，每一类型的环境标志都有各自不同的目标市场对象，类型

Ⅰ环境标志和类型Ⅱ自我声明的环境声明主要面向零售级别的消费者，类型Ⅲ环境声明（ED）的目标市场对象主要是工厂和零售级别的消费者。

表 7-6　不同类型的环境标志

项目	类型Ⅰ	类型Ⅱ	类型Ⅲ
名字	生态标志	自我声明的环境声明	环境声明
目标市场对象	零售消费者	零售消费者	工厂/零售消费者
通讯渠道	环境标志	文本和符号	环境性能数据表单
范围	全生命周期	单个方面	全生命周期
标准	是	没有	没有
是否应用 LCA	是	否	是
选择性	前 20%～前 30%	无	无
实施者	第三方	第一方	第三方/第一方
是否需要认证	是	一般不	是/否
管理机构	生态标志小组	公平贸易委员会	鉴定机构

环境标志作为一种指导性的、自愿的、控制市场的手段，成为保护环境的有效工具。有关环境标志的内容也被列入了 ISO 14000 系列标准之中。表 7-7 列出了一些国家（地区）的环境标志。

表 7-7　各国（地区）的环境标志

名称	图样	说明
德国环境标志		德国于 1977 年提出蓝天使计划，是第一个实施环境标志的国家。该环境标志是以联合国环境规划署（UNEP）的蓝色天使表示的，蓝色天使标志上面伴有字样“环境标志”（Umweltzeichen），下面伴有解释词“因为……”（Weil……）以及“Jury Umweltzeichen”，原来的题词读作“Umweltfreundlin”环境友好
欧盟环境标志		自 1992 年 4 月开始正式公布实施，为自愿性参与方式，推行单一标志亦可减少消费者及行政管理者的困扰。 各会员国设有一个主管机关来管理、审查环境标志申请案。将同一类产品，按照对环境的影响排名，只有排名在前 10%～前 20%的产品才可申请到环境标志
北欧白天鹅标志		图样为一只白色天鹅翱翔于图形绿色背景中，由北欧委员会标志衍生而得。获得使用标志的产品，在印制标志图样时应于“天鹅”标志上方标明北欧天鹅环境标志，于下方则标明至多三行的使用标志理由。该标志是全球第一个跨国性的环保标志系统，产品规格分别由四个国家研拟，但经过其中一国的验证后，即可通行四国
荷兰生态标志		20 世纪 80 年代的荷兰，环境问题越来越受到人们的重视。荷兰住宅、自然规划和环境部及经济事务部于 1992 年创立了环境检查基金会并由其创建了荷兰生态标志。 尽管欧盟已有生态标志，但作为欧盟成员国之一的荷兰，仍然进行自己的生态标志项目，旨在向本国市场提供更好的产品和服务。在业务上，环境检查基金会与欧盟保持联系

续表

名称	图样	说明
日本生态标志		图样以双手拥抱着地球，象征“用我们的手来保护地球和环境”，以两只手拼出一个英文字母“e”，代表“Environment 环境”“Earth 地球”“Ecology 生态学”。上方书写“爱护地球”，下方则标明该产品环境保护的效用

4. 环境标志通用原则

环境标志及声明应遵循如下具体原则：

（1）环境标志及声明必须是准确的、可验证的、具相关性的和非误导性的；

（2）用于环境标志及声明的程序和要求的制定、采纳和应用不得以制造不必要的国际贸易壁垒为目的；

（3）环境标志及声明必须以足够严密、科学的方法学为基础，该方法足够彻底、全面，从而能够支持所作的声明，并能获得准确和可再现的结果；

（4）用来支持环境标志及声明的程序、方法学和准则的信息必须具有可得性，并可应所有相关方的要求予以提供；

（5）环境标志及声明的制定必须考虑产品生命周期的所有相关因素；

（6）环境标志及声明不得阻碍能够保持环境行为或具有改善环境表现潜力的革新；

（7）任何与环境标志及声明有关的行政要求或信息需求都必须保持在符合适用准则和标准所需的限度；

（8）环境标志及声明的制定过程应是开放的，有相关方参与。在此过程中应做出必要的努力以求得共识；

（9）购买方和潜在的购买方必须能从使用环境标志或声明的一方获得与该环境标志或声明有关的产品和服务的环境因素信息。

5. 中国的环境标志制度

1994 年 5 月 17 日由国家技术监督局授权国家环境保护局负责设立的环境标志产品认证委员会（CCCEL）正式在北京成立，这是代表国家对环境标志产品进行认证的唯一的第三方认证机构。我国产品环境标志的申请和授予程度比较严格。目前优先开展认证的六类产品如下：

（1）国际履约类。保证我国如期履约，促进各行业 CFCs 替代，保证中国在国际上的声誉。1991 年 6 月，我国签订《蒙特利尔议定书》，意味着 2000 年、2010 年分两步替代 CFCs 制品。

（2）可再生、回收类。其意义是节约资源、减少垃圾、降低污染。这类环境标志产品是各国环境标志产品认证的重点。

（3）改善区域环境质量类。主要针对消耗性消费品，特别是使用数量巨大，对环境三种介质（水、气、土壤）造成的严重威胁的产品。其意义是以市场为导向，为改善区域环境质量提供多种途径。

（4）改善居室环境质量类。其意义是保护消费者权益，改善居室环境质量。主要针对居室环境的两个方面：空气环境和噪声指标。

（5）保护人体健康类。其意义是推动我国人民生活质量的提高，引导消费者逐步淘汰对人体有害的传统产品。

（6）提高资源、能源利用率类。其意义是节能降耗，提高产品的资源、能源综合利用率。

6. 中国环境标志国际合作与互认

中国环境标志开展广泛国际合作，在与国际“生态标志”技术发展保持同步的同时，积极开展环境标志互认工作，得到国际社会的高度认可。在环境标志互认方面：中国环境标志已经并与德国蓝天使、北欧白天鹅、日本生态标签、韩国生态标志、澳大利亚环境选择、新西兰环境选择、泰国环境标志等国的环境标志机构签订了合作与互认协议。在共同标准制定方面：中国环境标志已经与德国蓝天使发布《再生鼓粉盒共同标准》，与日本生态标签、韩国生态标志发布了《计算机共同标准》，目前这两项标准均进入了互认实施阶段。

7.2.6　产品生命周期评价

随着工业化的发展，进入自然生态环境的废物和污染物越来越多，超出了自然界自身的消化吸收能力，对环境和人类健康造成极大影响。同时工业化也将使自然资源的消耗超出其恢复能力，进而破坏全球生态环境的平衡。因此人们越来越希望有一种方法对其所从事各类活动的资源消耗和环境影响有一个彻底、全面、综合的了解，以便寻求机会采取对策减轻人类对环境的影响。

目前生命周期评价（life cycle assessment，简称 LCA）就是国际上普遍认同的为达到上述目的的方法。它是一种用于评价产品或服务相关的环境因素及其整个生命周期环境影响的工具。从 LCA 的定义出发，阐述 LCA 的技术框架及主要内容，进而提出将生命周期评价作为环境管理的有力工具，从而促进整个社会系统的可持续发展。

1. 生命周期评价的定义

生命周期评价已经纳入 ISO 14000 环境管理系列标准而成为国际上环境管理和产品设计的一个重要支持工具。生命周期评价是指“对一个产品系统的生命周期中输入、输出及其潜在环境影响的汇编和评价”，具体包括互相联系、不断重复进行的四个步骤：目的与范围的确定、清单分析、影响评价和结果解释。生命周期评价是一种用于评估产品在其整个生命周期中，即从原材料的获取、产品的生产直至产品使用后的处置，对环境影响的技术和方法，核心是对贯穿产品生命周期全过程（即所谓“从摇篮到坟墓”）的环境因素及其潜在影响的研究。

2. 生命周期评价步骤

ISO 于 1997 年 6 月颁布了 ISO 14040 标准，成为指导企业界进入 ISO 14000 环境管理体系的一个国际标准。该标准将生命周期评价分为互相联系的、不断重复进行的四个步骤，如图 7-5 所示。

（1）目标与范围的定义

该阶段是对 LCA 研究的目标和范围进行界定，是 LCA 研究中的第一步，也是最关键的部分。目标定义主要说明进行 LCA 的原因和应用意图，范围界定则主要描述所研究产品系统的功能单位、系统边界、数据分配程序、数据要求及原始数据质量要求等。目标与范围定义直接决定了 LCA 研究的深度和广度。鉴于 LCA 的重复性，可能需要对研究范围进行不断的调整和完善。

（2）清单分析

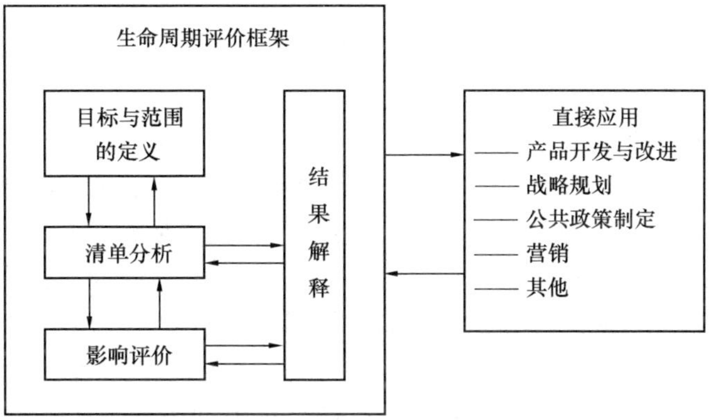

图 7-5 生命周期评价步骤

清单分析是对所研究系统中输入和输出数据建立清单的过程。清单分析主要包括数据的收集和计算，以此来量化产品系统中的相关输入和输出。首先是根据目标与范围定义阶段所确定的研究范围建立生命周期模型，做好数据收集准备。然后进行单元过程数据收集，并根据数据收集进行计算汇总得到产品生命周期的清单结果。

(3) 影响评价

影响评价的目的是根据清单分析阶段的结果对产品生命周期的环境影响进行评价。这一过程将清单数据转化为具体的影响类型和指标参数，更便于认识产品生命周期的环境影响。此外，此阶段还为生命周期结果解释阶段提供必要的信息。

(4) 结果解释

结果解释是基于清单分析和影响评价的结果识别出产品生命周期中的重大问题，并对结果进行评估，包括完整性、敏感性和一致性检查，进而给出结论、局限和建议。

生命周期影响评价是将清单分析得到的资源消耗和各种排放物对现实环境的影响进行定性定量的评价。它是生命周期评价的核心内容，也是难度最大的部分。生命周期影响评价方法和科学体系仍在不断发展和完善中，尚没有一种广泛接受的统一方法。

ISO、SETAC 和美国 EPA 都倾向于把将环境影响评价分为三个阶段：分类、特征化和量化（加权评估）。

分类指根据不同的环境影响类型，对清单分析阶段的结果数据进行归类，一般包括环境影响类型定义和数据分类。环境影响类型一般可分为三类，即资源消耗、对生态系统的影响和对人体健康的影响。

特征化是在每种环境影响类型内部对数据进行处理和分析，进而反映该影响类型特征的过程，该阶段的主要任务包括数据标准化和数据模型化两步。标准化通常采用一个标准基准对数据进行标准化。模型化即采用模型对环境干扰因子的大小进行数据合并，最终用一个量值来表述对环境影响的大小。

加权评估指根据一定的加权方法，确定不同环境影响类型的相对严重性程度，对标准化后的环境影响进行修正。数据经特征化后，仅仅表征了某种环境影响类型的相对大小，并不能说明环境影响的严重性。而且特征化过程得到的清单数据反映的是不同影响类型的贡献大

小，但无直接联系，很难在各类影响类型之间进行比较，还必须确定不同影响类型的权重，权衡各类环境影响的重要性。

3. 生命周期评价的应用领域

作为新的环境管理工具和预防性的环境保护手段，生命周期评价主要应用在通过确定和定量化研究能量和物质利用及废弃物的环境排放来评估一种产品、工序和生产活动造成的环境负载；评价能源材料利用和废弃物排放的影响以及评价环境改善的方法。

7.3　污染预防环境管理模式的实施

7.3.1　环境规划的时空控制

污染预防模式实施过程中的环境规划管理，主要是强调环境规划实施的动态控制管理，强调环境管理的计划职能，目的是使环境规划实施与管理相结合，使规划目标及其变化方向符合社会经济发展规律和生态规律，促进我国环境、经济、社会的可持续发展。

环境规划实施的动态控制管理主要包括环境规划的空间控制、时间控制以及时空耦合的全过程控制。

1. 环境规划的空间控制

环境规划实施的全过程是由一个集中控制机构来执行。在集中控制基础上，建立相对独立的几个二级机构，对环境规划的数量指标、质量指标进行评估和决策。各个相对独立的二级控制机构之间通过信息传递与反馈行为实现横向协调控制，环境规划的二级控制机构与总控制机构之间通过环境规划信息的传递与反馈实现纵向控制，纵向控制最后通过信息交叉反馈，实现环境规划实施的动态全过程控制管理。

2. 环境规划的时间控制

环境规划的时间控制是指环境规划信息反馈时间和反馈回路控制。其一为闭路控制，指在规划实施管理中具有完整反馈回路的时间控制。管理者根据环境规划实施者反馈的情报信息，有效控制和改善规划实施过程；其二为规划过程中具有不完整反馈回路的半闭路时间控制。由于环境规划实施中大量随机因素干扰，用信息反馈适时调节控制；其三为开路控制，即环境规划实施管理，不具备反馈回路控制。在环境规划的时间控制中，一般采用闭路、半闭路和开路控制信息反馈实施协调控制管理。

3. 时空耦合的全过程控制

这里针对环境规划实施的空间和时间控制管理无法沟通的情况下，在二者之间架起一座信息桥梁，通过信息反馈、资源共享等协调途径，化解时空控制管理的冲突，达到环境规划实施的动态控制管理。

环境目标是环境规划的核心，目标管理是保证目标实现的方法，所以在污染预防模式实施过程中的环境目标管理就显得尤为重要。

7.3.2　环境绩效

1. 环境绩效和环境绩效评估

环境绩效是指一个组织基于其环境方针、目标、指标，控制其环境因素所取得的可测量

的环境管理体系成效。环境绩效用来表示环境保护的实际成绩和效果，它与“环境形势”、“环境状况”等词有接近之处，但也有区别，环境绩效主要是表示与工作努力程度和工作质量有关的实际环境后果。应该说，环境绩效是评定环境政策的最终标准。

环境绩效评估是由独立的考核机构或考核人员，对被考核单位或项目的环境管理活动进行综合的、系统的审查、分析，并按照一定的标准评定环境管理活动的现状和潜力，对提高环境管理绩效提出建议，促进其改善环境管理、提高环境管理绩效的一种评估活动。

环境绩效评估，是持续对组织环境绩效进行量测与评估的一种有系统的程序。对象则是针对组织的管理系统、操作系统，乃至于其周围的环境状况。ISO 14031 环境绩效评估于1999 年 10 月正式公告。环境性能评估工作小组为了配合 ISO 14031 环境绩效评估标准公告，制定了 ISO/TR 14032 的环境绩效评估报告。组织的环境管理绩效为环境绩效评估的工作重点所在，在考量成本效益下，可针对其重要的环境参数，建立持续监督的系统，并将评估结果与各利害相关者加以沟通。

2. 环境绩效评估的目标、内容和方法

（1）环境绩效评估的目标

环境绩效评估的目标包括根本目标、具体目标和分项目标三个层次。

根本目标为：改善环境管理，实现可持续发展。具体目标为：对环境管理各步骤的绩效情况进行考核评价，找出影响环境管理绩效的消极因素，提出建设性的考核意见，从而促使环境管理工作的高效进行。分项目标为：评价环境法规政策的科学性和合理性，帮助法规政策制定部门制定更加科学合理的环境法规与制度；评价环境管理机构的设置和工作效率，揭示其影响工作效率的消极因素，提出改进建议；评价环境规划的科学性和合理性，有助于制定更加科学合理的环境规划；评价环境投资项目的经济性、效率性和效果性，为改善环境投资提出建设性意见。

（2）环境绩效评估的内容和方法

环境绩效评估是一种用于内部管理的程序和工具，被设计用来提供管理阶层一种可靠和可验明的资讯，以决定组织环境绩效是否符合组织管理阶层所设定的基准。正在施行环境管理的组织应就其环境政策、目标来设定环境绩效指标，再以其绩效基准来评估其环境绩效。

环境绩效评估的内容主要包括规划环境行为评估（EPE）、选择评估指标、数据收集及转换和报告沟通、审查和改进评估程序。

在规划 EPE 时，组织应考虑下列因素：① 其活动、产品和服务的整个范围；② 其组织架构；③ 其整体经营策略；④ 其环境政策；⑤ 为符合法规及其他要求所需的信息；⑥ 相关之国际间对环境议题的协议；⑦ 环境成本和利益；⑧ 和每年环境绩效有关之信息的一致性；⑨ 有关地方、区域、国家及全球性环境状态的信息；⑩ 文化和社会的因素等。

3. 环境绩效评估的程序

（1）组织的环境绩效基准（Criterion）

环境绩效基准是管理阶层为了评估环境绩效而设定的环境目标、标的或其他基准。组织在规划 EPE 时应参照其所设定的环境绩效基准，以便所选择的 EPE 指标能适当地反映组织之环境绩效。可以获得环境绩效基准的来源包括：① 目前和过去之绩效；② 法令规定；③ 相关之规定、标准和措施；④ 绩效数据和由工业及其他产业发展出来之信息；⑤ 管理审查和稽核；⑥ 科学研究。

（2）选择环境绩效评估指标

组织所选择 EPE 指标所包括的定性或定量的数据或信息，应以简明易懂为原则，并应筛选出足够且相关的指标来评估其环境绩效。筛选出的 EPE 指标的数目应能反映出组织作业的特性和范围。为增进效率，组织可使用现有的数据也可使用其他组织所收集的数据。EPE 指标的两个范畴包括：环境状态指标（ECIs）和环境绩效指标（EPIs）。而 EPIs 又可区分为管理绩效指标（MPIs）和作业绩效指标（OPIs）。

① 管理绩效指标（MPIs）

管理绩效指标和组织各阶层的政策、人员、规划、措施、程序、决定和行动有关。该指标可直接反映出组织在管理绩效上的努力成果，是在环境管理系统中寻找绩效指标时最直接的来源。可以组织所制定的环境政策、目标及标的为基准，进而评鉴环境绩效指标是否达到目标。

管理绩效指标应能提升组织在"管理业务"方面的能力，例如：训练、法令需求、资源使用、环境成本管理、采购、产品研发及影响环境绩效的矫正措施；应有助于评估管理效能、改善环境绩效的决策及行动的效果。

常见的管理绩效指标（MPIs）见表 7-8。

表 7-8　常见的管理绩效指标（MPIs）

类别	指标实例
符合性	1. 稽核次数与频率； 2. 紧急应变反应时间长短； 3. 环境目标标的达成数目或比例； 4. 年环保罚单（被公告违规）次数与金额； 5. 矫正措施次数
财务绩效	1. 投资污染防治措施金额； 2. 污染防治措施操作维护金额； 3. 废弃物处理费用； 4. 改善产品或制程之成本； 5. 环境管理训练相关费用； 6. 经由降低资源使用、污染预防或回收再利用节省之金额
利害相关者	1. 社区对环境抱怨次数与频率； 2. 新闻报道次数（正面或负面）； 3. 赞助或自行建置地方性清除或回收计划数； 4. 出版或公开组织环境绩效报告次数
环境管理系统之实施	1. 员工对环境改善提案数； 2. 员工对相关环境议题或事务参与人数； 3. 员工接受环境管理训练人数比例； 4. 被认可合格具有环保专业之人数； 5. 执行特定之环境规范与操作实务的程度； 6. 投资环境改善计划的获利金额； 7. 替代物料的新构想案； 8. 原物料取得来源是否将环保列入评估项目； 9. 管理阶层会议讨论环境议题比率

② 作业绩效指标（OPIs）

反映组织在作业上的环境绩效。它和下列项目相关：组织在运作时所做的输入（例如原料、能源和服务）；属于组织硬件设施和设备的设计、安装、操作和维护作业；组织运作所做的产出，例如产品（包括它们的设计、研发、制造和贮存）、服务、废弃物（包括它们的形态和贮存）和排放物；组织运作所产出的运输。作业绩效指标分为：a. 物料：制程回收再利用

的物料；b. 能资源（包括燃料）；c. 产品：主产品或副产品；d. 污染物：空气污染物、水体污染物、固体废弃物、噪声等。

常见的作业绩效指标（OPIs）见表7-9。

表7-9 常见的作业绩效指标（OPIs）

范围	指标实例
污染物	1. 单位产品产生之废弃物数量； 2. 每年产生有害、可回收、可再利用之废弃物量； 3. 由原物料替代所减少之有害废弃物量； 4. 废弃物清理费用； 5. 废弃物设施设置、操作、维护成本； 6. 单位产品造成空气污染物的排放量； 7. 每年减少温室效应气体、SO_x、NO_x 排放量； 8. 空气污染防治措施设置、操作、维护成本； 9. 厂内管线空气污染物逸散或空气品质； 10. 单位产品废水排放量； 11. 废水处理设施设置、操作、维护成本； 12. 单位产品COD、BOD、SS、重金属排放量； 13. 单位产品污泥排放量； 14. 污泥含水率； 15. 特定区域之噪声、辐射减少量； 16. 厂区周界噪声值； 17. 噪声源防治措施设置、操作、维护成本
其他	1. 每年发生紧急事件数； 2. 供应商或承包商管理

③ 环境状态指标（ECIs）

可以提供组织周边的环境现况，这项信息可以帮助组织了解在其环境考虑中可能对环境的潜在冲击，因此有助于环境绩效评估的规划与实施。该指标是环境绩效评估三个领域中最基本的考量因子，可提供必要的信息来协助组织选择适当的环境管理系统及操作系统指标。组织周围的环境状况包括当地区域乃至于全球性的环境条件，其范围包括空气、水、土地、植物、动物、甚至是人类健康。

常见的环境状态指标（ECIs）见表7-10。

表7-10 常见的环境状态指标（ECIs）

范围	指标实例
当地性	1. 土地开发面积； 2. 工厂附近土壤中特定污染物之厚度； 3. 单位产品量目前使用之厂区面积大小； 4. 某种生物体内毒性物质的积累含量； 5. 空气中某种毒性物质的厚度； 6. 距工厂一定距离处，特定动植物种的数量
区域性	1. 水中鱼的种类数量； 2. 水中N/P的厚度； 3. 地下水或地表水中特定污染物之厚度； 4. 工业废水排放口附近之水质变化； 5. 承受水体之溶氧量； 6. 年用水量
全球性	1. 资源（原油、某矿产）之开采量； 2. 能源之年用量； 3. 单位产品量氟氯碳化物消耗量； 4. 单位产量之二氧化碳排放量

以上这三项指标亦可作为环境管理系统（ISO 14000）执行的成效指标，在环境管理系统的环境政策下，必须设定环境目标与标的来达到“持续改善”目的。在 ISO 14000 导入初期，组织可根据先期环境审查的结果，针对重大环境考量面或法规不符合部分制定目标标的而获得改善，并获得绩效。但当系统执行一段时间后，就有不知要如何制定目标来达到持续改善的无力感，此时若可以进行环境绩效评估，追踪长期的定性或定量指标，则可以获得足够的证据证明是否达成目标与标的。

（3）运用数据与信息（实施）

① 收集数据

一个组织应定期地收集数据提供所选择 EPE 指标计算使用。数据收集程序应能保证数据的可靠性，并考虑一些因子诸如可获得性、足够性、科学和有效性及可验证性。数据收集应有质量保证体系支持，以保证所获得的数据是 EPE 使用所要的形式和质量。

② 分析和转换数据

收集的数据应加以分析并转换成能够描述组织环境绩效的信息，以 EPE 指标表示。为避免造成结果的偏差，所有收集的相关和可靠数据均应列入考虑。数据分析可以包括数据的质量、有效性、足够性和完整性，以便能产生可靠的信息。描述组织环境绩效的信息可经计算、最佳估算、统计方法、图表方法或用汇总或加权而得。

③ 评估信息

从分析数据而得的信息，以 EPIs 或 ECIs 表示，应和组织之环境绩效基准比较。比较的结果可以显示出环境绩效是否有进步或缺失，也有助于了解为何环境绩效基准可以或不能达成。

（4）报告沟通

基于管理需要，环境绩效报告和沟通可提供有用的环境绩效信息给组织内、外的利害相关的团体。环境绩效的报告沟通的好处包括：① 帮助组织达成其环境绩效基准；② 对组织的环境政策、环境绩效基准及相关达成事项提升其认知程度和提供交流机会；③ 显示组织对改进环境绩效的承诺与努力；④ 响应对组织环境考虑面的关切与疑问。

内部报告和沟通：组织应同时将适宜且必要的环境信息适时地在组织内部进行沟通。这样可以有助于员工、承包商和其他与组织相关人员能够尽到他们的责任，而组织也可达成其环境绩效基准。组织可以考虑将此信息列入其环境管理系统的管理审查。

（5）审查和改进环境绩效评估程序（检查与矫正）

一个组织的环境绩效程序和结果应定期加以审查以鉴别出改进的机会。一段时间之后，可将 EPE 之范围扩大至先前未曾提到的组织的活动、产品和服务，审查有助于管理阶层采取行动以改善管理绩效和组织的运作，也可造成环境状态改善。可以采取改进的行动方案，例如：改善数据质量、可靠性和可获得性，改善分析和评估能力，更新 EPE 指标，改变 EPE 的范围。

7.3.3　环境绩效审计

1. 政府环境政策绩效审计

政府环境政策绩效审计主要是对政府制定的环境政策，包括环境经济政策和环境行政控制政策的效果进行评价。

评价时只考虑政策本身的实施效果，不考虑执行中的影响因素。评价应遵循以下 8 个准则：政策的实施能否达到预期的目标（有效性）；在达到政策目标之前提下，政策实施的费用能否达到最小化（经济效益性）；各类不同的政策实施对象，对实施的成本效益是否可以

接受（公平性）；环境管理机构和执行机构是否协调，管理成本和执行成本是否合理（监督管理的可行性和费用）；政策实施对象是否能够接受所实施的政策（可接受性）；环境政策是否与本国法律相一致（合法性）；评价所需的信息可以通过实地调查、问卷和利用相关审计的成果取得；对计划中的环境经济政策进行绩效审计风险性较大，可从已经实施的环境经济政策收集有关绩效信息，或从其他国家和地区收集信息作为参考。

2. 政府环境项目效益审计

进行政府环境项目效益审计首先要了解项目的实施背景、目标、计划等内容。如果项目被分解为在不同地区、不同阶段实施，还要了解项目分解情况。

在审计资源有限的情况下，应以是否实现项目目标为重点。

由于政府环境项目的目标很广泛，财务资料不能满足全面效益成本分析的需要，审计人员应灵活使用环境估值方法进行计算。有些项目还可以使用对比的方法，比较项目实施前后的环境质量和经济收益。在缺乏被审项目环境价值数据时，可以引用其他项目的数值来估算，这种方法被称为“效益转移法”。引用的数值可以从环境管理部门、科研部门，以及国外的相关项目取得。不过现时可比的数值很少。由于环境项目的综合效益不可能在短期内完全体现，应对其实施跟踪审计。

3. 企业环境绩效审计

目前已经有许多企业公布了其环境绩效报告，因为：第一，自愿参加欧共体《环境审计制度》，而负有公布其环境绩效的义务。第二，出于公共经济责任关系、市场竞争和公众利益，而自愿公布其环境绩效。从长远来看，法律和法规规定将会成为企业公布环境绩效报告的主要原因。

环境绩效报告内容应包括：与组织活动相关的环境法律和法规要求；与组织活动相关的环境因素和对环境的影响；组织的环境管理系统、环境方针和政策；对环境问题计量和披露采用的会计政策；环境目标和指标的定量数据，例如散发到空气、土壤和水中的废弃物、噪声、废物处理、能源消耗数量、环境事故、环境成本（投资和罚金等）和环境收益（能源的节约）等。

现时环境绩效审计准则虽然有很多组织在积极探讨，例如国际维持发展协会商会、世界工业环境委员会和欧共体环境规划委员会等，但至今还没有一套公认的准则。由于环境绩效报告通常要披露有害物质的排放量，需要由专门技术专家进行符合性测试和实质性测试，一般要采取多学科联合审计的方式。

4. 我国实施政府环境绩效评估应遵循的原则

（1）整体性与区域性相结合的原则

实行政府环境绩效评估，建立科学的评估体系是关键。由于我国地域辽阔，地区差别很大，各地资源禀赋和其他条件各不相同，不同层级、不同地区的政府绩效指标的设计也要体现其特点。要根据实际情况，以科学发展观为指导，建立符合地方各级政府实际的绩效评估指标体系。

现阶段我国各级政府的绩效指标设计要做到三个体现：一要体现科学发展观的要求。要坚持以人为本，既要有经济指标，也要有社会发展和环境建设的指标；既要考核已经表现出来的显绩，也要考核潜在绩效；既要考虑当前，也要考虑未来。二要体现政府职能转变的要求。绩效评估主要评政府该做的事，评政府履行法定职责的程度，政府越位、错位的工作不能纳入绩效范畴。三要体现当代绩效管理的理论和实践成果。绩效管理和绩效评估在西方发达国家已经运行几十年，有一套成熟的经验和技术。

在绩效指标的设计上，主要围绕“三大E”展开，即经济（economy）、效率（efficiency）、效益（effectiveness）。这些原则和方法值得我们很好地借鉴。

（2）软硬结合原则

“硬指标”指的是可以量化的指标，“软指标”指难以具体量化的公众的满意度。硬指标采取以统计部门上报数据为主要依据的定量测算和评估为主，软指标的评估可以通过中介组织的问卷调查等形式获取基本情况来进行。

（3）公开透明原则

将评估纳入政府日常工作机制，规范工作标准，加强数据整合利用，不单独就评估而评估。以指导为主，监督为辅。比如采取典型推广、抽样等办法，而不做大范围普查；委托非政府机构评估，办事不养人；充分利用外部评估，有些问题可以只公开数据，任由外部评估。

环境绩效评估的结果只是决策需要的数据，不能与公务员个人利益直接挂钩。否则，公务员行为就容易以满足评估数据为目的，难以避免隐瞒事故、夸大成效的情况。规范评估程序，实行评估回避制度。

（4）公众参与原则

实行内部评估与外部评估相结合，实行评估主体的多元化。政府作为最大的公共部门，应接受多种评估主体的评价，形成多层次政府绩效评估体系。评估的方向也应该是多向的，包括：① 政府部门的自我评价；② 自上而下的评估（组织部门与环保部门参加）；③ 自下而上的评估（公众参与）。

同时深入开展公民评议活动，将管理和服务对象纳入评估体系，为科学的环境绩效评估创造环境和条件。

7.3.4 清洁生产与清洁生产审计

1. 清洁生产

（1）清洁生产的内涵

清洁生产的定义是：在生产过程、产品寿命和服务领域持续地应用整体预防的环境保护战略，增加生态效率，减少对人类和环境的危害。

清洁生产是一种新的创造性思想，该思想将整体预防的环境战略持续应用于生产过程、产品和服务中，以增加生态效率和减少人类及环境的风险。

——对生产过程，节约资源和能源，淘汰有毒有害的原材料和落后的工艺及设备，减少所有废弃物的数量、毒性和污染；

——对产品，要减少产品全生命周期对人类和环境的不利影响：

——对服务，要将环境因素纳入服务设计和实践中。

清洁生产通过应用专门技术，改进工艺、设备和改变管理态度来实现。

清洁生产的本质：①“预防为主”的方针；② 环境效益与经济效益的高度统一；③ 持续改进：相对的、不断的过程；④ 系统性：防止污染物转移。

清洁生产实现途径：产品替代（毒性、污染）；能源、材料替代（毒性、污染）；工艺、设备替代（消耗、效率、污染）；（最大化）提升利用限度（能源、原材料、厂内物料循环）；强化管理，减少浪费（跑、冒、滴、漏、物料流失）；控制排放（净化处理、综合利用、变废为宝）。

（2）清洁生产的理论基础

清洁生产涵盖有深厚的理论基础，其实质是最优化理论。在生产过程中，物料按平衡原理

相互转换，生产过程中产生的废弃物越多，则物料消耗就越大，废弃物是由物料转化而来的。清洁生产实际上是如何满足特定条件下物料消耗最少，产品产出率最高。这一问题的理论基础是数学上的最优化理论，即废弃物最少量化可表示为目标函数，求解在各种约束条件下的最优解的问题。由于清洁生产是一相对概念，即清洁的生产过程和产品是与现有的生产过程和产品比较而言；资源与废物也是个相对概念，某生产过程的废物又可作为另一生产的原料。因此，废弃物最小量化的目标函数是动态的、相对的，故用一般的数学关系对较复杂过程进行优化求解比较困难。目前清洁生产审计中应用的理论主要是物料平衡和能量守恒原理，旨在判定重点废物流，定量废物量，为相对的废物最小量化确定约束条件。在实际工作中，一可把求解出的值（相对单一过程）作为衡量现有废弃物产生量的标准；二可用国内外同类先进装置的废弃物产生量作为衡量的标准。凡达不到标准的，就要查找原因，制定可行方案，消除瓶颈。

（3）清洁生产的内容

清洁的能源：常规能源的清洁利用；可再生能源的利用；新能源的开发；各种节能技术等。

清洁的生产过程：不用、少用有毒的原料和辅助材料；无废、少废的工艺；无污染的高效设备；无毒、低毒的中间产品；减少生产过程中的各种危险因素；节约资源，少用昂贵和稀有资源；物料的再循环利用；利用二次资源作原材料；完善的管理等。

清洁的产品：在贮运、使用中和使用后无危害人体健康和生态环境的产品；合理使用其功能和寿命期；合理包装；易于回收、复用和再生；易降解、易处置等。

清洁的服务：在一切服务中都要贯彻清洁生产的思想和要求。

2. 清洁生产审计

清洁生产审计，是对组织现存的和计划进行的生产、服务以及相关活动中，污染来源、废物产生原因以及整体解决方案，进行持续的、系统的、规范的分析、评估、策划、实施、保持和改进的过程（程序）。

清洁生产审计是组织进行清洁生产的重要前提，也是其关键和核心。旨在不断寻求、制定、实施能够低费高效地减少能源、水、原材料的使用，消除和/或减少产品、过程中有毒物质的使用，减少各种废弃物排放及其毒性，提高资源利用效率的方案，从而持续改进组织的环境。

（1）清洁生产审计的目的和特点

通过清洁生产审计判定生产过程中不合理的废物流和物、能耗，分析其原因，提出削减方案并组织实施，从而减少废弃物的产生和排放，达到实现本轮清洁生产目标。

清洁生产审计具有以下特点：

① 鲜明的目的性。它的目的是消除、减少废弃物的产生，它特别强调节能、减耗、减污的一致。

② 完整的系统性。以生产过程为主体，考虑到影响废弃物产生的各个方面设计一套发现问题、分析问题、解决问题、持续实施的完整体系。

③ 突出预防性。针对“末端治理”，特别强调要在生产全过程和产品生命周期及服务范畴中做到预防污染。这一思想贯穿于审计的全过程。

④ 符合经济性。生产全过程各个环节都从预防出发减少废弃物的产生，提高生产效率，降低成本，多出产品，少用资源、能源，减少末端治理的投资和运行费用。

⑤ 强调持续性。无论是审计重点选择，还是方案滚动实施均体现了从点到面、逐步改进的持续性原则。

⑥ 注重可操作性。每一个步骤均能与企业的实际情况相结合。在审计程序上是规范的、在方案实施上是灵活的，当企业的经济等条件有限时，可先实施无、低费方案，积累资金、创造条件，逐步实施中、高费方案。

（2）清洁生产审计的步骤

清洁生产审计分以下 7 个阶段 31 项内容，如图 7-6 所示。

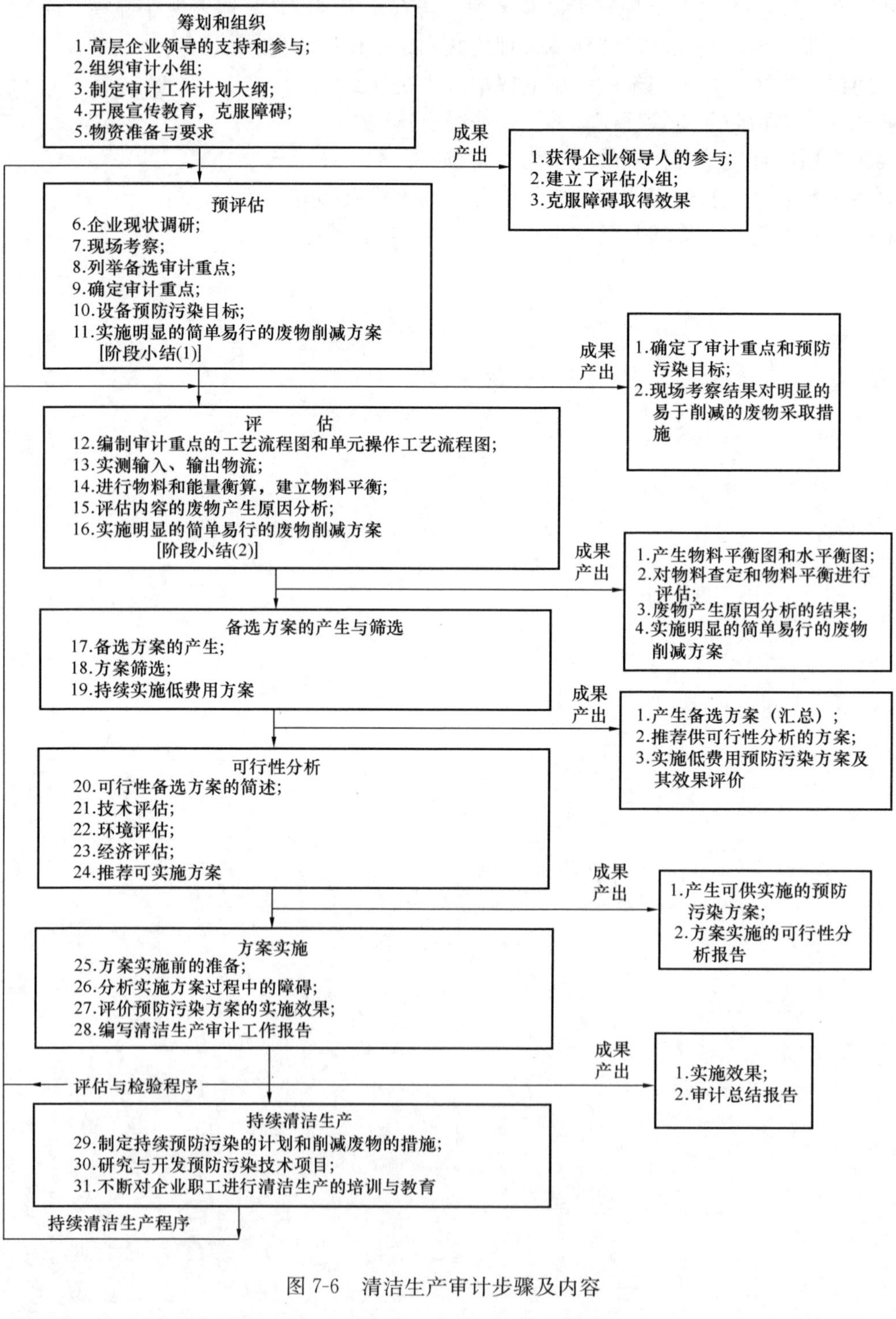

图 7-6　清洁生产审计步骤及内容

习题与思考

1. 何谓末端控制？其主要特征是什么？

2. 我国在计划经济体制下形成的以污染物“末端处理”为主要特征的行政控制手段与发达国家的“命令-控制”措施有无显著区别？若有显著区别，具体表现在哪些方面？

3. 试客观评价末端控制传统环境管理模式实践的作用。

4. 何谓污染预防，它与末端控制的根本区别是什么？

5. 实施污染预防环境管理模式的主要途径有哪些？

6. 污染预防环境管理模式的基本内容有哪些？

7. 污染预防环境管理模式实施中可能存在的困难有哪些？

8. 何谓目标管理？简述其基本思想、特点及实施步骤。

第 8 章　区域环境管理

学　习　提　示

学习目标：了解区域环境管理的含义和原则；理解城市环境、农村环境、流域环境、海洋环境和开发区等不同区域环境存在的问题；掌握城市环境、农村环境、流域环境、海洋环境和开发区等改善环境的主要措施和方法。

学习重点：城市环境、农村环境、流域环境、海洋环境和开发区等改善环境的主要措施和方法。

学习难点：掌握城市环境、农村环境、流域环境、海洋环境和开发区等改善环境的主要措施和方法。

8.1　区域环境管理及其原则

8.1.1　区域环境管理的含义

区域是一个相对的地域概念。例如，相对于全球而言，一个国家或一个地区（如“东亚地区”）就是一个区域；相对于国家而言，一个地区（如“西北地区”）、一个省、一个市、一个流域就是一个区域；相对于一个市而言，一个县、一个乡（镇）、一个开发区也是一个区域。但是，一个区域又不可无限地缩小，例如，一块地、一个房间不能称之为区域。因此，本书所说的区域，是指具有一定大小面积且具有相对独立的自然生态系统的地域。

不同的区域具有不同的环境特征和环境问题，也就决定了其环境管理不尽相同。本章主要介绍城市环境管理、农村环境管理、流域环境管理、海洋环境管理、开发区环境管理和规划的环境管理等内容。

8.1.2　区域环境管理的原则

区域的环境问题错综复杂，开展区域环境管理要坚持以下原则，采取综合的措施进行综合治理。

（1）以新带老原则

实行新项目管理与老污染治理相结合，通过建设项目的环境管理促进区域污染治理。

（2）先重后轻原则

环境问题要分清主次轻重，按照先重点后一般的顺序解决区域环境问题。重点问题优先考虑和解决，一般的环境问题放在稍后的顺序进行解决。

（3）先急后缓原则

急迫的问题放在优先的位置和顺序来考虑和解决，非急迫的问题应服从于急迫的问题，放在稍后的顺序加以考虑和解决。

（4）难易并举原则

所有的环境问题在程度上都存在着困难和容易解决两种情形，“难易并举”就是把难解决的环境问题控制住，不让其发展，容易解决的环境问题彻底根治。

以上四项原则是开展区域环境管理，正确处理环境保护中重点与一般、急迫与平缓、新与老、难与易等环境问题应把握的基本原则。

8.2 城市环境管理

城市是人类社会政治、经济、文化、科学教育中心，但经济活动的频繁和人口的高度密集又反作用于这一特殊的生态系统，引发一系列严重的环境问题。这些环境问题，又给城市造成严重的经济损失，制约着城市的健康发展。开展城市环境管理主要包括总结城市存在的主要环境问题并分析其成因，据此有针对性地采取环境整治措施，目的是促进城市经济、社会和环境的协调、健康发展。

8.2.1 城市环境问题与产生原因

目前，我国城市化进程仍处在加速进行之中，城市人口的迅速膨胀，消耗着大量的自然资源和能源，相应地产生大量污染物，使城市环境超过了自身及周围环境的净化能力，从而受到了不同程度的污染和破坏。城市环境问题的主要表现形式有大气污染、水污染、噪声污染等。

（1）城市大气环境污染

据2021年生态环境公报，全国339个地级及以上城市平均优良天数比例为87.5%，同比上升0.5个百分点；细颗粒物（PM2.5）浓度为30μg/m^3，同比下降9.1%。臭氧平均浓度为137μg/m^3，同比下降0.7%。京津冀及周边地区“2＋26”城市平均优良天数比例为67.2%，同比上升4.7个百分点；细颗粒物（PM2.5）浓度为43μg/m^3，同比下降18.9%。北京优良天数比例为78.9%，同比上升2.1个百分点；细颗粒物（PM2.5）浓度为33μg/m^3，同比下降5.7%。长三角地区41个城市平均优良天数比例为86.7%，同比上升1.6个百分点；PM2.5浓度为31μg/m^3，同比下降11.4%。汾渭平原11个城市平均优良天数比例为70.2%，同比上升0.4个百分点；PM2.5浓度为42μg/m^3，同比下降16.0%。全国酸雨区面积约36.9万km^2，约占国土面积的3.8%，同比下降1.0个百分点；酸雨主要分布在长江以南——云贵高原以东地区，总体仍为硫酸型。

（2）城市水环境污染

据2021年生态环境公报，全国地表水Ⅰ～Ⅲ类水质断面比例为84.9%，同比上升1.5个百分点；劣Ⅴ类断面比例为1.2%，均达到2021年水质目标要求。长江、黄河、珠江、松花江、淮河、海河、辽河七大流域和浙闽片河流、西北诸河、西南诸河的3117个水质断面中，Ⅰ～Ⅲ类水质断面比例为87.0%，同比上升2.1个百分点；劣Ⅴ类断面比例为0.9%，同比下降0.8个百分点。监测的210个重要湖泊（水库）中，Ⅰ～Ⅲ类水质湖泊

（水库）比例为 72.9%，劣Ⅴ类比例为 5.2%。209 个监测营养状态的湖泊（水库）中，贫营养占 10.5%，中营养占 62.2%，轻度富营养占 23.0%，中度富营养占 4.3%。在用集中式生活饮用水水源：876 个地级以上城市在用集中式生活饮用水水源监测断面（点位）中，825 个全年均达标，占 94.2%。

（3）城市噪声污染

城市噪声主要来源于城市交通、工业生产、建筑施工和社会生活等，尤其随着城市机动车保有量的不断增加，城市交通噪声污染最为严重。据 2021 年生态环境公报，324 个地级及以上城市各类功能区昼间总点次达标率为 95.4%，同比上升 0.8 个百分点；夜间达标率为 82.9%，同比上升 2.8 个百分点。324 个地级及以上城市开展了昼间区域声环境监测、昼间道路交通声环境监测，昼间区域声环境平均等效声级为 54.1 分贝；昼间道路交通声环境平均等效声级为 66.5 分贝。

8.2.2　城市环境管理的内容和方法

1. 环境保护目标责任制是城市环境保护实施综合决策的基础

环境保护目标责任制是我国环境保护的八项管理制度之一，对污染防治和城市环境改善起着十分重要的作用，是城市环境保护实施综合决策的基础。《中华人民共和国环境保护法》（2015 年实施）第六条明确规定："地方各级人民政府应当对本行政区域的环境质量负责"。这一规定的具体实施方式是以签订责任书的形式，规定省长、市长、县长在任期内的环境目标和任务，并作为对其进行政绩考核的内容之一，以引起地方和城市主管领导对环境问题的重视，实施该制度是实现地区和城市环境质量改善的关键。

2. 城市环境综合整治

城市环境综合整治是指在城市政府的统一领导下，从整体出发，以最佳的方式利用城市环境资源，通过经济建设、城市建设与环境建设的同步规划、综合平衡，达到"三个效益"的统一，并综合运用各种手段，对城市系统进行调控、保护和塑造，全面改善环境质量，使城市生态系统实现良性发展。城市环境综合整治已成为我国城市环境管理的一项重要政策。

城市环境综合整治的主要内容涉及城市工业污染防治、城市基础设施建设和城市环境管理三个方面。具体内容包括制定环境综合整治计划并将其纳入城市建设总体规划，合理调整产业结构和生产布局，加快城市基础设施建设，改变和调整城市的能源结构，发展集中供热，保护并节约水资源，加快发展城市污水处理，大力开展城市绿化，改革城市环境管理体制，加大城市环境保护投入等。具体包括以下措施。

（1）调整城市产业结构和生产布局，改善城市环境

① 限制工业，特别是污染较重的产业在城区内发展。

② 在城区内实施"退二进三"战略，将污染较重的工业企业整体或部分实施搬迁。

③ 对迁出地区进行再开发，扶持第三产业的发展，促进城市经济的整体发展；同时，迁出地的土地销售收入，也可以为新厂建设和运行更加有效的污染治理设施提供资金支持。

（2）加强城市基础设施建设，提高环保设施水平

① 加强城镇污水处理及资源化利用

《"十四五"城镇污水处理及资源化利用发展规划》中要求，到 2025 年，基本消除城市建成区生活污水直排口和收集处理设施空白区，全国城市生活污水集中收集率力争达到 70%以上；城市和县城污水处理能力基本满足经济社会发展需要，县城污水处理率达到

95%以上；水环境敏感地区污水处理基本达到一级 A 排放标准；全国地级及以上缺水城市再生水利用率达到 25%以上，京津冀地区达到 35%以上，黄河流域中下游地级及以上缺水城市力争达到 30%；城市和县城污泥无害化、资源化利用水平进一步提升，城市污泥无害化处置率达到 90%以上；长江经济带、黄河流域、京津冀地区建制镇污水收集处理能力、污泥无害化处置水平明显提升。

"十四五"期间，将采取国家层面与地方层面相结合的方式开展行动工作。地方层面，省级生态环境、住房城乡建设部门要制定实施省级城市黑臭水体整治环境保护行动方案，指导帮助地方摸清城市黑臭水体现状，督促补齐设施短板、建立健全长效管理机制，对治理成效进行核实。国家层面，加强城市黑臭水体清单管理，抽查省级行动成效，通过卫星遥感、群众举报、断面监测、现场调查等方式，精准识别突出问题和工作滞后地区。

② 抓好大气污染治理工作

提高市区气化率，整顿煤炭市场，控制劣质煤流入市内，逐步调整城市能源结构；大力发展集中供热，对供热网范围内的分散锅炉限期拆除；对重点污染企业限期治理，确保达标排污；加快汽车尾气治理工作，控制机动车排气污染；加强对建筑施工工地的扬尘管理；植树绿化，实现门前绿化及道路硬化。

③ 提高城市垃圾的无害化处理率

垃圾容易引发二次污染问题，因此城市垃圾的无害化处理是城市环境保护工作的重要方面。各城市政府应该综合考虑经济承受能力、土地资源、垃圾质量等因素，选用适宜的垃圾处理技术，提高城市生活垃圾处理设施的建设和处理技术水平。

3. 城市环境综合整治定量考核

城市环境综合整治定量考核制度以量化的环境质量、污染防治和城市建设的指标体系综合评价一定时期内城市政府在城市环境综合整治方面工作的进展情况，激励城市政府开展城市环境综合整治的积极性，促进城市环境管理制度的改善。城市环境综合整治定量考核的主要内容涉及城市环境质量、城市污染防治、城市基础设施建设和城市环境管理 4 个方面。国家按统一制定的指标体系对城市进行考核，并将年度考核结果通过媒体向社会公布。通过城市环境综合整治定量考核制度的实施，实现了城市环境管理工作由定性管理向定量管理的转变。

4. 创建环境保护模范城市

该政策以实现城市环境质量达到城市各功能区环境标准为目标，用涉及基础条件、社会经济、环境建设、环境质量及环境管理五类共 27 项内容的环境保护模范城市评价体系，引导城市走可持续发展的道路，不断改善城市环境，建设生态型城市。环境保护模范城市在城市环境改善和实施城市可持续发展方面为全国其他城市树立了榜样，在总体上促进了城市的环境保护。

5. 城市空气质量报告制度

2000 年修订的《中华人民共和国大气污染防治法》中，明确规定了重点城市要开展空气质量周报的要求，并鼓励有条件的城市逐步开展空气质量日报工作。空气质量报告制度的开展，对提高公众环境意识，加强环境监督，改善城市环境起到了积极的作用。

6. 提高城市环境保护部门的管理水平

城市环保部门承担着城市环境管理执法监督的重要职责，同时，环境管理是专业性、技术性很强的工作，对工作人员的专业素质要求较高。为了适应目前城市化进程不断加快和城

市环境管理现代化、科学化、规范化的需要，提高环保部门城市环境管理能力，急需通过定期检查、专项调查、集中培训等形式，提高城市环境管理人员的素质。

7. 加强对企业和建设项目的环境管理

（1）加强对企业的环境管理，加大钢铁、有色、建材、化工、电力、煤炭、造纸、印染、制革等行业落后产能淘汰力度，切实执行取缔、关闭和停产政策。

（2）积极倡导企业实施清洁生产和环境污染的全过程管理。在项目建设过程中严格执行环境影响评价和“三同时”制度，在项目建成后，做好日常的环境监督和检查工作。

（3）实施污染物的浓度和总量双控制。根据城市环境质量现状，在确保污染物浓度达标排放的基础上，不断削减污染物的排放总量，通过污染物的浓度和总量双控制措施，不断改善环境质量，实现功能区达标。

8.3 农村环境管理

8.3.1 农村环境问题及来源

随着我国农村经济的快速发展和小城镇建设步伐的加快，农村对资源和能源的利用强度日益扩大，由此引发的生态破坏和环境污染问题日益突出，主要来源于乡镇企业“三废”排放和农业生产过程。具体内容如下。

1. 生态系统恶化

（1）水土流失

由于农业生产结构的不合理，违背了自然经济规律，加之在大量砍伐下，植被破坏，造成了严重的水土流失。2021年全国水土流失面积267.42万km^2，较2020年减少1.85万km^2，减幅0.69%。全国水土流失面积中，水力侵蚀面积为110.58万km^2，占水土流失总面积的41.35%，较2020年减少1.42万km^2，减幅1.27%；风力侵蚀面积为156.84万km^2，占水土流失总面积的58.65%，较2020年减少0.43万km^2，减幅0.27%。水土流失不仅导致土壤肥力下降、养分损失，而且土壤中氮、磷、钾等大量营养物质进入水体后，又加重了水体的污染并可能诱发水体发生富营养化。

（2）土地荒漠化

因人类的过度放牧、烧毁植被、樵采过度和不适当地利用水资源等，使大面积的植被遭到破坏，在干旱和强风的作用下，加快了土地荒漠化的形成。荒漠化的发展不仅降低了土地利用价值，而且导致气候恶化，严重影响农业生产和人们的生活活动。截至2019年，我国荒漠化土地面积257.37万km^2，沙化土地面积168.78万km^2，与2014年相比分别净减少37880km^2、33352km^2。

（3）土壤盐碱化

土壤盐碱化是干旱地区土壤的一个环境问题。全世界盐碱化土壤面积约10亿ha；我国盐碱土壤面积约3460万ha，耕地盐碱化760万ha，近1/5耕地发生盐碱化，其中原生盐化型、次生盐化型和各种碱化型分布分别占总面积的52%、40%和8%。盐碱地的产生使得大面积的土壤资源难以利用。

2. 农业面源污染日益突出

（1）化肥污染

我国是世界上最大的化肥生产国和消费国，化肥年产量约占全球的四分之一。2021年12月我国农用氮磷钾化肥（折纯）产量为449万t，同比增长8.4%；2021年1—12月我国农用氮磷钾化肥（折纯）累计产量为5446万t，累计增长0.8%；2016—2021年我国农用氮磷钾化肥（折纯）产量总体呈现下降趋势。

我国化肥利用率较低，平均约为35%。过量和不合理施用化肥造成以下环境问题：

① 加剧了河流、湖泊和海洋等水体的富营养化；

② 促使农作物中硝酸盐富集并超标；

③ 导致土壤物理性状变差、团粒结构遭到破坏、土壤板结、保水保肥能力降低。

（2）农药污染

化学农药是农业生产中施用量最大、施用面积最广、毒性最强的一类有毒化学品。2015—2019年我国化学农药原料产量从374万t减少至225万t，减少超过三成，随着我国对化学农药的管制和除虫技术的演进，我国化学农药原料产量将持续减少。2020年由于国外虫害事件的持续发酵，1—10月我国化学农药原药产量为172.74万t，同比增长0.9%。农药除了30%～40%被农作物吸收外，其余大部分进入土壤、地表水和农产品，造成全国约1.36亿亩（9.07×10^6ha）耕地遭受不同程度农药的污染。

农药的不合理施用造成以下环境问题：

① 污染地表水和地下水，我国多条河流不同程度遭受农药污染，江苏、江西、河北等地的地下水中检出农药成分；

② 破坏生态平衡，威胁生物多样性；

③ 富含农药的农产品通过食物链进入人体，会危害人群健康。

（3）畜禽养殖业污染

畜禽养殖业集约化程度的不断提高，产生大量的畜禽粪便，加上畜禽养殖业管理不到位，使畜禽养殖污染日益严重。2021年全国粪便肥料有效利用率达到75%，受制于粪便肥料的保存时长较短、贸易规模较小等特点，目前粪便肥料有效商品率约为6.2%。综合来看，中国2021年畜禽类粪便肥料产量达到3300万t，而全国90%以上的畜禽养殖场没有污水处理系统，畜禽粪便直接排入地表水，少量作为有机肥通过农田再利用。畜禽养殖业造成的环境影响有：

① 畜禽粪便或高浓度有机废物进入地表水体，造成水质恶化，诱发水体发生富营养化；

② 产生的恶臭气体污染大气；

③ 高浓度畜禽养殖废水灌溉农田，污染土壤。

（4）农膜污染

我国是一个地膜覆盖栽培大国，是世界上地膜用量较多、覆盖面积较大的国家，每年要用掉大约145万t地膜，占全球总量的75%，农作物覆盖面积近3亿亩（2×10^7ha）。地膜覆盖使得作物产量增加30%以上，由此带来的直接经济效益，每年高达1400亿元。

农膜的使用主要产生以下环境问题：

① 残存在土壤中的农膜碎片会改变或切断土壤孔隙连续性，影响水分下渗，降低土壤抗旱能力，导致土壤次生盐碱化；

② 残膜在土壤中阻止根系串通，影响作物正常吸收水分和养分，影响肥效，致使作物

产量下降；

③ 残膜还会对农村环境景观造成影响，产生白色污染；

④ 残膜与牧草收在一起，会影响牲畜消化系统，甚至死亡。

（5）秸秆资源综合利用

从2019年起，农业农村部建立了包含13种主要农作物的全国秸秆资源台账，全国农作物秸秆综合利用率稳步提升。2021年，全国农作物秸秆利用量6.47亿t，综合利用率达88.1%，较2018年增长3.4个百分点。

农业农村部将继续坚持“农用为主、多元利用”的方向，引导各地立足当地资源禀赋、耕作特点和产业现状，加强顶层设计，统筹做好秸秆科学还田和离田高效利用，推动秸秆综合利用工作再上新台阶。

① 秸秆还田生态效益逐步显现。

2021年，秸秆还田量达4亿吨，其中玉米、水稻、小麦秸秆还田量分别为1.26亿t、1.13亿t、1.04亿t，分别占可收集量的42.6%、66.5%、73.7%。

② 秸秆离田效能不断提升。

2021年，秸秆离田利用率达33.4%。饲料化利用量达1.32亿t，饲料化利用率达18%，较2018年提高3.7个百分点；燃料化利用量稳定在6000多万t；基料化、原料化利用量达1208万t。

③ 秸秆市场化利用加快突破。

2021年，全国秸秆利用市场主体为3.4万家，较2018年增加7747家，其中年利用量万吨以上的有1718家，较2018年增加268家。饲料化利用主体占比最高，达到76.9%，肥料化、燃料化、基料化、原料化利用主体分别占比7.8%、8.9%、3.8%、2.6%。

3. 乡镇工业企业污染不断加剧

我国乡镇工业企业数量多、规模小、行业复杂，布点分散，是农村环境问题日益严重的又一个重要原因。乡镇企业引发的环境问题主要表现如下：

（1）废气污染。乡镇工业大气污染主要来源于建材行业，如小水泥厂、砖瓦厂、石灰厂等，是乡镇企业中产生废气的大户，含硫废气及粉尘，造成农作物大量减产，给农业生态环境造成了持久的影响。

（2）废水污染。乡镇工业中，废水危害较严重的行业有小化肥、小化工、酿造、屠宰、冶炼、铸造、造纸、印染、电镀和食品加工等，产生的行业废水未经处理或处理不达标就排至地表水，加重了农村地区地表水体的污染。

（3）废渣污染。乡镇工业废渣的主要来源为采掘业，因采掘方法和技术落后，产生大量矿石、废石和尾矿，且肆意倾倒，不仅占用了大量农田、耕地等，而且对土壤、水体和大气都产生不同程度的污染。

8.3.2　农村环境改善途径与管理方法

1. 制定农村环境规划

解决农村环境问题的根本途径之一是合理规划。制定合理的农村环境规划，通过规划调整乡镇企业的发展方向，合理安排乡镇工业布局，加强水资源保护，促进农村生态环境的良性发展。

2. 发展生态农业

发展生态农业，实现农业自然资源的合理、持续利用是解决农村环境问题的重要内容。坚持因地制宜、链式发展和持续利用的原则，根据当地农业的地理环境，结合水、土地、植物、动物、矿产资源的类型和分布情况，以生态保护和资源持续利用为前提，确立适合本地区发展的生态农业模式。

3. 加强农村地区环境法治建设

农村地区，人们的环境意识比较淡薄，往往把环境污染和生态破坏的行为看成是一种经济行为，出了问题仅仅是罚款而已。正是基于这样一种错误的认识，才使得环境保护工作难以顺利开展。因此，加强农业地区环境法治建设，提高人民对依法保护环境重要性的认识，是改善农村环境的途径之一，其主要包括加强农村环境保护宣传、加大环境执法力度、加强环境法治教育等内容。

4. 加强土壤污染防治

加强土壤污染防治是农村环境管理的又一重要内容，农村土壤污染主要源于污水灌溉、农药和化肥的不合理施用、固体废物堆放引起的二次污染，因此，土壤污染防治主要包括以下内容：

（1）控制污水灌溉

经过处理达到农田灌溉水质标准的污水才能进行农田灌溉，并对污灌用水量进行严格控制；在水资源紧缺或水环境污染严重的农村地区，应调整农作物经济结构，增加旱作物种植比例，减少污水灌溉面积。

（2）控制农药和化肥污染

正确选用农药产品，合理施用农药；改革农药剂型和喷施技术；增加农家肥等有机肥的数量和比重，调整化肥的施用结构，提高化肥利用率。

（3）控制农膜及固体废物污染

以推广降解农膜利用技术和回收利用为重点，控制农用地膜引起的“白色污染”；对固体废物的堆放、处理及垃圾填埋场的选址建设实行严格管理。

5. 加强对乡镇工业企业的环境管理

（1）制定乡镇工业环境保护计划

各类污染性工业都应该根据当地环境保护的战略目标和任务，制定相应的环境保护计划，其重点和要点是工业污染的排放控制、工业污染的治理项目、环保资金来源和环保组织机构。在制定环保计划时，要用综合的、全面的、系统的观点来处理自身经济、资源、环境间的协调发展问题。

（2）建立健全乡镇企业管理体制，提高乡镇企业负责人的环境管理水平和能力

建立适合于乡镇企业环境管理的法规、制度和措施体系；健全乡镇企业环境管理机构及县级环境监测站等科技服务支持体系；关注并提高乡镇企业负责人的环保意识、环境管理水平和能力。

（3）组建工业园区，合理安排乡镇工业的布局

组建工业园区，实行工业与农业的相对分离，是乡镇工业处理好与农业的关系和长期持续协调发展的保证，也是乡镇企业与环境、资源协调发展的保证；严格遵守国务院《关于加强乡镇、街道企业环境管理的规定》，合理安排乡镇工业的布局；同时，调整乡镇企业产业结构和乡镇工业行业结构，控制新污染源的发展。

（4）充分发挥市场经济体制的功能

利用经济杠杆的作用，调动乡镇企业治理污染、保护环境的积极性。坚持污染者自负的原则，加大排污收费的力度，开征生态补偿费，利用经济杠杆，引导企业自发地开展污染治理和生态环境的保护工作。

（5）开发并推广适合乡镇企业的污染防治技术

根据乡镇企业的特点，开发和推广适合于乡镇企业的污染防治技术。

（6）推行清洁生产，将污染消灭在生产之中

生产工艺落后、设备简陋、技术与管理水平低是乡镇企业的主要特点，也是引起环境污染的主要原因。推行清洁生产就是要通过改革工艺、更新设备，提高技术和管理水平，来降低物耗、能耗和水耗，并降低污染物的排放，最终达到控制污染的目的。

8.4　流域环境管理

流域一般以某一水体为主，包括此水体所邻近的陆域，它往往分属于多个同一级别和层次的行政单元管辖，例如省、市、县直至村。流域被赋予不同的、多样的功能，是一类特殊的区域。

正因为流域往往分属于不同行政单元管辖，这就决定了流域环境问题的多样性与复杂性，从而也就决定了流域环境管理的特殊性。这里定义流域环境问题为发生在该流域主要地表水体中的环境问题，而把该流域陆域上的环境问题除外，因此也可称为流域水环境问题。

8.4.1　流域环境管理特点

流域以水为主体，或者是河流，或者是湖泊、水库、海湾等，河流还可分为干流和支流。简单的流域可以由一条河流（或湖泊、水库）及其周边陆域组成，复杂一点的可以由一条干流和若干条支流及其周边陆域组成，更复杂的可以是由若干条干流、支流和若干个湖泊、水库联结而成。也就是说一个大流域可以包含着若干个小流域和小小流域。

由于水体的一部分（一个河段、一块湖面等），同时又是某一行政区域的一部分。因此，任何一部分水体都同时属于两个不同的环境单元，比如黄河洛阳段，它既是黄河的一部分，又是洛阳市的一部分。作为黄河的一部分，它可以被赋予运输、水产养殖、调节气候、农业灌溉甚至发电的功能等。由此可见，同一个水体，它将同时肩负多种不同的功能。显然，这些功能要求之间会有一定的差异，甚至会有需要协调的矛盾和冲突。

另外，由于水体的不同部分分属于不同的行政单元，比如同一河流的上下游就完全可能分属于不同的省或市等，不同行政单元会根据各自的自然条件和社会经济发展需要，赋予它们不同的功能，进行不同的安排。因此，在现实生活中，同一水体的不同部分就会有不同的功能安排。而这些功能安排之间也会存在一定的差异，甚至尖锐的矛盾和冲突。

由上所述可见，在流域水体的功能安排上，必然存在极其复杂的多样性。

8.4.2　流域环境问题及其成因

1. 表现在水量方面的环境问题

表现在水量方面的环境问题，可以分为水量过多导致的环境问题和水量过少导致的环境

问题。

水量过多造成的环境问题主要是洪涝灾害问题，主要是由自然因素造成的，但人类社会发展行为的不当也是一个不可忽视的原因。比如在河流上游滥伐森林，削弱了其涵养水分的能力；陆域地面过度硬化，减少了土壤的渗水能力等。

水量过少造成的环境问题主要是干旱问题，它使人类社会的生产、生活用水以及生态系统用水严重短缺，严重制约水运与水产养殖，甚至妨碍水力发电。引发水量过少的环境问题有自然的原因，但人为的原因往往更为主要，例如水资源使用的空间分配与产业分配不当、水资源使用的浪费等。

2. 表现在水质方面的环境问题

表现在水质方面的环境问题主要是水体污染问题。主要原因来自两方面：一是人类社会在水域上的活动，例如航运过度、水产养殖过度，以及围湖造田导致水环境净化能力的降低等；二是人类在水体周边陆域上的活动，例如生活污水与工业废水不加处理即直接排入水体等。其结果是水域生态系统的破坏甚至崩溃。

当然，水量方面的环境问题与水质方面的环境问题是紧密联系在一起的。当水质极差时，水量中的有正效用的部分就很少；当水量很小时，如果水体污染水的总量不变，那么水质将会更加恶化。因此在研究流域水环境问题时应该把水质、水量两方面问题综合起来考察。

8.4.3 流域环境管理方法和途径

流域环境管理不同于处于同一行政区域内的环境管理或农村环境管理，虽然控制污染的基本手段一致，但管理体制上却有很大的差异。区别于城市或农村环境管理，流域环境管理主要应从以下几方面着手。

1. 行政管理机构改革

为实现流域综合统一管理，需建立决策、执行、监督三种职权相分离的环境管理机构，其组织框架设置如下：① 流域决策机构，主要职能是制定政策（包括生态补偿政策、排污权交易政策等）、规划和各行政区域用水方案、排污方案等。② 流域管理机构，是流域管理的具体办事机构，包括执行机构、监测机构、信息机构等。主要职能是负责具体的流域水事活动，其中包括定期发布各监测断面的水环境质量状况。③ 流域监督机构，是独立设置的监督机构。主要职能是监督管理有关机构实施国家法律法规和流域决策机构制定的政策、规划、用水方案和排污方案等。

2. 在管理方法上必须坚持全流域环境规划优先

这里需要注意的是在全流域环境规划中，环境功能区的划分，包括环境质量标准和排放标准在内，排污总量的分配、水资源使用量的分配等都必须兼顾各行政单位和各行为主体发展的合理需要，都必须考虑到全流域社会经济总体实力提高的需要。

3. 完善立法

首先在实行统一立法的基础上，对重要的流域（例如黄河、长江）实行专门的流域立法，使其更有针对性；其次，在行政契约等法律手段保障的前提下，加强我国跨行政区水资源立法，强化流域管理机构执法和执法监督的职能。同时，要加快立法进程，并相应地制定流域管理基本原则、基本法律制度和运行机制。在立法过程中，应当增加利益相关方的立法内容，还需要规定流域上下游的补偿原则，采取适当的经济手段，调解上下游之间的矛盾。

4. 建立生态补偿和征税机制

所谓流域生态补偿机制，即通过一定的政策手段实行流域生态保护外部性的内部化，让流域生态保护成果的受益者支付相应的费用，实现对流域生态环境保护投资者的合理回报和流域生态环境这种公共物品的足额提供，激励流域上下游的人们从事生态环境保护投资并使生态环境资本增值。通过财政转移支付等手段对上游为保护水资源而做出的经济利益的牺牲给予补偿，这样流域污染的治理难题才能有效地解决。另外，对高污染企业征税也是防治污染的有效方式，包括对高污染产品进行征税和对资源或原材料征税。此外，通过明晰产权的方式，也可以使外部性内部化。

5. 构建公众参与机制

公众是水资源使用和水环境污染控制的直接参与者，他们的参与将会大大提高流域管理规划的可行性及水资源管理的效率，同时其防治污染的意识将得以增强，积极性也得以提高。最重要的是对破坏环境的多种行为将起到有力的监督作用，从而实现自上而下又自下而上的管理模式。

8.5 海洋环境管理

8.5.1 海洋环境管理的特点

海洋环境，包括近海海域、海岸及远海海洋。海洋是一个特殊的区域，在海洋环境保护工作中，环境保护部门、海洋、海事、渔业及军队环境保护部门之间存在一种相互制约、相互监督、相互协作的关系。根据《中华人民共和国海洋环境保护法》，环境保护部门发挥协调和监督职能，海洋、海事、渔业和军队环境保护部门发挥专项监督与管理职能，各方面须相互配合，统一协作，各尽其职，才能做好海洋环境保护工作。

8.5.2 海洋环境问题及其产生原因

海洋环境问题指由于人类活动作用于海洋环境所引起的人为环境问题，主要表现为：①人类的生产、生活活动产生的污染物过量排入海洋导致的海洋环境污染；②人类不适当开发导致的海洋生态破坏。

1. 近岸海域海水污染状况

2021 年，我国海洋生态环境状况总体稳中趋好。一方面，海水水质整体持续向好，符合第一类海水水质标准的海域面积占管辖海域面积的 97.7%，同比上升 0.9 个百分点；近岸海域水质优良（一、二类）面积比例为 81.3%，同比上升 3.9 个百分点；另一方面，海洋生态系统健康状况总体改善，监测的典型海洋生态系统均处于健康或亚健康状态，已基本消除“不健康”状态；再一方面，主要用海区域环境质量总体良好，在保护好海洋生态环境的同时，也为海洋经济发展提供了有力支撑和保障。

2. 近岸海域海水的污染源

海洋污染源主要分为陆地污染源、海上污染源和大气型污染源，前两者是主要污染源。

① 陆地污染源。一般是指临海工厂的直接入海的排污管道，主要为工业排污管道、市政排污管道和直接流入海洋的河流等。

② 海上污染源。一般为船舶、海上设施等排放，主要污染物以石油类为主。随着交通运输业和海上石油开发的迅速发展，海上污染源的排放量呈增长趋势。

③ 大气型污染源。主要指大气降水或大气沉降使污染物进入海中。

2021 年，458 个日排污水量大于 100t 的直排海污染源污水排放总量约 72.8 亿 t，其中综合排污口排放量最大。

8.5.3 海洋环境管理的途径及方法

海洋环境管理遵循海洋环境污染防治与海洋生态保护并举，陆地环境保护与海洋环境保护并重的方针；实施以海洋环境容量和近岸海域污染状况为基础的污染物排放总量控制制度，从源头上扭转海洋环境质量恶化的趋势。

（1）加强海洋法制建设，制定海洋环境保护规划

进一步加强海洋法制建设，完善海洋环境保护法规体系，依靠法律来规范海洋资源的开发、利用和保护活动，以有效控制陆地和海上开发行为对海洋环境的破坏和影响。各级有关部门根据《中华人民共和国海洋环境保护法》的要求，制定开发和利用我国海域和海岸线的发展规划，根据不同海域、海湾的环境容量进行生产力的合理布局，并提出相应的环境保护目标和计划，作为国民经济发展计划的一个重要组成部分。

（2）加强海洋环境监测与评价，建立海洋环境管理信息系统

完善国家、省、市、县相结合的海洋环境监测体系，开展海洋环境监测机构标准化建设。推进海洋环境监测网络建设，以实现对我国管辖海域各类环境要素的监测。建立海洋环境管理信息系统，并深化海洋环境监测信息分析评价，为各级政府部门在合理开发利用海洋资源和保护海洋环境方面的决策及时提供准确、有效的信息和依据。

（3）实施污染物排海总量控制，编制实施近岸海域污染防治规划

依据海洋功能区划、近岸海域环境功能区划等，确定氮磷营养盐、化学需氧量、石油类等特征污染物的总量控制目标，制定并实施重点河口、海域各类污染物排海总量分配方案和削减计划，编制实施近岸海域污染防治规划，改善近岸海域环境质量。

（4）建立海洋自然保护区，推进海洋生态系统修复

编制实施海洋生态保护与建设规划，加强海洋濒危物种保护和外来入侵物种防范的管理，增建海洋水生生物自然保护区和海洋水产种质资源保护区。加强海洋生态修复技术研究，实施海洋生态修复工程，保护与修复滨海湿地、盐沼、红树林、珊瑚礁和海草床等重要海洋生态系统。

8.6 开发区环境管理

8.6.1 开发区环境问题及其特征

开发区是指由各级人民政府批准在城市规划区内设立的经济技术开发区、保税区、高新技术产业开发区、国家旅游度假区等实行国家特定经济优惠政策的不同类型的区域。自改革开放以来，我国不同级别城市的开发区建设蓬勃发展，对改善投资环境、吸引和利用外资、调整经济结构和经济布局、促进区域社会经济的发展具有促进作用。然而，这类特殊的人工生态系统，开发行为集中的特点不可避免地对自然环境产生强烈的作用，其环境问题具有以

下特点：

(1) 开发区开发强度大，开发行为集中，造成了开发区生态环境受冲击严重，变化剧烈，不易恢复。

(2) 开发区生态环境的变化趋势具有不确定性，这是由于开发区的开发方案、投资强度不确定造成的。

(3) 开发区环境污染物的种类多、来源复杂。我国开发区的经济活动一般以工业为主，结合贸易、旅游，并带有出口加工和自由贸易性质。具有明显的综合性、开放性的外向型开发区的产业结构，在初建时主要由劳动密集型的来料加工、补偿贸易等项目组成，规模也以中小型为主。随之即向劳动与技术双密集型转变。这样，一方面使污染源与污染物向多样化发展；另外，不少政府和开发区的管理部门，为了吸引投资，纷纷出台一系列从税收到信贷的优惠政策，有些甚至不顾本地生态环境特点，不加选择地引入一些重型污染企业。

(4) 在相当一段时间内，自然资源利用率下降。由于某些开发区过多征用耕地，导致大量耕地闲置，加剧了我国人多地少的矛盾，且因过分投资硬环境的改善，造成一定程度上的基础设施资源的浪费。

8.6.2 开发区环境管理遵循的原则

(1) 开发区的环境管理工作必须坚持环境规划领先的原则，对开发区社会经济建设与环境保护，统筹安排，作出合理布局。对可能出现的环境问题防患于未然，通过提高自然资源的利用率和综合整治，努力减少废物排放和治理投入。

(2) 开发区的环境管理工作必须坚持与科技进步、经济结构调整、强化企业内部科学化管理相结合的原则。工业产业结构及产业结构不合理是造成生态破坏、环境污染的主要原因。而管理落后及技术落后不仅造成环境污染，也浪费了宝贵的资源，因此，在开发区引进项目时，应根据区域环境特征，严格执行清洁生产的审计工作。

(3) 开发区的环境管理工作必须坚持防治结合，以防为主的原则。既要要求采用新工艺、新设备，减少污染物的排放，又要准备集中处理污染物；既要制定严格的污染物排放标准，又要建立和完善环境保护法律保证体系。

8.6.3 开发区环境管理的基本途径和方法

(1) 制定环境规划

环境规划是环境管理最有力的手段之一。为各种类型的区域开发行为制定针对性的环境规划，是区域开发行为环境管理的主要内容。对开发区的社会经济建设与环境保护预先进行统筹安排，作出合理布局，通过提高自然资源利用率和综合整治，努力减少废物排放和治理投入。

区域开发行为环境规划的内容和方法，一方面可以借鉴城市、流域、产业的环境规划，但更多的需要根据区域开发行为的区域特点和开发特征而定，根据其空间范围大、时间尺度长、风险性和不确定性等特点，着重从政策和战略层次上制定环境管理的目标和对策。

(2) 严格执行开发区区域环境影响评价

环境影响评价制度是体现预防为主的环境管理制度之一。通过执行开发区区域环境影响评价，一方面可对拟定的开发区各规划方案进行环境影响分析比较和综合论证，提出完善开发区规划的建议和对策；另一方面，可根据区域的环境质量特征，提出合理的污染物排放总

量控制方案，为开发区具体项目的引进提供参考。

(3) 开展环境监测和预警工作

根据区域开发行为的特点，环境管理还需加强环境监测工作，对开发行为时间较长的区域，要特别注意在开发过程中的后续环境监测工作，及时发现出现的环境问题；此外，还要开展环境预警工作，针对一些重要的环境敏感目标，加强环境预警，及时发布和反馈预警信息，以对区域开发行为进行必要的调整和控制。

8.7 规划的环境管理

环境规划的编制、实施和管理是一个动态发展过程，其实施和管理要适应区域的社会经济发展。环境规划通过对人们经济活动和发展方式的约束，引导区域社会和经济向更适合人类生产生活需要的方向发展，同时达到保护环境的目的。

已经批准的环境规划是实施环境管理的重要依据。实行环境管理，也就是通过实施环境规划，使经济发展和环境保护相协调，达到既要发展经济，满足人类不断增长的基本要求，又要限制人类损害环境质量的行为，使环境质量得到保护和改善。

1. 协调组织

环保事业涉及各行各业，搞好环境保护必须依靠各地区、各部门，这就是环境管理的广泛性和群众性。环境是一个整体，各项环保工作存在着有机联系。在一个地域内，环保工作必须在统一的方针、政策、法规、标准和规划的指导下开展，这就是环境管理的区域性和综合性。基于环境管理的这些特点，要求由一个部门进行统一组织协调，把各地区、各部门、各单位都推动起来，按照统一的目标要求，做好各自范围内的环境保护工作。可见，组织协调是环境管理的一项重要职能，特别是对解决一些跨地区、跨部门的环境问题，协调就更为重要。

2. 监督管理

环境监督管理是指对环境质量的监测和对一切影响环境质量行为的监察。这里强调的是后者，即对危害环境行为的监察和对保护环境行为的督促。对环境质量的监测主要由环境监测部门实施。实行切实有效的监督是把环境规划付诸实施的重要保证，没有强有力的监督，即使有了法律和规划，进行了协调也是难以实现的。特别是我国目前社会上还部分存在着有法不依、执法不严的情况下，实行监督就尤为重要。

环境监督的基本任务是通过监督来维护和改善环境质量。监督内容包括：监督环境政策、法律、规定和标准的实施；监督环保规划、计划的实行；监督各有关部门所担负的环保工作的执行情况。

目前，由环保部门行使的环境监督权主要有：建设项目环境管理和区域与单位排污监察权。建设项目环境管理主要包括：环境影响报告书（表）审批权；“三同时”制度监察权；项目验收投产审查权；排污许可申报审批权；征收排污费权；向政府提出限期治理或其他处置权；对其他有关事宜、案件进行审查并提出处理意见权。环境监督应集中力量紧紧围绕着改善环境质量这个中心，针对主要环境问题进行。

习题与思考

1. 简述区域环境管理的含义和原则。
2. 简述农村环境问题及改善措施。
3. 简述流域环境问题、成因及流域环境管理的主要方法和途径。
4. 简述海洋环境问题、成因及海洋环境管理的途径和方法。
5. 开发区存在的主要环境问题有哪些？
6. 简述开发区环境管理的基本途径和方法。
7. 规划是如何实现其环境管理的？

第9章　行业环境管理

学　习　提　示

学习目标：掌握电力、钢铁、化工、水泥等行业的环境污染特征，了解电力、钢铁、化工、水泥等环境污染防治措施。

学习重点：电力、钢铁、化工、水泥等行业的环境污染特征。

学习难点：电力、钢铁、化工、水泥等环境污染防治措施。

9.1　电力行业环境管理

9.1.1　电力行业环境污染特征

电厂是将热能、水能、核能、地热能、风能、潮汐能、太阳能等能源最后转变成电能的生产单位，可分为火力发电、水力发电、核能发电、地热发电、风力发电、潮汐发电和太阳能发电等，不仅需要消耗各类一次能源（如煤炭、水能、核能等），而且需要占用一定的土地资源（如电厂、变电站建设用地、输电线路通道、杆塔占地等），还会产生一定的噪声和电磁辐射污染。

随着能源转型步伐加快和电力体制改革的深入推进，我国电力行业结构调整步伐加快，电源结构不断优化，清洁能源发用电比例稳步提高，电网输配电能力持续增强，全社会用电结构发生深刻变化。作为长期以来的电源“主力军”和“压舱石”，煤电为保障我国经济社会发展做出了重要贡献。“十三五”期间，在全电力装机增长的情况下，煤电、水电、核电、风电、太阳能发电装机均保持增长。从装机容量占比来看，煤电装机容量占比下降，风电、太阳能发电及其他清洁能源发电装机占比增加。煤电从主体电源转变为基础电源，规模仍然保持适度发展。“十四五”期间，根据发展需要合理建设先进煤电，充分发挥现有煤电机组应急调峰能力，有序推进支撑性、调节性电源建设。预计2025年我国电源装机容量为30.0亿kW，非化石能源发电装机占比将达到51.0%。

截至2022年年底，中国煤电装机约11.2亿kW，占总发电装机容量的比重为43.8%，较2021年降低2.9%。可再生能源装机突破12亿kW，达12.13亿kW，超过全国煤电装机，占全国发电总装机的47.3%，同比提高2.5%。2021年，中国可再生能源新增装机1.34亿kW，占全国新增发电装机的76.1%。2022年，中国可再生能源新增装机1.52亿kW，占全国新增发电装机的76.2%；可再生能源发电量2.7万亿kWh，占全国发电量的31.3%、占全国新增发电量的81%，已成为我国新增发电量的主体；全国主要流域水能利用率98.7%、风电平均利用率96.8%、光伏发电平均利用率98.3%，持续保持高利用率水平。

电气化程度是衡量一个国家现代化水平的重要标志，电力工业以及用电量的发展趋势是社会经济发展的重要指标。电力发展对环境的影响主要体现在大气颗粒物污染和酸雨影响、水能资源的开发利用对生态环境的影响、电源布局环境影响、核安全和电磁辐射污染影响以及环境保护措施本身的环境影响等几个方面。

1. 火力发电对大气环境的影响及防治措施

（1）大气污染和酸雨

我国城市大气环境污染中的首要污染物是细颗粒物，是影响城市空气质量和能见度的主要因素。细颗粒物长时间地悬浮在空气中，通过呼吸进入人体或肺部，它既是有毒有害物质，又是其他污染物的运载体或反应体，对人体健康的影响排在空气污染物的首位。细颗粒物污染也会导致城市能见度降低，出现多云、多雾、浑浊天气，影响城市景观。其次是酸性氧化物等与水汽结合随降水落下形成的酸雨，造成农业、林业、水产业的损失和建筑物的腐蚀。

（2）大气污染防治措施

《火电厂大气污染物排放标准》（GB 13223—2011）于 2012 年 1 月 1 日正式实施，该标准对烟尘、SO_2和 NO_x 污染物排放标准全面严格控制，将烟尘、SO_2和 NO_x 三种污染物的排放限值分别从 50～200mg/m^3、400～1200mg/m^3、450～1100mg/m^3 降至 30mg/m^3、100～200mg/m^3、100～200mg/m^3。同时，首次添加了火电厂大气汞污染物排放限值（0.03mg/m^3）控制。

选择性催化还原（SCR）法和选择性非催化还原（SNCR）法是应用最多且脱硝效率最高、最为成熟的脱硝技术。其中 SCR 法是一种燃烧后 NO_x 控制工艺，脱硝效率不小于 90%。SCR 脱硝应用范围广，脱硝率高，氨逃逸过低，对下游设备影响小，但投资较高。

燃煤电厂的除尘技术主要有两种，即电除尘器和袋式除尘器。目前，电除尘仍是我国电力主流除尘工艺。大多数燃煤电厂煤种复杂，烟尘工况条件较为恶劣，而电除尘器对烟尘特性较为敏感，燃煤变化等原因均会降低除尘效率。针对电除尘器应用中出现的问题，最具代表性的是高频电源技术，通过采用新型大功率高频高压电源技术，可大幅度提高除尘效率。随着我国环保要求的提高和排放标准的不断趋严，烟尘治理逐步向袋式除尘、电袋除尘技术发展，特别在近几年电袋除尘器开始大规模应用于燃煤电厂。

烟气脱硫是目前世界上应用最广、最有效、可适用于各种机组和燃煤状况的SO_2控制技术。湿法脱硫吸收塔集除尘、脱硫、氧化等多项功能于一体，采用价廉易得的石灰石或石灰作脱硫吸收剂，脱硫后的烟气经除雾器除去烟气夹带的细小液滴，净烟气经烟道排入烟囱。脱硫石膏浆液经脱水装置脱水后回收。

燃煤是最大的汞排放来源，而燃煤电厂是我国最主要的燃煤汞污染源之一，必须结合现有环保设施状况，对烟气产生的重金属汞进行防治。①静电除尘器脱汞。烟气中以颗粒态形式存在的固相汞在经过电除尘器时可以得到去除。但以颗粒态形式存在的汞占煤燃烧中汞排放的比例较低，且这部分汞大多存在于亚微米级颗粒中，而一般电除尘器对这部分粒径范围内的颗粒脱除效果较差。②布袋除尘器脱汞。由于细颗粒上富集了大量的汞，布袋除尘器在脱除烟气中的汞有很大的潜力（能去除约 70%的汞），较电除尘器的脱汞效率要高一些。③脱硫设施脱汞。脱硫设施温度相对较低，有利于 HgO 的氧化和 Hg^{2+} 的吸收（Hg^{2+} 易溶于水，容易与石灰石或石灰吸收剂反应，能去除约 90%的 Hg^{2+}），是目前汞去除最有效的净化设备。④协同脱汞。火电厂烟气在脱硝、除尘和脱硫的同时，对汞产生协同脱除效应，汞

的脱除优先考虑采用高效除尘、烟气脱硫和脱硝协同控制的技术路线，经过脱硫、脱硝、除尘的协同作用，脱汞率可达70%～85%，即最后的汞排放浓度约为0.01mg/m³，已经低于初步设定的0.03mg/m³的限值。

2. 火力发电对水环境的影响及防治措施

(1) 水环境污染

水资源短缺已成为电力发展的主要制约因素，电厂是耗水大户和排水大户。在生产过程中排放的废水主要有水力输送灰渣的冲灰废水、工业废水和生活污水，经过处理后大部分回收利用，用于煤场喷淋、输煤栈桥冲洗和冲灰补充用水等，少量排出厂外，对环境的影响较小。电厂的灰水和温排水若不经过处理直接排放对环境影响较大。电厂采用湿式除灰时有灰水产生，灰水排入周围的水域后，可能导致该水域中的细菌等微生物被抑制或消灭，水体自净能力降低，影响鱼类和农作物的生长；灰水中的氟化物对植物的生长会带来不利的影响；进入汽轮机的蒸汽热量有一半以上是通过凝汽器的循环冷却水排到外界水体（江河、湖泊、海洋）或大气中，采用直流冷却方式的火电厂，温排水直接排入电厂附近的水体，会造成局部水域的水体温度升高，形成一定的热污染带。水体热污染会影响水质和水生生物的生态，给人类带来间接的危害。

(2) 水环境污染防治措施

对灰水的pH超标的治理，可利用电厂燃煤过程中产生的二氧化硫、二氧化碳等酸性气体，经洗涤吸收塔由风机送入灰浆池内的布气管而排入灰水中，使二氧化硫、二氧化碳与灰水中的游离氧化钙等碱性物质反应，起到降低灰水pH的作用。另外也可以采用加废酸调节的工艺，来降低灰水的pH。对于采用湿式除尘器的电厂，灰水中氟化物浓度的高低取决于燃煤中的氟含量，对灰水中氟化物的处理尚处于研究阶段，未获得成熟的方法。灰水治理的最佳方法是采用灰水闭路循环系统，使灰水不向外排放，为了防止结垢，可通过加阻垢剂的办法加以解决。

对于温排水的治理，在选择电厂厂址时，可通过数学模型计算或物理模型试验对温排水的扩散范围做出估算，以了解水域温升的影响范围，注意是否影响鱼类的回游路线，查清水域的水生物种群及种群密度，根据重要水生生物和它们的食物链最适宜的水温和夏季最大允许水温，以确定合适的冷却水温和排放位置，避免或减少电厂建成后对水生环境产生不利影响。另外可通过改进冷却方式，将直流冷却改为循环冷却，这也是防止热污染、节约水资源的有效办法。

对于脱硫废水的处理，2017年1月环境保护部出台的《火电厂污染防治技术政策》提出脱硫废水宜经石灰处理、混凝、澄清、中和等工艺处理后回用，鼓励采用蒸发干燥或蒸发结晶等处理工艺，实现脱硫废水不外排。

3. 火力发电灰渣污染及防治措施

(1) 灰渣污染

煤在燃烧后，煤中的灰分一部分成为飞灰，另一部分则形成灰渣。由于火电厂燃煤的灰分普遍较高，排放的灰渣占用了大量的土地，特别是对于平原地区的燃煤电厂。灰渣还造成二次污染。无论干灰或湿灰，灰渣在输送和灰场处置过程中，都存在着二次污染的问题。

(2) 灰渣污染防治措施

对于灰渣的处理主要以综合利用为主，同时也采取了其他的一些手段，如对于湿灰场要

采取分区堆放、蓄水运行的办法；干灰碾压灰场也要实施分区堆放，及时推平碾压，达到堆灰高度后，及时复土还田；在灰场四周种植绿化林带等，以防止灰场起尘的二次污染，同时在灰场的底部和四周采取防渗措施，以防止灰水中的有害物质渗入周围的水体，造成污染。灰渣实际上是一种再生资源，可以进行粉煤灰综合利用。

4. 水力发电对环境的影响及措施

（1）水力发电对环境的影响

利用水力发电是最为经济环保的方式，是一种清洁的可再生能源。水力发电对环境的影响主要集中在周边生态环境方面，包括以下六个方面：

① 水坝阻隔的影响。水坝对河流的阻隔，打破了河流自然生态系统平衡。

② 水库淹没的影响。水库蓄水对上游的淹没，导致土地、景观、动物栖息、物种多样性和移民等多方面的问题。

③ 水库调蓄的影响。水库调蓄对库区及其周边地区的地质构造，地下水位、气候等产生影响，可能会导致山体滑坡、地下水位抬升，引起土地盐碱化和沼泽化、水质富营养化等，甚至可能诱发地震。

④ 溃坝风险的影响。因洪水、地震、战争等可能导致溃坝，使下游地区的人民生命和财产安全遭受的风险增加。

⑤ 调水工程的影响。跨流域调水，对调出流域的下游供水量减少产生生态影响，如供水安全、河道断流、河口萎缩等；对调入流域的可能影响，主要有工程沿线的移民安置、水质污染、水生微生物传播等。

⑥ 灌溉的影响。主要是灌区的过量引水，导致河道断流、河流生态退化、地下水位下降，以及不当的灌溉方式带来的土壤次生盐渍化等。

（2）水力发电环境污染防治措施

绝大多数水电站对生态环境的影响利大于弊，并不是所有水电站都会引起环境问题，一般情况下与工程规模和所在地区环境的敏感性有关。对于绝大多数不利的环境影响，可采取合理开发利用库区资源、开发与保护并举和控制流域环境污染措施加以避免。

5. 核电站对环境的影响及措施

（1）核电站对环境的影响

核能是一种新型能源，在发展中技术日趋完善，在整个电力供应中的比例还很小，未来核电的发展潜力巨大。核电作为环境友好型的发电能源，是解决高涨的能源与电力需求的好方式。核电站在正常运行时对人的辐射影响，主要是通过气态、液态和固体废渣形式将放射性核素排放到环境中。气态中的放射性核素主要有碘-131，铯-134、铯-137、钴-60、锶-90、铈-144、氪与氙的放射性同位素等。液态的放射性主要来自于冷却剂，其中主要存在各种惰性气体、碘和裂变产物等。固体废物主要是在废液和废气处理中间产生的一定量的浓集物，主要有蒸发废渣、过滤滤芯、过滤泥浆、废树脂等，需要进行进一步处理，才能做最终处置。

（2）核污染相关措施

带有放射性核素的废气主要依靠选择吸附能力的吸附剂，将废气中的放射性核素滞留在衰减器内。目前常用的吸附剂为活性炭，废气还常有一种放射性微尘——气溶胶，其直径从零点几微米到几十微米不等。目前对放射性气溶胶多采用纤维材料或微孔材料制成的过滤器予以去除，去除效率能达到99.99%，处理效率和效果极高。

液态的带有放射性物质的冷却剂随反应堆的形式不同而不同，一般分为压水堆废液和沸水堆废液。压水堆冷却剂中的惰性气体、碘、裂变产物的浓度远高于沸水堆，有数量级的差别，活化产物也略高。放射性核素与普通含有毒性的物质不同，区别在于放射性核素不能用化学、物理或生物化学等方法来清除。

带有放射性的固体废物，要先进行一些处理，才能做最终处置。首先是要尽可能减容，可燃性固体要通过焚烧或压缩打包使体积减小，然后把它们转换为适于储存或处置的稳定固化体，才能最终处置或埋藏。目前主要的固化方法有对中低放射性废物采用的水泥固化、沥青固化和塑料固化，对高放射性的废物采用的玻璃固化和人造岩固化。固化后，再采取最终处置方式，如埋入地下储存库或装入容器后抛入海洋做最终处置。

6. 电磁辐射问题及防治措施

(1) 电磁辐射问题

在电力系统中，人体易受到的主要是工频电磁辐射，同时，随着电网容量的不断增大，输送的距离越来越远，输电线路的电压等级也在不断提高。高压输电线路产生的电磁辐射对通信线路、广播电视、人体生态是否存在影响，越来越受到人们的关注。

电磁辐射是指能量以电磁波形式由辐射源发射到空间的现象，或解释为能量以电磁波形式在空间传播。电磁辐射是由电磁发射引起的。电磁波的频谱见表 9-1。

表 9-1 电磁波频段划分表

序号	频率	波长	频段名称	用途
1	30～300GHz	1～10mm	极高频	雷达、空间通信
2	3～30GHz	10～100mm	超高频	雷达、空间通信
3	300MHz～3GHz	100mm～1m	特高频	视距无限通信与广播
4	30～300MHz	1～10m	甚高频	视距无限通信与广播
5	3～30MHz	10～100m	高频短波	通信、广播
6	300kHz～3MHz	100m～1km	中频	无线通信与广播
7	30～300kHz	1～10km	低频	无线电导航
8	3～30kHz	10～100km	甚低频	无线电导航
9	300Hz～3kHz	100～1000km	极低频	海底通信
10	30～300Hz	1000～10000km	工频	输电

(2) 电磁辐射防治措施

为了防治输电线路电磁辐射对环境和人员的危害，除了在选址时应加以考虑之外，还可以从线路结构和人员保护两个方面采取措施：我国已经颁布《电磁环境控制限值》(GB 8702—2014)和《环境影响评价技术导则 输变电》(HJ 24—2020) 等标准；在线路设计中采取提高导线对地高度、双回路导线逆相布置以及高、低压导线分层架设等措施，都会获得降低地面场强的效果；在运行中对工作人员采取局部屏蔽和限制工作时间等保护措施，也能起到减少电磁辐射影响的作用。

7. 噪声污染及防治措施

（1）噪声污染

构成电厂环境噪声显著的声源有以下几类：

① 机械动力声。设备运转、振动、摩擦、碰撞而产生的中、低频噪声。

② 气体动力声。各类风机、风管道、蒸汽管道中高压气流运动、扩容、切流、排汽、漏气等而产生的低、中、高频的各类频谱混合而成的噪声。其中各种排汽产生的超高频噪声，对环境干扰最为显著。

③ 燃烧噪声。锅炉内燃烧、汽化、烟气运动、对流过程中产生的低、中频噪声。

④ 电磁声。电动机、励磁机、变压器和其他电气设备在磁场交变过程中产生的低、中频噪声。

⑤ 交通噪声。厂区内运输设备产生的噪声，其中喇叭、汽笛声属高频噪声。

⑥ 其他噪声。水动力声（如冷却塔落水声）、广播、人类活动所产生的噪声。

以上 6 类噪声中，前 4 类噪声源绝大部分位于车间建筑物内，声源从车间内设备发出噪声通过门、窗、墙洞向外传播，其中主厂房内集中了大部分高强声源设备，成为电厂的主要车间噪声源，是形成电厂环境噪声的最主要部分。

对处于市区繁华地段的高压变电站等，其产生的噪声主要集中在主变压器散热风扇的电机旋转噪声，以及高压部分产生的中低频电晕噪声。变电站相对于电厂而言产生的噪声极小，同时在建造初期设备选型时就已严格按照国家标准进行选择，但深入市区供电的变电站，可能处于居民区附近，在夜深人静时极小的噪声，也会对周围的居民造成一定的影响。

（2）噪声污染防治措施

① 火电厂噪声污染防治应遵循“合理布局、源头控制”的原则。

② 应通过合理的生产布局减少对厂界外噪声敏感目标的影响。鼓励采用低噪声设备，对于噪声较大的各类风机、磨煤机、冷却塔等应采取隔振、减振、隔声、消声等措施。

9.1.2　电力行业环境管理对策

1. 加强电力供应保障性支撑体系建设

统筹绿色与安全，推动保障性支撑电源建设，大力发展常规水电、气电、核电，推动煤电清洁低碳发展、优化发展布局，依托技术创新提升新能源可靠替代能力，构建多元化电力供应体系。

（1）充分利用各类电源互补互济特性，构建多元绿色低碳电源供应结构

科学有序安排新增电源装机规模、结构和布局，充分发挥水、核、风、光、煤、气等多能互补优势。统筹水电开发和生态保护，积极、安全、有序发展核电，大力推动新能源开发建设，按需规划清洁高效火电合理布局，因地制宜发展生物质能发电。加强负荷中心城市本地电源支撑能力，强化黑启动电源建设，为保障电力系统高效安全稳定运行奠定重要基础。

（2）稳住煤电电力供应基本盘，推动煤电灵活低碳发展

新增煤电重点围绕送端大型新能源基地、主要负荷中心、电网重要节点，统筹资源、严格管理、科学确定并优化调整煤电项目布局。在受端地区适当布局一批煤炭储配保障基地，提升煤炭应急保障能力。推动煤电灵活性改造，加大煤电超低排放改造和节能改造力度，推广机组新型节能降碳技术，加快开展新型 CCUS 技术研发及全流程系统集成和示范应用。

（3）打造“新能源＋”模式，加快提升新能源可靠替代能力

推进新能源与调节性电源的多能互补，推广电力源网荷储一体化发展模式，强化清洁能源资源评估和功率预测技术研究，延长预测周期、提升准确性、完善调度运行辅助决策功能，深化极端天气下功率预测技术研究，加强源荷互动，打造源网荷储聚合体。深度融合长时间尺度新能源资源评估和功率预测、智慧调控、新型储能等技术应用，推动系统友好型“新能源＋储能”电站建设，实现新能源与储能协调运行，大幅提升发电效率和可靠出力水平。

(4) 统筹不同电力供应方式，实现远距离输电与就地平衡兼容并蓄

西部、北部地区着力提升新能源就近消纳利用规模，不断优化跨省跨区输电通道送端配套电源结构，持续提高输电通道利用率和清洁能源电量比重。东、中部地区加强受端交流网架建设，为跨省跨区通道馈入提供坚强网架支撑，依托省区外电力与本地电源共同满足新增电力需求，实现“电从远方来”与“电从身边来”相辅相成，提升系统安全稳定运行水平。

2. 加强新能源高效开发利用体系建设

加大力度规划建设以大型风电光伏基地为基础、以其周边清洁高效先进节能的煤电为支撑、以稳定安全可靠的特高压输变电线路为载体的新能源开发利用体系。推动新能源集中与分布并举、陆上与海上并举、就地利用与远距离外送并举，构建新能源多元化开发利用新格局。

(1) 推动主要流域可再生能源一体化、沙漠戈壁荒漠地区新能源及海上风电集约化基地化开发

稳妥推动西南地区主要流域可再生能源一体化基地建设，实现水电、风电、光伏发电、抽水蓄能等一体化规划研究、开发建设、调度运行与电力消纳。重点围绕沙漠戈壁荒漠地区推动大型风电、光伏基地建设，结合清洁高效煤电、新型储能、光热发电等，形成多能互补的开发建设形式，探索建立新能源基地有效供给和电力有效替代新模式。积极推动海上风电集群化开发利用，一体化统筹海上风电的规划、建设、送出、并网与消纳，并逐步由近海向深远海拓展。

(2) 发挥大电网资源配置作用，推动主干网架提质升级、柔性化发展，支撑高比例新能源高效开发利用

兼顾全国大范围资源优化配置和电网合理分区，加强跨省跨区输电通道建设，提升电力资源优化配置能力，原则上以输送清洁能源电量为主，加强送、受端交流电网，补齐电网薄弱环节。科学优化走廊方案设计，加强密集输电通道风险管控，满足系统安全稳定运行需求。结合新型输电技术，推动直流输电柔性化建设与改造，优化网架结构，形成分层分区、柔性发展、适应性强的主干网架。

(3) 推动分散式新能源就地开发利用，促进新能源多领域跨界融合发展

加快推动中东部和南方地区分散式风电及分布式光伏发电开发，以就地利用为主要目的拓展分散式新能源开发应用场景。积极推动各具特色的电力源网荷储一体化项目，围绕公共建筑、居住社区、新能源汽车充电桩、铁路高速公路沿线等建筑、交通领域，发展新能源多领域融合的新型开发利用模式。

(4) 推动分布式智能电网由示范建设到广泛应用，促进分散式新能源并网消纳

围绕分散式新能源并网消纳、边远地区供电保障、工商业园区个性化用能需求等典型场景，积极开展分布式智能电网示范建设。提升分散式新能源可控可调水平，完善源网荷储多元要素互动模式，满足更高比例分散式新能源消纳需求，推动局部区域电力电量自平衡，加

快分布式智能电网广泛应用。持续推进配电网标准化、透明化、智慧化建设，适应分布式智能电网发展需要。

（5）推动多领域清洁能源电能替代，充分挖掘用户侧消纳新能源潜力

推动各领域先进电气化技术及装备发展进步并向各行业高比例渗透，交通领域大力推动新能源、氢燃料电池汽车全面替代传统能源汽车，建筑领域积极推广建筑光伏一体化清洁替代。工业领域加快电炉钢、电锅炉、电窑炉、电加热等技术应用，扩大电气化终端用能设备使用比例。积极培育电力源网荷储一体化、负荷聚合服务、综合能源服务、虚拟电厂等贴近终端用户的新业态新模式，整合分散需求响应资源，打造具备实时可观、可测、可控能力的需求响应系统平台与控制终端参与电网调度运行，提升用户侧灵活调节能力。

3. 加强储能规模化布局应用体系建设

积极推动多时间尺度储能规模化应用、多种类型储能协同运行，保障电力系统中高比例新能源的稳定运行，缓解新能源发电特性与负荷特性不匹配导致的短时、长时平衡调节压力，提升系统调节能力，支撑电力系统实现动态平衡。

（1）统筹系统需求与资源条件，推动抽水蓄能多元化发展和应用

抽水蓄能电站建设周期长，开发布局应统筹电力系统需求、站点资源条件等合理布局，科学有序开发建设。创新抽水蓄能发展模式与场景应用，因地制宜开展中小型抽水蓄能电站建设，探索推进水电梯级融合改造，统筹新能源资源条件与抽水蓄能建设周期，持续推动新能源与抽水蓄能一体化发展。

（2）结合电力系统实际需求，统筹推进源网荷各侧新型储能多应用场景快速发展

发挥新型储能支撑电力保供、提升系统调节能力等重要作用，积极拓展新型储能应用场景，推动新型储能规模化发展布局。重点依托系统友好型“新能源＋储能”电站、基地化新能源开发外送等模式合理布局电源侧新型储能，加速推进新能源可靠替代。充分结合系统需求及技术经济性，统筹布局电网侧独立储能及电网功能替代性储能，保障电力可靠供应。积极推动电力源网荷储一体化构建模式，灵活发展用户侧新型储能，提升用户供电可靠性及用能质量。加强源网荷储协调调度，探索源网荷储安全共治机制，保障电力系统安全稳定运行。

（3）推动新型储能与电力系统协同运行，重点解决电力系统跨季节平衡调节问题

建立健全调度运行机制，充分发挥新型储能电力、电量双调节功能。推动可再生能源制氢，研发先进固态储氢材料，着力突破大容量、低成本、高效率电氢转换技术装备，开展大规模氢能制备和综合利用示范应用。推动电化学储能、压缩空气等新型储能技术规模化应用。优化新型储能发展方式，充分发挥储电、储热、储气、储冷、储氢优势，实现多种类储能的有机结合和优化运行，促进电力系统实时平衡机制和平衡手段取得重大突破。

4. 加强电力系统智慧化运行体系建设

依托电力系统设备设施、运行控制等各类技术以及“云大物移智链边”等数字技术的创新升级，推动建设适应新能源发展的新型智慧化调度运行体系，推动电网向能源互联网升级，打造新型数字基础设施，构建能源数字经济平台，助力构建高质量的新型电力系统。

（1）建设适应新能源发展的新型调度运行体系

提高新能源预测精度，推广长时间尺度新能源功率预测技术。建设新一代调度运行技术支持系统，统筹全系统调节资源，依托大电网资源配置能力和各地区错峰效应，提升系统平衡能力，支撑新能源快速发展和高效利用，支撑源网荷储协同控制。建设以多时间尺度、平

台化、智能化为特征的大电网仿真分析平台，精准掌握电力系统特性变化，构建故障防御体系。构建全景观测、精准控制、主配协同的新型有源配电网调度模式，加强跨区域、跨流域风光水火联合运行，支撑分布式智能电网快速发展。

（2）推动电网智能升级

创新应用“云大物移智链边”等技术，实现源网荷储协调发展，推动各类能源互联互通、互济互动，支持新能源发电、新型储能、多元化负荷大规模友好接入。加快信息采集、感知、处理、应用等环节建设，推进各能源品种数据共享和价值挖掘，推动电网智能化升级。加快战略性新兴产业发展，构建完整的能源互联网生态圈。

（3）打造新型数字基础设施

推进源网荷储和数字基础设施融合升级，实现电网生产、经营管理等核心业务数字化转型。深化电网数字化平台建设应用，打造业务中台、数据中台和技术中台，构建智慧物联体系，推广共性平台和创新应用，提高能源电力全环节全息感知能力，提升分布式能源、电动汽车和微电网接入互动能力，推动源网荷储（电源、电网、负荷、储能）协同互动、柔性控制。

（4）构建能源数字经济平台

推动国家级能源云平台建设，强化完善新能源资源优化、碳中和支撑服务、新能源工业互联网、新型电力系统科技创新等功能，接入各类能源数据，汇聚能源全产业链信息，全方位支撑经济社会发展。加强能源数据网络设施建设，推动能源数据统一汇聚与共享应用，为能源电力产业链上下游企业提供“上云用数赋智”服务，打造电力市场服务生态体系。

5. 强化新型电力系统标准与规范创新

统筹谋划新型电力系统标准规范顶层设计，形成覆盖源网荷储各环节，涵盖规划设计、工程建设、物资采购和生产运行全过程的国家标准、行业标准、团体标准协调统一的新型电力系统标准与规范，促进新型电力系统各环节和产业链整体协调发展。

（1）完善源、网、荷、储各环节相关标准，统筹协调推动新型电力系统标准化工作

从电力安全、电力市场、新技术、新业态等方面，推进发电、输变电、电力需求侧和电能替代、储能、节能、碳排放等领域相关标准的研究和制（修）订。推进各领域设备、技术标准化，明确各领域和层级标准关系，加强标准间的统筹协调，开展新型电力系统国际标准框架体系建设。

（2）加强电力安全领域标准研究，切实保障电力系统安全稳定运行和电力可靠供应

制定完善电力系统安全稳定运行和控制标准。加强电力信息安全、网络安全标准研究。推进电力应急技术和管理领域的标准研制，提升系统应对极端事件的预防、抵御、响应能力以及快速恢复供电能力。

（3）推动电力市场相关标准出台，助力电力市场机制建设

构建覆盖电力中长期、现货、辅助服务市场等电力市场全方位标准体系，制定统一的交易技术标准和数据接口标准。促进全国统一电力市场建设、电力资源优化配置、电力系统灵活调节能力挖掘和清洁能源高效利用。开展电力市场与碳市场标准体系的协同研究。

（4）提前谋划新技术新业态领域标准，发挥行业引领作用

开展氢电耦合、电力人工智能、电力集成电路、电力区块链、电力智能传感、电力数字平台等新兴领域标准化制定工作，促进先进电力技术与新一代数字信息技术深度融合应用，助力智慧能源系统建设。

6. 强化核心技术与重大装备应用创新

随着能源电力转型不断深入，源网荷储各环节的功能定位和特性将发生重大调整，系统发展将面临安全性、可靠性、灵活性等诸多挑战，技术创新将是破题的关键。重点从源网荷储各环节挖掘技术发展潜力，大力推广应用一批关键技术与重大装备，支撑新能源快速发展，推动新型电力系统逐步建成。

（1）清洁安全高效发电技术装备领域

推进深远海域海上风电开发及超大型海上风机技术、高效低成本晶体硅电池技术、长时间尺度新能源资源评估与功率预测技术、系统友好型新能源电站技术、分布式新能源聚合技术等，推动适应新能源多元化开发场景、提升并网友好性与可靠替代能力；全面提升新能源发电效率与发电质量，在电力电子变流器虚拟同步控制技术、新型高功率电力半导体开关器件研发等领域取得重要突破。开展三代核电关键技术优化和四代核电研发应用，加快推动核能综合利用技术应用，推动高温气冷堆、快堆、模块化小型堆、海上浮动堆等先进堆型技术应用示范，保障沿海核电项目的安全、高效、经济、可持续发展，支持核聚变技术研发。以提升煤电发电效率、降低单位碳排放为核心，推进煤基超临界CO_2发电、整体煤气化燃料电池发电（IGFC）等先进煤电技术，降低CCUS技术成本、实现规模化应用。

（2）先进友好输电技术装备领域

充分适应未来高比例新能源并网，推动高电压大容量柔性直流和柔性交流输电技术应用研究，重点研发全新能源输送的特高压柔性直流技术、多端特高压柔直技术、高可靠性低能耗新型变压器研制技术、低能耗断路器及输电线路研制技术等。推进大容量深远海风电友好送出技术装备研究，突破大容量海缆装备及海上平台轻型化设计关键技术。远期进一步突破低频输电、超导直流输电等新型技术，支撑远期全新形态的电力系统全面建成。

（3）灵活高效分布式配电网技术领域

充分考虑应对分布式电源渗透率逐步提高和源网荷储灵活互动的需要，推进中低压配电网源网荷储组网协同运行控制关键技术、分布式发电协调优化技术、分布式电源并网及电压协调控制技术，实现配电网大规模分布式电源有序接入、灵活并网和多种能源协调优化调度，推动提升配电网运行效能。加强无线输电等颠覆性技术的创新研究。

（4）规模化、高安全性新型储能技术装备领域

统筹提升新型电力系统的安全稳定运行水平、供电保障能力及灵活调节能力的需要，大力推进具有高安全性、高灵活性、高经济性的新型储能技术，推动多时间尺度新型储能规模化应用。重点开展长寿命、低成本及高安全的电化学储能关键核心技术、装备集成优化研究，提升锂电池安全性，降低成本，发展钠离子电池、液流电池等多元化技术路线。大力推动压缩空气储能、飞轮储能、重力储能等技术向大规模、高效率、灵活运行方向发展，开展关键技术研究及示范。充分发挥氢能作为二次能源的优势，推动可再生能源制取“绿氢”，研发质子交换膜和高温固体氧化物电解制氢等关键技术，开展氢储运/加注关键技术、燃料电池设备及系统集成关键技术研发和推广应用，实现氢能制备利用关键技术完全国产化，研发纯氢气燃气发电机组。

（5）电力系统安全稳定运行技术领域

科学谋划应对新型电力系统的“双高”特征引发的系统稳定问题，在电力系统安全稳定运行技术领域取得根本性突破，包括含有大规模新能源接入电力系统的动态过程仿真模型等值技术、宽频振荡分析与抑制技术、安全稳定风险在线预防控制技术、新型电力系统综合防

御体系构建技术等，保障新型电力系统安全稳定运行。

7. 强化相关配套政策与体制机制创新

配套政策与体制机制是构建新型电力系统的制度保障，是充分发挥市场在资源配置中的决定性作用、推动有效市场和有为政府相结合的关键支撑。

（1）建立适应新型电力系统的电力市场体系

建立层次分明、功能完备、机制健全、治理完善的全国统一电力市场体系，推进各类可再生能源参与绿色电力交易，完善中长期电力市场、现货市场、辅助服务市场机制，加强绿证市场、碳市场、电力市场的有序衔接。持续深化省（区、市）电力市场建设，实现国家市场、省（区、市）、区域电力市场等不同层次市场的相互耦合，在资源流通环节为新型电力系统创造市场环境。建立适应全国统一电力市场和分布式可再生能源交易的输配电价体系，理顺输配电价结构，推动输电价格和配电价格分开核定，优化跨省跨区通道输电价格机制，形成以市场为导向的价格体系。

（2）完善新型电力系统建设的投融资和财税政策体系

加大财政支持力度，实施税收优惠政策。对关键技术研发、重大工程示范试点、产业发展与新技术推广应用给予资金支持。优化税收服务环境，落实税收优惠政策。加快推进绿色金融等融资制度创新。建立“政府引导、市场运作、社会参与”的多元化投资机制，拓展融资渠道，提供多方位融资途径。创新金融政策制度，鼓励发展绿色金融产品，为新型电力系统建设提供金融工具支持。

（3）打造自主创新的技术研发体系

高质量建设国家实验室，充分发挥大型国有企业技术创新龙头作用，建立高水平国家实验室、工程技术研究中心、国家能源研发创新平台，完善科技创新考核和激励机制，支撑新型电力系统建设所需的关键技术和“卡脖子”技术攻关研发。强化科技研发的多向整合，推进跨领域、跨行业协同创新，推进新型电力系统与其他领域“跨界融合”的发展。

（4）构筑竞争有活力的电力工业体系

推进垄断行业竞争性环节进行市场条件下的适应性调整，推动电网建设业务向社会放开，提升电力研究、勘测设计、建设等环节市场化程度，为新型电力系统建设运行提供与之相配套的电网体制保障。建立新型电力系统产业链保障机制，推动电力装备、运营、服务产业链升级，提前布局中长期初级产品供给，提升自主化水平，支撑新型电力系统建设运行。

（5）完善先进高效的电力行业治理体系

强化电力规划引导和约束作用，刚性实施电力规划任务，确保电力转型过程中的安全可靠供应。加强电力规划、建设、运行、交易、价格等多环节统筹协调和监管，加强煤电、新能源、电网等多要素统一管理，适应新型电力源网荷储高效互动的发展需求。强化电力行业监管，压实各方责任，以电力市场监管和电力垄断环节监管为抓手，探索构建以信用为基础的监管机制，促进新型电力系统有序建设和规范运行。

9.2　钢铁行业环境管理

9.2.1　钢铁行业环境污染特征

钢铁工业是国民经济的重要基础产业，在我国工业化、城镇化进程中发挥着重要作用。钢铁工业包括采矿、选矿、烧结（球团）、焦化、炼铁、炼钢、轧钢、金属制品及辅料等生产工序，生产工艺流程见图 9-1。中国钢铁行业污染物的主要来源是二氧化硫、粉尘、废水和固体废弃物（炉渣等）。这不仅浪费资源和能源，而且对环境造成严重污染，直接危害人们的身体健康。2020 年，中国钢铁行业排放二氧化硫 41.5 万 t，占全国二氧化硫排放量的 13.1％；颗粒物排放量为 48.6 万 t，约占全国粉尘排放量的 7.9％；固体废弃物产生量为 56304 万 t，约占全国固体废弃物产生量的 15.3％；废水排放量约 242 亿 t，同比减少 3.85％。《中国制造 2025》明确提出，要组织实施传统制造业能效提升、清洁生产、节水治污、循环利用等专项技术改造。开展重大节能环保、资源综合利用、再制造、低碳技术产业化示范。实施重点区域、流域、行业清洁生产水平提升计划，扎实推进大气、水、土壤污染源头防治专项。制定绿色产品、绿色工厂、绿色园区、绿色企业标准体系，开展绿色评价。2020 年，建成千家绿色示范工厂和百家绿色示范园区，部分重化工行业能源资源消耗出现拐点，重点行业主要污染物排放强度下降 20％。到 2025 年，制造业绿色发展和主要产品单耗达到世界先进水平，绿色制造体系基本建立。

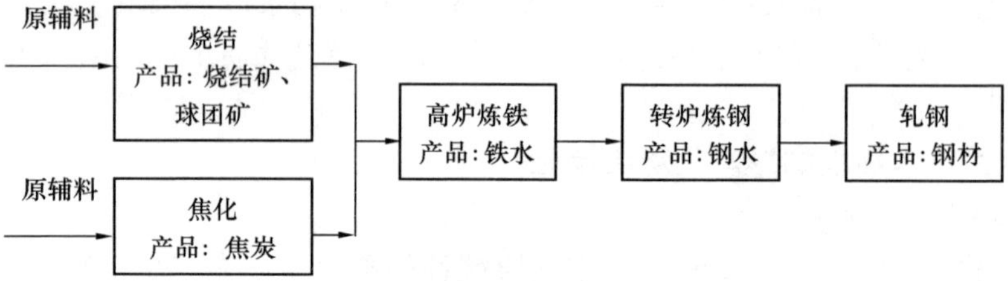

图 9-1　钢铁行业主要生产工艺流程图

1. 钢铁行业对大气环境的影响及防治措施

目前，中国的主要大气污染物包括：二氧化硫、氮氧化物和烟粉尘。2020 年，中国工业废气排放总量达到 1288.7 万 t，占全年废气排放总量的 59.5％。钢铁工业属于资源密集型产业，开发的主要对象是各种粉状、块状黑色金属和非金属矿物，生产规模大，工艺过程复杂，包括矿石的采选以及金属的冶炼、冶金产品的加工等。钢铁工业 2020 年废气排放总量 258.5 万 t，比 2019 增加 8.1％。污染排放主要集中在重点地区，377 家钢铁联合企业有组织排放废气颗粒物、二氧化硫、氮氧化物分别为 49.27 万 t、19.99 万 t、43.13 万 t，在所有工业行业中分别位居第一位、第四位、第三位，减排压力仍然很大。同时，非重点地区废气污染物排放强度远高于重点地区。

（1）对大气环境的影响

① 生产工艺（烧结、冶炼和钢材轧制等）过程中排放的废气有烟尘、二氧化硫和其他有害气体。其中废气主要来自烧结（球团）设备生产所产生的 SO_2、NO_x、CO_2、CO、二噁

英、氟化物、氯化物及重金属等。

② 煤、煤气等燃料在炉窑中燃烧产生的含尘和二氧化硫的烟气。

③ 原料、燃料在运输、装卸和加工过程中产生的粉尘。产生颗粒物的主要工序：原料场、原料准备、配料混合、冷却破碎、成品整粒。

(2) 大气污染防治措施

2019 年 4 月，生态环境部等五部委联合下发了《关于推进实施钢铁行业超低排放的意见》，对钢铁行业实现超低排放提出了明确的排放标准和完成时限，这也体现出，钢铁行业需要尽全力减少自己的污染排放。

《关于推进实施钢铁行业超低排放的意见》内容主要有以下几项。

① 有组织污染排放控制要求

烧结机机头、球团焙烧烟气颗粒物、二氧化硫、氮氧化物排放浓度小时均值分别不高于 $10mg/m^3$、$35mg/m^3$、$50mg/m^3$；其他主要污染源颗粒物、二氧化硫、氮氧化物排放浓度小时均值分别不高于 $20mg/m^3$、$50mg/m^3$、$200mg/m^3$。

② 物料产品清洁运输要求

全面加强物料储存、输送和生产工艺工程无组织排放控制，在保障生产安全的前提下，采取密闭、封闭等有效措施。

③ 企业污染排放监测监控要求

钢铁企业应依法全面加强污染物排放自动监控设施等建设，并与生态环境及有关部门联网。应按照《排污单位自行监测技术指南 钢铁工业及炼焦化学工业》要求，编制自行监测方案，开展自行监测，如实向社会公开监测信息。实施超低排放改造的钢铁企业，应按要求全面加强自动监控、过程监控和视频监控设施建设，重点污染源污染治理设施安装分布式控制系统，重点工序安装高清视频监控设施，关键点位布控空气质量监测微站点，并监控运输车辆进出场情况。

2. 钢铁行业对水环境的影响及防治措施

(1) 对水环境的影响

钢铁行业是用水的大户，2020 年，中钢协统计的会员生产企业用水总量 886.31 亿 m^3，同比增长 3.05%。水重复利用率 98.02%，同比提高 0.05 个百分点。吨钢耗新水 $2.45m^3/t$，同比下降 4.34%。钢铁工业废水含多种污染物，其中含有大量的挥发酚、氰化物、石油类、悬浮物、砷、铅等有害物质。2022 年钢铁工业废水总量同比减少 3.85%，外排废水中化学需氧量、氨氮、挥发酚、悬浮物和石油类排放量同比分别下降 10.11%、24.09%、44.42%、12.92%和 6.78%。钢铁企业工业用水就其用途来说主要是冷却用水，其次是煤气洗涤、除尘用水，还有一部分是生产工艺、冲洗设备、地面等用水。钢铁企业在生产过程中，从原料准备到钢铁冶炼以至成品轧制的全过程中，几乎所有工序都要用水，都有废水排放，而且有些废水中污染因子较多，且有一定的毒性（如酚氰废水、含镉废水等）。所以钢铁企业既是用水的大户，也是水污染的大户。钢铁企业中用水和排水量大的生产工序是炼铁、炼钢（转炉）和轧钢等。对水环境污染影响较大的主要生产废水有焦化酚氰废水、高炉和转炉煤气洗涤水、热轧含油废水、冷轧含乳化液和油废水、酸洗废水、含铬废水等。

(2) 水环境污染防治措施

钢铁企业生产废水的特点是废水量大、水质较复杂。通过不断加强用水管理并采用多项节水技术，经适当处理后方可循环使用或达到排放标准排放。一部分水经使用后仅水温升

高，采用冷却降温实现废水循环使用、串联使用，提高废水回用率，另一部分水则因与产品直接接触而被污染，通过设置综合废水处理设施，采用废水处理工艺（如中和、沉淀、过滤、膜分离和生化处理等），采用膜深度处理技术处理后的水分级回用，最大限度地利用水资源。

3. 钢铁行业固体废物污染及防治措施

（1）废渣污染

从矿山开采、金属冶炼到加工制造都有废渣产生，如废石、尾矿、冶炼渣、粉尘、污泥等都是固体废弃物，废渣对环境的污染是通过大气，水及固体废弃物本身三种途径造成的。目前工业固废利用中最重要的部分就是钢铁工业，伴随钢铁行业的发展，我国钢铁冶金渣年排放量基本维持在 5 亿 t 左右，其中高炉渣占比为 45%～50%，钢渣占比约为 25%，铁合金渣占比约为 10%，含铁尘泥占比约为 15%。随着国家推进钢铁企业超低排放要求的趋严和“短流程”炼钢工艺的推广，今后钢铁冶金渣的排放量和固废种类有进一步增加的趋势，空气、地下水等都受到不同程度的污染，工业固体废物的综合利用迫在眉睫。

（2）废渣污染防治措施

工业固体废物的利用体现在多方面，首先一些粉煤灰用于公路的路基；或者用做水泥和砖的原料，替代黏土；建筑节能材料也是一个大方向。其次，钢厂每年生产的大量钢渣、除尘灰、炼钢污泥等，采用钢渣坑闷技术、除尘灰冷固球团技术、转底炉直接还原铁技术等工艺，将其变废为宝，既减少了对环境的污染，又可以生产高附加值的产品返回炼钢。因此，钢铁固废处理成为各大小钢企投资的热门方向。

自“十三五”以来，我国加大重视固废资源化回收利用，工业资源综合利用法规政策标准体系日益完善，技术装备水平显著提升，产业集中度和协同发展能力大幅提高。在法规政策和标准体系的引领下，企业可更好地制定固废资源利用发展规划方案，优化设计固废资源化利用实施路径。2020 年，我国钢渣产生量 8668.70 万 t，同比增长 3.38%。高炉渣产生量 23038.56 万 t，同比增长 4.15%；含铁尘泥产生量 3833.80 万 t，同比增长 3.49%。钢渣利用率 99.09%，比上年提高 0.98 个百分点；高炉渣利用率 98.90%，比上年提高 0.07 个百分点；含铁尘泥利用率 99.78%，比上年提高 0.66 个百分点。

4. 钢铁行业的噪声污染

钢铁行业除了上述污染外，噪声的污染也不能忽视，噪声源通常在 80～130dB（A）之间。主要为引风机、鼓风机、破碎机、筛分机、切割机等运转设备产生的机械噪声和煤气放散产生的空气动力性噪声等，它会影响人们的正常生活、损伤听觉、诱发多种疾病、降低劳动生产效率，甚至引发事故。

目前钢铁行业降噪措施包括：

① 选用低噪声设备，建筑隔声，绿化降噪；

② 在引风机、鼓风机、空压机进出口处安装消声器；

③ 高炉均压放散阀、冷风放散阀安装消声器等。

9.2.2　钢铁行业环境管理对策

《“十四五”节能减排综合工作方案》（以下简称《方案》）提出，到 2025 年，全国单位国内生产总值能源消耗比 2020 年下降 13.5%，能源消费总量得到合理控制，化学需氧量、氨氮、氮氧化物、挥发性有机物排放总量比 2020 年分别下降 8%、8%、10%以上、10%以上。节能减排政策机制更加健全，重点行业能源利用效率和主要污染物排放控制水平基本达

到国际先进水平，经济社会发展绿色转型取得显著成效。

《方案》明确了污染减排目标，并提出了重点行业、重点区域“十四五”环保治理工作重点。钢铁行业作为重点行业，应不断巩固提升环境治理、管理成效，助力环境质量持续改善。

1. 加快产业结构升级

(1) 巩固去产能成果。持续深入推进钢铁行业供给侧结构性改革，巩固化解钢铁过剩产能成果，严禁新增钢铁产能，严防“地条钢”死灰复燃和已化解过剩产能复产，严查各类违法违规新增钢铁产能行为，严格产能置换项目监督管理，为产业结构升级营造公平竞争环境。

(2) 加快产业转型升级。充分运用市场化、法治化办法，加快淘汰落后产能工作，包括利用综合标准依法依规推动落后产能退出，用好差别化电价、水价等措施，引导限制类装备实施升级改造。此外，以兼并重组为契机进一步整合行业内资源，提高产业集中度，同时淘汰无效、低效产能，推进装备提升，提升整体发展水平。

(3) 促进产业协同发展。以提高资源利用效率为导向，以构建产业发展生态圈为目标，以资源循环利用为纽带，强化与建筑、化工等相关产业的融合发展。同时，加强与上下游企业协同共生、耦合发展，从钢铁材料生产企业向生产零部件、部品化延伸，向提供一体化的材料系统化解决方案转变，提高产品附加值和市场竞争力。

2. 多措并举促进电炉钢发展

(1) 鼓励同等条件下优先支持电炉钢项目建设，现有城市电炉钢企业立足就地改造，达到超低排放要求的企业原则上不搬不关不停不限。

(2) 全废钢电炉企业碳交易配额放宽。

(3) 引导废钢资源适度向电炉企业倾斜，对电炉企业采购民间废钢资源，税务部门优先发放进项凭证，作为列支成本抵扣。

(4) 进一步推动深化电力体制改革，落实相关清理电价附加收费政策，降低电炉钢用电成本。

(5) 充分利用绿色制造、首台套保险等渠道，引导和鼓励社会资本加大对智能化、绿色化电炉短流程炼钢工艺和装备等领域的投资力度。

3. 全面推进能效提升及能源转型加速

(1) 加强源头控制，遏制盲目发展。从源头严控新上项目能效水平，新上钢铁等高耗能项目必须符合国家产业政策且能效达到行业先进水平，新上项目须实行能耗等量减量替代。

(2) 推广节能技术，全面提升能效。应以余热余能自发电提升为重要抓手，以构建多能互补与储能系统相结合的能源体系为依托，大幅提升能源利用效率。

(3) 加速能源转型，优化流程结构。发展新能源及可再生能源，鼓励钢铁企业因地制宜建设光伏和分布式风电，建设新能源电站或积极参与绿电市场化交易，提高新能源和可再生能源的使用占比，实现多能互补。

4. 加快行业绿色低碳转型

(1) 夯实低碳发展基础。构建完善的碳排放及有关举措的统计体系框架，形成稳定、质量可控的数据采集机制，建立核算方法体系，强化钢铁行业碳排放统计核算能力。建立碳排放统计核算数据质量技术体系及归口管理制度，防止数出多门。

(2) 实施碳达峰行动方案。做好碳达峰专项工作顶层设计，抓紧编制行业和企业碳达峰

路线图和行动方案，明确碳达峰时间和峰值目标，抓实抓细关键降碳举措。

（3）协同创新突破性低碳技术。推动高炉富氧冶炼、熔融还原、氢冶金、CCUS、冶金渣余热回收利用等突破性低碳技术探索研发和产业化示范应用。加快构建以市场为导向的绿色低碳技术协同创新体系，推动低碳、零碳、负碳和储能新材料、新技术、新装备攻关、研发和推广利用。

（4）积极参与全国碳交易市场。尽快研究制定钢铁行业全国统一碳市场准入标准、配额分配方法和有关技术规范，加快推进钢铁行业全国统一碳市场相关制度建设、基础设施建设、能力建设，为钢铁行业进入全国统一碳市场做准备。争取到2023年建立钢铁行业全国统一碳市场。

5. 促进物流运输环节升级

（1）提升企业外部运输清洁运输比例。结合钢铁行业超低排放的改造契机，企业外部运输力争实现80%清洁运输比例的目标。重点企业应完善自有铁路专用线、码头泊位以及皮带输送系统的建设工作。

（2）改善企业内部运输环节用能结构。通过新能源汽车运输车辆、新能源非道路移动机械、新能源或混合动力机车在企业内部的应用，降低企业内部物流运输环节的能源消耗和污染物排放。

（3）大力发展钢铁智慧物流。企业建设智慧物流平台、智慧仓储系统、智慧运输系统、智慧码头系统、物流大数据中心，建立绿色物流园区，企业在专业化、标准化、绿色化、信息化、服务化、精细化的前提和基础上，通过智慧化最终实现物流运输集约化、高效化的目标。

6. 持续推进高质量超低排放改造

“十四五”期间钢铁行业污染防治重点工作仍是坚定不移、力度不减地推动钢铁企业实施超低排放改造。

（1）加快进度，确保实现“到2025年，完成5.3亿t钢铁产能超低排放改造”的目标。

（2）为保证钢铁企业实施改造效果，第三方应严格超低排放评估工作，同时强化超低排放公示企业的事中事后监管，实现持续稳定超低排放。

（3）推动超低排放与碳排放的协同。钢铁企业应高质量实施超低排放改造，同时结合国家提出的碳达峰、碳中和目标，对于各污染源分类综合施策，强化源头削减、严格过程控制、优化末端治理。

（4）制定相关标准规范，开展重点区域钢铁行业污染物协同治理，规范企业脱硝设施运行管理、实施精准喷氨，强化氨逃逸控制；指导企业超低改造同时协同去除可凝结颗粒物等非常规污染物；开展烧结机头烟气、焦炉炉体、焦化化产区域VOCs监测和控制技术研究，制定深度减排方案，强化治理成效。

7. 大力推进行业水效提升

发挥节水标杆企业和水效领跑者引领示范和典型带动作用，以领跑者先进管理模式和工艺技术应用经验为模板进行复制推广，促进企业水效对标达标。加强高效循环用水、水质稳定运行、水务智慧管控等行业适用的先进节水技术实施，推动焦化冷轧等特征废水处理、浓盐水减量与零排放等关键技术突破攻关，重点流域严控废水排放，基于分流制排水制度，着力实现雨污分流、废水资源化利用与零排放。同时，以钢铁企业废水处理设施为依托，加强打造以城市中水、城镇生活污水为生产水源的产城融合模式。

8. 鼓励企业开展卓越环保绩效管理

通过实施精细化、智能化、高效化环保管理，全面提升企业环保绩效水平。

（1）鼓励企业开展第三方环保帮扶。从工艺优化、环保改造技术路径设计、在线监测规范性排查，到精益化绩效管理制度建设，助力企业数据归真，并通过全面挖潜减排，实现环境绩效大幅提升。

（2）深化信息化管理改革。在现有无组织管控治一体化平台的基础上，通过数据精准采集、精确核算、对标挖潜、联动治理等实现闭环管理，进一步提升环保智能化管理水平，实现装备硬实力与管理软实力的有机统一，建立卓越环保绩效的长效机制。

9. 建立健全行业节能减排与绿色低碳标准体系

（1）加强标准与技术创新互动。在先进节能减排与资源综合利用技术研发的同时，同步开展标准化工作，及时将成熟、可靠的节能减排和绿色低碳技术转化为标准。

（2）完善节能减排标准化保障。建立健全钢铁行业节能减排与绿色低碳标准体系，指导相关标准研制。加快能耗限额标准的制（修）订，加大系统节能管理、环保运维评价和固废利用管理等标准研制。

（3）强化标准的实施应用。推动钢铁行业节能、环保等领域政策更多地引用标准，以标准作为产业政策落地实施的科学保障和有力支撑。

10. 强化节能减排人才队伍建设

（1）进一步加大节能减排人才队伍培训力度。强化和完善全行业节能减排人才队伍培训，定时组织节能减排行业公开课培训。鼓励和引导企业开展节能减排人才队伍自主培训，并结合自身实际，委托权威行业第三方机构组织实施针对企业管理层、执行层、操作层的各类培训。

（2）建立并逐步完善人才队伍成长机制、交流学习机制，通过不断对标提升行业整体人才队伍水平。进一步强化人才队伍管理工作，通过优化监督考核机制、深化分配制度改革、完善保护保障体系，调动积极性、主动性。与权威行业第三方机构深入合作，聘请“环保管家”，带动企业人才队伍水平全方位提升。

9.3 化工行业环境管理

9.3.1 化工行业环境污染特征

化学工业在国民经济中占有重要地位，是国家的基础产业和支柱产业。按照《国民经济行业分类和代码》化工行业主要指：①石油和天然气开采业。②石油加工、炼焦。③化学原料及化学制品制造业，包括基础化学原料制造、肥料制造、农药制造，涂料、油墨、颜料及类似产品制造，合成材料制造、专用化学产品制造（包括军用和民用炸药、节日用焰火制品等）和日用化学产品制造。④医药制造业中的化学药品原药、化学药品制剂和生化制品的制造。⑤化学纤维制造业。⑥化工产品的批发、零售。

由于化学工业门类繁多、工艺复杂、产品多样，生产中排放的污染物种类多、数量大、毒性高，因此，化学工业是污染大户。同时，化工产品在加工、贮存、使用和废弃物处理等各个环节都有可能产生大量有毒物质而影响生态环境、危及人类健康。目前化学工业排放的

废水、废气、废渣分别占工业排放量的 10%～25%、7%～10%、9%～20%，其中废水和废渣的排放在工业部门位于前列。从行业上讲，染料行业、农药行业每年排放大量废水，其二氧化碳浓度高、色度深、生物降解难，缺少有效的治理技术；氮肥行业废水排放占化学行业排放量的 40%。每年有大量的氨氮流失到环境中，排放的废气对大气造成很大污染。

从原料到产品，从生产到使用，化工行业每一个环节都可能对环境造成污染，都可能成为污染源，所以化工污染物是由化工产品的生产者和消费者共同造成的。

（1）生产化工产品过程产生污染：在化工产品生产中存在一个共同特点，生产原料大约 2/3 转为产品，而 1/3 转为废物和污染物，产生污染物的途径多种多样，比如化学反应不完全所产生的废料；副反应所产生的副产物；燃烧产生的废气；设备和管道的泄漏；冷却过程的冷却废水等，通常所说化工污染是指化工生产过程的污染。

（2）使用化工产品过程产生污染：化工产品的使用中由于不当使用或过度使用造成对环境的污染。当前环境污染的结构在发生重大的变化，即工业污染所占比重趋于稳定并降低，而生活和农业污染比重正在上升。说明化工生产过程产生的污染得到足够的重视，而使用过程产生的污染亟待解决。

1. 化工行业对大气环境的影响及防治措施

（1）对大气环境的影响

化工行业的废气主要包括炼油厂和石化厂的加热炉和锅炉燃烧排放的废气；生产装置产生不凝气、弛放气和反应产生副产品等过剩气体；轻质油品、挥发性化学药品和溶剂在储运过程中挥发、泄漏等；废水和废弃物处理和运输过程散发的恶臭和有毒气体；石化工厂在生产原料和产品运输过程挥发和泄漏的废气。

（2）大气污染防治措施

① 硝酸生产过程中尾气及烟道气等废气中的 NO_x

硝酸尾气中的 NO_x 不仅对人类和生物有剧毒，而且导致光化学烟雾的生成，危害极大。可开展硝酸尾气吸附法，回收尾气中的 NO_x，利用返回系统生产硝酸。

② 黄磷尾气

近年来我国黄磷行业生产情况受到严格限制，近几年来产能、产量呈现下降趋势，据统计，2021 年我国黄磷产能为 136.5 万 t，产量为 62.2 万 t，开工率始终处于 40%～70%之间。生产黄磷每 t 产生 2500Nm^3 尾气，每年产生尾气量达 15.56 亿 Nm^3，其中 85%～90%为 CO，它是一种易燃易爆有毒气体，尾气含 P、S、As 和 F 等化合物的有毒组分未经处理排放造成大气严重污染，同时它又是重要化工原料，而尾气含 P、S、As 和 F 等易使催化剂中毒，因此对黄磷尾气可开展动态吸附法，净化和提纯 CO。

③ 燃烧过程产生 SO_2

在大气污染物中属于数量最大、分布最广、影响最严重的物质之一，主要通过高烟囱稀释法、用低硫燃料和排放废气脱硫等方法控制。通过干法、湿法脱硫，被吸附的 SO_2 与废气中的氧可氧化成 SO_3，后者再与水生成硫酸。

④ 含氟排放废气

含氟废气主要为 HF 和 SiF_4，数量不如 SO_2 和 NO_x 多，但毒性较大，对人体危害比 SO_2 大 20 倍，因此工厂生产排放气必须控制含氟化合物的排放量。目前对 HF 回收通常用来生产冰晶石。

2. 化工行业废水对环境的影响及防治措施

（1）对水环境的影响

化工行业中废水主要来自石油化学工业、煤炭化学工业、酸碱工业、化肥工业、塑料工业、制药工业、染料工业和橡胶工业等排出的生产废水。

（2）水环境污染防治措施

① 减少源头排放。

② 催化微电解处理技术应用于工业废水的预处理和深度处理中。

③ 新型催化微电解填料，可高效去除COD、降低色度、提高可生化性，处理效果稳定持久，同时可避免运行过程中的填料钝化、板结等现象。

④ 多相催化氧化处理技术，可用于对农药废水、化工废水、制药废水的实际应用中。

⑤ 化学处理技术。主要通过混凝法、氧化法、酸碱中和反应等技术原理，进行化工生产废水的环保处理。

⑥ 物理处理方法。主要通过沉降、吸附等方式，采用非化学手段的技术，进行化工生产废水的处理。

⑦ 生物处理技术。主要通过微生物降解废水中的有机成分，或通过活性炭吸附废水中的悬浮物、颗粒物，以达到处理化工生产废水的目的。

⑧ 综合处理方法。主要通过多种处理方法组合应用的方式进行实施，如化学处理技术结合生物处理技术，物理处理技术结合化学处理技术等多种组合类型进行应用，以达到提升化工生产废水处理效率、降低处理能耗、控制处理成本以及优化处理效果的目的。

3. 化工行业废渣对环境的影响及防治措施

（1）废渣对环境的影响

化工行业生产中排出的工业废渣堆积量大、成分复杂、种类繁多、部分有毒，因此对环境危害极大。主要包括硫酸矿烧渣、电石渣、碱渣、煤气炉渣、磷渣、汞渣、铬渣、砷渣、泥盐、污泥、硼渣、废塑料及橡胶碎渣等。对环境危害主要有侵占土地、破坏地貌和植被；污染土壤和地下水；污染水体；污染大气；造成资源、能源的浪费和直接经济损失。

（2）废渣污染防治措施

① 改进工艺、设备和生产操作技术等，减少“三废”的产生，提高资源和能源的利用率。大量资源和能源随着固体废物的排放，不但浪费资源而且污染环境。我国矿物资源一般只利用了50%，能源利用也只有30%左右。废渣开展综合利用，最大限度做到物尽其用。

② 对化工行业废渣进行常规无害化处理，减少对周围生态环境影响的基础上，对其中化工废渣如废催化剂，提高其资源化利用技术含量，对化工废渣中有用金属回收利用，剩余骨料可进行如水泥添加剂、铺路等低层次的资源化利用。

9.3.2 化工行业环境管理对策

化工行业是国民经济发展的重要原材料产业，也是资源密集型的高耗能、高污染产业，废气、废水、废渣排放量大，利用率不高，不仅浪费资源，而且污染环境。这些特点决定了化工行业做好环境保护工作和加快发展循环经济，是落实科学发展观，构建社会主义和谐社会的必然要求。总体来看，通过加强污染减排技术研发推广、努力推动实施责任关怀、加快全面推进清洁生产、充分发挥典型示范带动等措施手段，推动化工行业绿色发展。据国家统计局数据，2022年，化学原料和化学制品制造业产能利用率为76.7%，同比下降1.4个百

分点，高于工业平均 1.1 个百分点。重点产品中，原油加工量 6.8 亿 t，同比下降 3.4%；烧碱、纯碱、硫酸、乙烯等大宗原料产量同比分别增长 1.4%、0.3%、-0.5%、-1%；合成树脂、合成橡胶、合成纤维聚合物等合成材料产量同比分别增长 1.5%、-5.7%、-1.5%；轮胎产量同比下降 5%；化学肥料总量（折纯）同比增长 1.2%。“十三五”以来，国家各部委相继出台相关文件，明确要求推动化工企业入园。截至 2018 年年底，全国重点化工园区中以石油和化工为主导产业的园区一共 676 家。随着石化企业向大型化、集约化转型发展，化工园区也将作为化工行业绿色发展的重要载体。

石化化工行业 2020 年工业用水重复利用率为 93%，工业废水排放达标率由 92%提高到 95%；锅炉燃烧废气烟尘排放达标率由 87%提高到 90%，工业固体废物综合利用和处置率由 80%提高到 85%。2021 年化学需氧量排放量比 2015 年下降 85.6%；氨氮排放量比 2015 年下降 92.2%；二氧化硫排放量比 2015 年下降 86.5%，为工业领域污染减排约束性指标的完成做出了重要贡献。

2022 年 5 月，国务院办公厅印发《新污染物治理行动方案》，围绕国内外广泛关注的新污染物，提出了管控目标和行动举措。

1. 加快有毒有害化学品替代，强化源头管控

认真履行《关于持久性有机污染物的斯德哥尔摩公约》《关于汞的水俣公约》等环境公约，围绕公约管控化学品，开展替代技术和替代产品的研发示范和推广应用。积极配合政府部门开展《产业结构调整指导目录》《优先控制化学品名录》《国家鼓励的有毒有害原料（产品）替代目录》《环境保护综合名录》等的制（修）订。严格落实涂料、胶粘剂等产品 VOCs 含量限值标准，大力推进低（无）VOCs 含量原辅材料替代。做好有毒有害化学品控制领域的标准研制，加速推进环境友好型染料、农药、化学溶剂、化工助剂、肥料助剂、制冷剂及有毒有害化学品替代品等标准的制（修）订，逐步限制淘汰高毒、高污染、高环境风险产品。

2. 推进绿色技术改造，加强过程控制

加快重点行业清洁生产评价指标体系制（修）订，开展清洁生产技术改造和清洁生产审核。推广先进催化、溶剂替代、定向转化和微反应等先进技术。继续开展重点领域的科技攻关，推进关键绿色工艺技术产业化，持续发布《绿色石化工艺目录》，大力推广先进、成熟的绿色工艺技术和装备。加快数字化改造，培育与智能制造、智慧检测、智能操作等技术相结合的创新型企业。

3. 深化污染综合治理，减少污染排放

围绕挥发性有机物、高难度废水、危险废物等重点污染物治理，加快污染防治攻坚，减少污染物排放量。推进生产设施连续化、自动化和密闭化改造，杜绝有机废气的排放。重点推进含盐、含酸、高氨氮、难降解、含重金属等高难度废水的深度治理。瞄准废母液、精馏残渣等危险废物，引导企业积极采用焚烧、氧化、高温裂解等先进技术进行妥善处置。

4. 完善绿色制造体系，打造绿色化工

持续推进石化化工行业绿色制造体系建设，开展行业绿色工厂、绿色产品、绿色园区和绿色供应链认定工作，推出一大批绿色低碳发展标杆，构建行业全产业链的绿色制造体系。针对有毒有害物质管控，加快推进重点产品有害物质限量、废物资源化利用、清洁生产、绿色制造等重要领域标准研制，做到专业领域和重点产品的全覆盖，全面引领绿色发展。加大在高端合成材料、专用化学品等领域的攻关力度，着力组织解决一批“卡脖子”的技术瓶颈

和影响质量提升的短板问题。持续推进自愿性产品认证和绿色产品评价，加快引领石化化工产品向绿色化、高端化发展。

5. 推进环境信息公开，履行社会责任

积极配合政府有关部门做好重点化学品生产使用信息调查，环境风险筛查与评估，掌握行业化学品环境风险信息。引导行业企业建立和完善新污染物管控制度，号召企业严格落实国家环境信息披露制度要求，发布环境信息披露报告、社会责任报告和环境、社会及治理报告（ESG报告），采取便于公众知晓的方式公布使用有毒有害原料的情况，以及排放有毒有害化学物质的名称、浓度和数量等相关信息。切实做好有毒有害物质源头管控和处理处置等工作，推动企业落实新污染物治理主体责任。

9.4 水泥行业环境管理

9.4.1 水泥行业环境污染特征

从2012年开始，我国就成为了全球第一碳排放大国，我国碳排放量占全球排放的29%。我国是水泥生产与消费大国，2021年水泥年产量23.63亿t，同比下降1.2%，增速持续放缓。2021年我国以23.6281亿t的水泥产量位居第一，2022年水泥年产量达到22.18亿t，同比下降10.8%。现有规模以上水泥生产企业约4520家，新型干法水泥生产线累计共有1609条（注：不包括日产700t以下规模生产线），水泥工业在支撑国民经济快速发展的同时，也带来了严重的环境污染。我国水泥工业颗粒物（PM）排放占全国排放量的15%～20%，二氧化硫（SO_2）排放占全国排放量的3%～4%，氮氧化物（NO_x）排放占全国排放量的10%～12%，是继火电厂、机动车之后的第三大排放源。而氮氧化物作为大气污染物的主要前驱物质之一，对“灰霾天气”形成有着直接的影响，属污染控制的重点行业。2014年以后，水泥工业执行的标准为《水泥工业大气污染物排放标准》（GB 4915—2013），新的标准大幅度提高了颗粒物、氮氧化物的排放控制要求，将PM排放限值提高到30mg/m^3（一般地区）和20mg/m^3（重点地区）。

同时水泥行业还是重要的温室气体和重金属汞的污染源。水泥行业单位产值二氧化碳排放量位居各工业之首，根据《中国建筑能耗与碳排放研究报告（2021)》，2019年水泥碳排放达到11.29亿t，而能耗高达2.37亿t标煤。生产水泥的原料主要有：石灰质原料，含汞0.001～0.4mg/kg；黏土质原料，含汞0.002～3.25mg/kg；烧料（煤），含汞0.1～13mg/kg。生产一吨水泥大概需要石灰石670～750kg，黏土100～150kg，铁矿5～15kg，燃料（煤）约85～110kg。也就是说，如果不考虑使用低含汞原料的话，生产1t水泥，由原料带入的汞大约1138mg，平均到每kg原料大约含汞1mg。依据《水泥窑协同处置固体废物环境保护技术规范》（HJ 662—2013）规定，入窑物料（包括常规原料、燃料和固体废物）中，重金属最大允许投加量限值中汞（Hg）的最大限值为0.23mg/kg（熟料），所以，即使水泥窑正常生产，由于生产原料中汞的带入，控制和避免汞超标也非常困难。由于汞在高温条件下会挥发，汞的化合物在高温条件下会分解挥发，所以水泥生产是目前大气污染中汞污染的一个重要来源。

1. 水泥行业对大气环境的影响及防治措施

水泥行业对大气环境污染物主要是粉尘，燃料燃烧后产生的废气，包括一氧化碳、二氧

化碳、二氧化硫和氮氧化物等，以及在烧制原料、研磨成品等过程都会有热量向外辐射，产生热污染。

粉尘就是悬浮在空气中的水泥原料和成品，其来源主要是原料、燃料堆场的无组织排放以及各个生产节点的排放。防治粉尘通常是厂内对生产、运输、存放等环节进行加盖隔离，尽量减少粉尘暴露在空气中；同时配套粉尘收集与回收装置，进行二次利用。现代大规模的干法水泥厂一般都会注重粉尘的回收和利用。燃料煅烧一般都会采用新型的四通道煤粉燃烧器，降低 SO_2 和 NO_x 的生成。SO_2 一般是加装专门的脱硫设施进行处理。窑尾（或热风炉）废热气经进风管道进入烘干仓回用，热污染通常是对管道或设备覆盖保温材料，增大缓冲区域或种植乔木植物进行阻隔。水泥行业废气排污节点及污染控制措施见表 9-2。

表 9-2　水泥行业废气排污节点及污染控制措施

工序名称	排污节点	主要污染物	污染控制措施
原料准备	石灰石、炉/矿渣等破碎	粉尘	采用脉冲袋收尘器，回收返回系统
	原料输送	粉尘	采用封闭输送设备，洒水除尘
煤粉制备	辊式磨	含微细煤粉尘，浓度高，易燃易爆	选用高浓度防爆袋收尘器，收尘效率 99.9%
生料制备	生料烘干磨	粉尘、SO_2 和 NO_x	粉尘回收返回生料系统，脱硫脱硝处理
	选粉机	粉尘	
	均化库	粉尘	粉尘回收
热料煅烧	窑炉	粉尘、大气汞 CO、CO_2 SO_2、NO_x	粉尘回收返回系统 窑头旋风除尘器、布袋除尘器、窑尾废热气作为烘干热源回用，烟气脱硫脱硝收集处理等
	窑尾烟囱	粉尘、废气、热污染	
	篦冷机余风	粉尘为热料粉，粒度粗	窑头旋风除尘器、布袋除尘器
熟料粉碎	球磨	粉尘	粉尘回收返回系统
水泥包装	包装机、装袋口	粉尘	粉尘回收返回热料系统

2. 水泥行业对水环境的影响及防治措施

废水主要是冷却用水、生活污水、生产冲洗水和生产废水。冷却用水对水体造成热污染。其他废水性质是酸碱度变化、无机悬浮物较多，通常采用中和、沉淀的方法去除。水泥行业废水排污节点及污染控制措施见表 9-3。

表 9-3　水泥行业废水排污节点及污染控制措施

废水名称	排污节点	主要污染物	污染控制措施
冷却用水	磨机等设备冷却用水	SS	冷却降温和沉淀，循环使用
生活污水	办公、宿舍等生活区	BOD、COD 和 SS	污水处理后回用，不外排
生产冲洗水	场地冲洗		
生产废水	锅炉给水处理站	COD 和 SS	

3. 水泥行业噪声污染及防治措施

在生产、运输等环节有大量设备连续运行产生多种噪声，通常采用隔离并加装吸声材料

等措施，增大缓冲区域或种植乔木植物进行阻隔。水泥行业噪声排污节点及污染控制措施见表9-4。

表9-4　水泥行业噪声排污节点及污染控制措施

产生部位	噪声污染强度dB（A）	控制措施
破碎机	95～105	车间封闭
生料磨	90～100	
煤磨	90～105	
风机	90～115	车间封闭、安装消声器
空压机	90～95	车间封闭
篦冷机	95～100	

9.4.2　水泥行业环境管理对策

“十四五”的节能减排目标为，推进水泥行业超低排放改造，到2025年，大气污染防治重点区域全面实现超低排放。“十四五”时期，规模以上工业单位增加值能耗下降13.5%，万元工业增加值用水量下降16%。通过实施节能降碳行动，水泥行业产能和数据中心达到能效标杆水平的比例超过30%。

国家重点支持企业通过上大压小、等量或减量置换落后产能、开展综合利用、推进节约生产、清洁生产等有利于节能降耗、减排治污、提高质量为主要内容的技术改造，推动淘汰落后，客观上也促进企业兼并重组，进一步提高水泥产业集中度。

1. 发展循环经济，促进清洁生产

清洁生产作为提高经济效益、降低污染的重要途径。《中华人民共和国清洁生产促进法》第九条提出，县级以上地方人民政府应当合理规划本行政区域的经济布局，调整产业结构，发展循环经济，促进企业在资源和废物综合利用等领域进行合作，实现资源的高效利用和循环使用。中国水泥协会副会长曾学敏提出，用钢铁渣替代水泥熟料是目前水泥行业节能减排最直接有效的途径。2021年全国多地继续出台相关产能置换及淘汰落后产能的政策，严控水泥熟料产能增量，熟料产线投产数量及产能同比减少，而在“双碳”及置换政策加码的背景下，水泥熟料产能为184343.21万吨。

2. 建立和完善政策、标准和技术体系，鼓励水泥窑协同处置

水泥生产分为以石灰石、黏土等为原料正常生产以及在生产同时利用水泥协同处置窑处理危险废物、生活垃圾、受污染土壤等两种方式。针对上述两种生产过程的污染物产生及控制方式不同，《水泥工业大气污染物排放标准》（GB 4915—2013）和《水泥窑协同处置固体废物污染控制标准》（GB 30485—2013）分别提出了排放控制要求，构成了完整的水泥工业污染物排放（控制）标准体系。

利用水泥窑协同处置城市垃圾、污泥、危险废物的技术已被国际公认为是最有效、最安全的方法。水泥窑协同处置与其他方式的废弃物处置相比，具有节能、环保、经济的优势，是目前国际上废弃物处置的一种重要手段，在发达国家的水泥行业已有三十多年安全运行经验。水泥企业利用水泥窑协同处置除了具有明显的综合比较优势外，还可替代部分燃料和原料，减少天然矿物资源的消耗，有利于水泥行业低碳发展。同时还大幅度节约土地资源，减少当前城市垃圾处理需要不断征用土地进行填埋的浪费，也避免了相应的社会矛盾。

提高水泥行业服务社会的能力结合区域特点和地理条件，鼓励利用现有 2000t/d 及以上新型干法水泥窑炉协同处置危险废物或一般工业固体废物等。将水泥窑协同处置纳入国家和地方鼓励的资源综合利用循环经济项目范畴，在环保和土地审批、项目核准方面给予优先支持，优先保证污染物总量指标。加快出台水泥窑协同处置有关的环境污染控制标准、防护距离要求和技术指南等。水泥窑协同处置享受相应税费减免政策，并给予环保资金资助。

针对我国固废特性，鼓励研发适合我国国情的水泥窑协同处置技术和配套装备，建立完整的水泥窑协同处置技术体系。开展协同设施示范项目建设，支持北京等中心城市先行先试，提高运行水平，强化项目试点。对水泥窑协同处置固废且环境效益明显项目应优先受理。

3. 推进规划环评，促进产业优化升级

水泥行业需提高对规划环评的重视，若要组织开展水泥粉磨站的建设工作、抑或是实施对水泥生产线的改建与扩建，需严格遵循有关的法律规范，做好水泥工业未来发展规划的编制，明确项目建设的目的与实践策略，确保与地区水泥行业的整体发展建设规划相契合。与此同时，对于主管部门来说，应紧密结合地区的定位要求，贯彻落实规划环评工作，为水泥工业的合理化、环保化规划发展提供可靠保障。为了确保规划环评的真实性与科学性，应站在综合考量的角度上，了解区域水泥工业的整体产业结构、布局形式以及发展规模，论证其是否具备适应性、环境承载能力及污染防治技术等。将规划环评的优势特点充分发挥出来，提高节能减排实效，助力产业结构的优化与改进，在此基础上，将达到规划环评指标，作为水泥项目生产施工获批的重要标准。

4. 加大监管力度，遏制无序建设

摸排清查水泥企业的建设情况，是遏制行业无序发展的必要路径。有关主管部门应尽快开展水泥行业摸排清理，彻查各个企业实际建设情况，全面清查越权审批、未批先建、“边建边报”的建设项目。结合清查结果，按照有关法律要求，认真追究企业责任。环境监察部门加大对水泥生产企业的监督检查，及时发现、制止、处罚企业的违法违规行为。对确有必要建设的淘汰落后产能、节能减排的水泥（熟料）生产线项目，应有省级以上人民政府或发展改革委、工信部等部门同意开展前期工作的依据文件；对于新型干法水泥熟料年产能超过人均 900 千克的省份，需严格执行“等量或减量淘汰”且应由当地省级以上工信部门出具并分配给项目淘汰落后水泥熟料产能指标承诺文件。

5. 加快淘汰落后，促进行业健康发展

严格执行《产业结构调整指导目录（2019 年本）》。完善落后产能退出机制，优先支持已完成淘汰落后水泥产能任务的企业实施改建粉磨站和建设新型干法水泥生产线等转产项目，对未完成淘汰落后水泥产能任务的地区实行水泥项目产能和污染物排放总量“双控制”。“环评”会对水泥企业存在的落后产能予以说明，因此企业也应将此项工作纳入到竣工环保验收中，对各个生产关口予以严格验收，不得出现冒名淘汰或重复淘汰的情况。有关部门需将落后产能的淘汰、退出机制加以完善，给予企业一定的扶持，确保粉磨站改建、水泥生产线改进等项目的施工工作得以有序落实。与此同时，水泥企业需加快对新型工艺工法的引入与应用，有效控制项目产能，以及污染物的排放问题，确保落后产能的淘汰工作任务得以顺利完成。

6. 加强政策引导，全面推动烟气脱硝

水泥烟气脱硝主体是企业，脱硝会增加企业投资、生产成本，易产生二次污染。在当前

水泥产能过剩、效益下滑的情况下，国家应出台调动水泥脱硝积极性的政策，如将电力行业烟气脱硫补偿机制引入水泥行业；营造公平竞争环境，加快适合我国国情的、具有自主知识产权的脱硝技术开发，确保脱硝企业正常运行；加强科学研究，加快掌握全国环境污染源尤其是水泥行业氮氧化物排放状况，制定合理的水泥行业氮氧化物排放限值；为保证水泥脱硝效率，建议对已实施水泥脱硝企业进行调研总结，推广成熟的工艺技术路线及关键设备，实现低投入、国产化、少排放（无二次污染物排放）、运行稳、效果好的脱硝目标；强化对脱硝设施建设和运行监督管理，保障脱硝工程建设质量和运行效果。

7. 加强矿山生态恢复，保障生态安全

要切实加大对矿山生态环境的保护力度，还需做到开发与环保作业的有效协调，在保护中推进开发工作的有序进行，而在开发作业过程中应加强对矿山及周边环境的保护。组织开展矿山开采施工工作，需遵循规范化的作业流程，制定分期性的工作计划，确保生态保护工作得以有效实施。在此基础上，做好治理恢复的有关工作，严格遵循生态保护的制度体系，推进矿山生态补偿机制的完善化构建。对于管理人员来说，应对开采项目施工的实际情况予以及时掌握，了解相关治理恢复作业的落实情况，提高环境风险防范水平。

习题与思考

1. 简述电力行业环境污染特征。
2. 电力行业环境污染防治措施有哪些?
3. 简述钢铁行业环境管理存在的问题。
4. 钢铁行业有哪些节能减排技术?
5. 简述水泥行业环境污染特征。
6. 为什么鼓励水泥窑协同处置?
7. 简述化工行业环境污染特征。

第 10 章　环境监察

学　习　提　示

学习目标：理解环境监察、污染源监察、污染防治设施环境监察、建设项目和限期治理项目环境监察的含义，掌握环境监察、污染源监察、污染防治设施环境监察、建设项目和限期治理项目环境监察的工作程序和一般方法。

学习重点：环境监察、污染源监察、污染防治设施环境监察、建设项目和限期治理项目环境监察的工作程序和一般方法。

学习难点：各种监察的应用。

10.1　概　　述

10.1.1　环境监察的含义

环境监察是一种具体的、直接的、微观的环境保护执法行为，是环境保护行政部门实施统一监督、强化执法的主要途径之一，是中国特色社会主义市场经济条件下实施环境监督管理的重要举措。环境监察按时间的不同可分为：事前监察、事中监察和事后监察。按环境监察的活动范围可分为：一般监察与重点监察。按环境监察的目的可分为：守法监察与执法监察。环境监察“五公开”包括：公开办事机构和人员身份、公开工作制度和工作程序、公开排污收费标准、公开行政处罚情况和公开举报电话和投诉部门。

环境监察是“日常、现场、监督、处理”，要突出“现场”和“处理”这两个概念，即环境监察是在环境现场进行的执法活动。环境监督管理必须含有现场监督检查的内容，只有深入现场，才能真正搞清有关环境法律、规章、制度的实际执行情况，识别管理相对人的实际环境行为。环境监察将现场监督检查工作统一起来，开展强有力的、高效的现场执法活动，有力地保证了环境监督管理职责的实现。因此环境监察是环境监督管理中的重要组成部分。

环境保护行政主管部门是环境监督管理主体部门，具有环境监督管理职能，分三个层次，见表 10-1。2014 年修订的《中华人民共和国环境保护法》首次明确了“环境监察机构”的法律地位，授予环保部门许多新的监管权力。

表 10-1　环境监督管理职能的三个层次组成

层次	职　能
1	环境行政主管部门代表政府对辖区污染防治和生态保护实施统一监督管理，各有关部门各司其职，共同对环境保护工作负责

续表

层次	职　能
2	对区域、流域的污染防治和生态保护进行统一的监督管理，主要表现在将环境规划纳入本地区、本流域的社会发展规划中，并实施监督，例如实行环境保护目标责任制，实行城市环境综合整治定量考核等
3	环境保护部门对污染源进行的直接和间接的监督管理，例如限期治理、“三同时”、排污收费和排污申报登记及排污许可证制度的实施等。本层次职能是环境监督管理的重要组成部分

环境监察具有委托性、直接性、及时性、强制性和公正性的特点。

（1）委托性

环境监察工作是环境保护行政主管部门实施统一监督管理的一个组成部分，是宏观环境管理的延续。环境监察机构在环境保护行政主管部门领导下，受其委托在本辖区内实施环境监察工作，代表环境保护行政主管部门实施现场监督，是主体的代表，在执法中必须通过委托的形式（由环境保护行政主管部门向接受委托的环境监察机构出具书面委托书，对委托的职权范围和时限加以说明）使其合法化。

（2）直接性

环境监察的大量工作是直接向管理对象宣讲环保政策、法规，现场检查记录、取证，询问被检查人，现场处置，着力取得第一手的信息资料。环境监察工作直接反映环境保护部门的工作水平及业务素质，工作人员必须态度认真，业务熟悉，能解决实际问题，具有较高的执法水平和执法素质。

（3）及时性

环境监察工作的核心是加强现场的监督、检查和处理，运用征收排污费等经济手段强化监督处理手段，过程中必须及时、准确、快速和高效。随着环境监察手段日益现代化，监察工作的及时性特征进一步突显，较易实现污染数据在线传送和污染源动态实时监控，若出现违法行为，能够反应快捷并及时有效地处理通报。

（4）强制性

环境监察是直接的执法行为，体现了国家保护环境的意志，是执法主体的代表。为保证环境监察工作的顺利开展，应充分体现执法工作的严肃性和强制性。

新修订的《中华人民共和国环境保护法》对环境保护工作的基本理念、原则和制度都作了明确规定，增加了公众参与、环境监督、公益诉讼等新的制度。针对环境违法成本低、守法成本高的困境，《中华人民共和国环境保护法》一方面赋予环境保护部门更多的执法权限，同时也大幅增加了企业的违法成本，比如实施按日计罚、行政强制措施等。

（5）公正性

环境监察机构代表国家监督环保法规的执行情况，应从维护大多数人的长远利益出发，公正地依法处理。不允许监察机构与监察人员直接参与企业的生产经营活动，也不允许监察人员与监察的相对人有直接的利害关系。

10.1.2　环境监察的基本任务和职责

环境监察的主要任务，是在各级人民政府环境保护部门领导下，依法对辖区内污染源排放污染物情况和对海洋及生态破坏事件实施现场监督、检查，并参与处理。

环境监察的核心是日常监督执法，通常情况下同级之间不能够直接越区执法。

环境监察的职责包含以下12个内容：

（1）贯彻国家和地方环境保护的有关法律、法规、政策和规章。

（2）依据主管环境保护部门的委托依法对辖区内单位或个人执行环境保护法规的情况进行现场监督、检查，并按规定进行处理。

（3）负责污水、废气、固体废弃物、噪声、放射性物质等超标排污费和排污水费的征收工作。

（4）负责排污费财务管理和排污费年度收支预、决算的编制以及排污费财务、统计报表的编报会审工作。

（5）负责对海洋和生态破坏事件的调查，并参与处理。

（6）参与环境污染事故、纠纷的调查处理。

（7）参与污染治理项目年度计划的编制，负责该计划执行情况的监督检查。

（8）负责环境监察人员的业务培训，总结交流环境监察工作经验。

（9）承担主管或上级环境保护部门委托的其他工作任务。

（10）核安全设施的监督检查。

（11）自然生态保护监察。

（12）农业生态环境监察。

10.1.3　环境监察机构

环境监察机构，是在各级环境保护行政主管部门的领导下，依法对辖区内一切单位和个人履行环保法律法规，执行环境保护各项政策、制度和标准的情况进行现场监督、检查和处理的专职机构。

国家环境保护部下设环境监察局，主要负责重大环境问题的统筹协调和监督执法检查；拟订环境监察行政法规、部门规章、制度，并组织实施；监督环境保护方针、政策、规划、法律、行政法规、部门规章、标准的执行；拟定排污申报登记、排污收费、限期治理等环境管理制度，并组织实施；负责环境执法后督察和挂牌督办工作；指导和协调解决各地方、各部门以及跨地区、跨流域的重大环境问题和环境污染纠纷；组织开展全国环境保护执法检查活动、生态环境监察工作、环境执法稽查和排污收费稽查；组织国家审批的建设项目“三同时”监督检查工作；建立企业环境监督员制度，并组织实施；负责环境保护行政处罚工作；指导全国环境监察队伍建设和业务工作；指导环境应急与事故调查中心和各环境保护督查中心环境监察执法相关业务工作。

各级环境监察机构可以命名为环境监察局。省级、设区的市级、县级环境监察机构，也可以分别以环境监察总队、环境监察支队、环境监察大队命名。县级环境监察机构的分支（派出）机构和乡镇级环境监察机构的名称，可以命名为环境监察中队或者环境监察所。

环境监察机构的设置和人员构成，应当根据本行政区域范围大小、经济社会发展水平、人口规模、污染源数量和分布、生态保护和环境执法任务量等因素科学确定。

内部机构设置着眼于强化现场监督，分工不分家，有利于依法行政，目前有 3 种运行模式：① 按水、气、声、渣等环境要素设立内部职能科室；② 按排污收费、信访纠纷、限期治理、现场查处等职责设立内部职能科室；③ 按辖区、分块管理的原则设立职能科室。

环境监察队伍是各级环境保护行政主管部门领导下的一支专职执法队伍，经过委托或授权承担着环境保护监督管理职能中现场监督执法的任务。录用环境监察机构的工作人员，应当符合《中华人民共和国公务员法》的有关规定。环境保护主管部门应当根据工作需要，制

定环境监察培训五年规划和年度计划，组织开展分级分类培训。设区的市级、县级环境监察机构的主要负责人和省级以上环境监察人员的岗位培训，由环境保护部统一组织。其他环境监察人员的岗位培训，由省级环境保护主管部门组织。环境监察人员参加培训的情况，应当作为环境监察人员考核、任职的主要依据。

从事现场执法工作的环境监察人员进行现场检查时，不得少于两人，并出示“中国环境监察执法证”等行政执法证件，表明身份，说明执法事项，有权依法采取以下措施：① 进入有关场所进行勘察、采样、监测、拍照、录音、录像、制作笔录；② 查阅、复制相关资料；③ 约见、询问有关人员，要求说明相关事项，提供相关材料；④ 责令停止或者纠正违法行为；⑤ 适用行政处罚简易程序，当场作出行政处罚决定；⑥ 法律、法规、规章规定的其他措施。

各级环境监察机构应当建立健全保密制度，完善保密措施，落实保密责任，指定专人管理保密的日常工作。环境监察人员应当严格遵守有关廉政纪律和要求。各级环境保护主管部门应当建立健全对环境监察人员的考核制度。对工作表现突出、有显著成绩的环境监察人员，给予表彰和奖励。对在环境监察工作中违法违纪的环境监察人员，依法给予处分，可以暂扣、收回“中国环境监察执法证”，涉嫌构成犯罪的，依法移送司法机关追究刑事责任。

10.2 环境现场监察

10.2.1 环境监察的依据

1. 法律依据

在《中华人民共和国环境保护法》的第二十四条、《中华人民共和国水污染防治法》的第二十五条、《中华人民共和国大气污染防治法》的第二十一条、《中华人民共和国固体废物污染环境防治法》的第十五条和《中华人民共和国环境噪声污染防治法》的第二十一条等都做了明确的规定，从不同角度明确了污染单位和个人有无条件接受监理和如实提供资料的义务，规定了污染单位和个人的环境行为准则和规范，明确了污染单位和个人违规处罚的方法。

环境监察大队行政执法依据主要包括《中华人民共和国环境保护法》《中华人民共和国环境影响评价法》《中华人民共和国大气污染防治法》《中华人民共和国环境噪声污染防治法》《中华人民共和国固体废物污染环境防治法》《中华人民共和国放射性污染防治法》《中华人民共和国清洁生产促进法》《医疗废物管理条例》《排污费征收使用管理条例》《建设项目环境保护管理条例》《水污染防治法实施细则》《危险废物经营许可证管理办法》《放射性同位素与射线装置安全和防护条例》，各省环境保护条例、各省自然保护区管理条例、各省饮用水水源保护管理条例、各省大气污染防治法实施办法，放射性同位素与射线装置安全许可管理办法、危险废物转移联单管理办法、废弃危险化学品污染环境防治办法、医疗废物管理行政处罚办法、畜禽养殖污染防治管埋办法、电磁辐射环境保护管理办法、废弃危险化学品污染环境防治办法，各省危险废物污染环境防治办法、各省放射性污染防治管理办法、各地市禁止焚烧农作物秸秆办法、各地市大气污染防治管理规定等。

2. 环境标准依据

环境标准分为三类：国家环境标准、地方环境标准和国家环境保护部标准。国家环境标准包括国家环境质量标准、国家污染物排放标准、国家环境监测方法标准、国家环境标准样

品标准和国家环境基础标准；地方环境标准包括地方环境质量标准和地方污染物排放标准。地方污染物排放标准要严于国家污染物排放标准。

国家环境污染物排放标准由综合标准和行业标准组成。执行污染物排放标准的原则是：先地方，后国家；先行业，后综合。

3. 环境监察的事实依据

环境监察的事实依据包括环境监测数据、物料衡算数据、排污申报登记数据、现场调查取得的有法律效力的人证和物证。

10.2.2　环境监察工作程序

污染源监察、限期治理项目监察及建设项目“三同时”监察的工作程序见表 10-2，污染防治设施监察、环境保护补助资金管理和使用监察及排污许可证监察工作程序见表 10-3，征收排污费监察、现场处罚监察及环境监察行政处罚基本程序见表 10-4。

表 10-2　主要环境监察工作程序（之一）

步骤	污染源监察工作程序		限期治理项目监察工作程序		建设项目“三同时”监察工作程序	
(1)	计划管理	① 按废水、废气、噪声、固废等分列辖区内重点、一般污染源名录，建立档案； ② 按规定进行现场监督检查	建立档案	根据有关法律法规和市政府文件要求，建立辖区内限期治理项目、停产治理项目和关停项目名录，并逐项建立档案	建立档案	① 登记辖区内审批的建设项目单位； ② 对有“三同时”的建设项目逐项建立档案
(2)	现场检查	生产规模、生产工艺、地理位置、污染物排放强度、污染源治理情况是否发生重大变化，是否办理相关环保手续。 ① 正常：填写检查记录； ② 异常：检查人员现场取证制作现场检查（勘察）记录和询问笔录，必要时，进行相关的声、像取证，并填写检查记录，按环保行政处罚工作程序执行	现场检查	限期治理项目在规定的期限内治理进展情况、是否治理到位、是否通过验收，未通过验收的是否停产治理；停产治理项目是否停产到位，有无未经同意擅自生产现象；关停项目是否关停到位，相关生产设备是否拆除到位，有无擅自生产现象。 ① 正常：填写检查记录； ② 异常：检查人员现场取证制作现场勘察记录和询问笔录，必要时进行相关的声、像取证，并填写检查记录，按环保行政处罚工作程序执行	现场检查	听取建设单位的建设项目进展情况汇报，并现场检查核实有关情况。对有“三同时”审批意见的建设项目，未投入生产或使用的，检查污染防治设施主体工程是否同时施工；试生产期间的，检查污染防治设施是否建成并投入试运行，同时还要检查运行效果；已投入正常生产使用的，检查是否有验收手续，污染防治设施是否同时建成并投入使用。对没有办理相关环保手续的，属于异常。 ① 正常：填写检查记录； ② 异常：检查人员现场取证制作现场检查（勘察）记录和询问笔录，必要时进行相关的声、像取证，并填写检查记录，按环保行政处罚工作程序执行
(3)	复查	对异常情况按规定期限进行复查，检查处理意见（结果）的落实情况	复查	对异常情况按规定期限进行复查，检查处理结果的落实情况	复查	对异常情况按规定期限进行复查，检查处理意见（结果）的落实情况
(4)	总结归档	① 所有检查记录、材料分别存入相应企业档案； ② 每季度终了 10 日内总结季度监察情况、注明发现的问题和处理建议汇总上报大队领导； ③ 年终总结全年监督检查情况	总结归档	① 所有检查记录、材料分别存入相应档案； ② 每季度终了 10 日内总结季度监察情况、注明发现的问题和处理建议汇总上报大队和县局相关室； ③ 对违法事实清楚以及存在较严重问题的应及时上报支队领导和县局相关室	总结归档	① 所有检查记录、材料分别存入相应档案； ② 每季度终了 10 日内总结季度环境监察情况、注明发现的问题和处理建议汇总上报大队领导和项目审批机关； ③ 对违法事实清楚以及存在较严重问题的应及时上报大队领导和县局相关室

表 10-3　主要环境监察工作程序（之二）

步骤	污染防治设施监察工作程序		环境保护补助资金管理和使用程序监察工作程序		排污许可证监察工作程序	
(1)	分类归档	① 现场监察室负责对辖区内废水、废气、噪声、固体废物等验收合格的污染防治设施分列名录，登记编号，建立设施档案。档案内容应包括企业的基本情况，污染防治设施的名称、型号，设计处理能力，实际处理能力，处理率和处理效果，处理费用，验收（改造）日期等； ② 每月对每台（套）污染防治设施的检查不少于 2 次	收集信息	① 排污费征收及拖欠情况； ② 排污费解缴入库情况； ③ 污染治理需求； ④ 环保自身建设需求	收集信息	辖区内发放的正式或临时排污许可证的有关资料
(2)	现场检查	污染源治理设施运行情况；污染物排放情况；设施运行记录、监测记录和设施管理人员岗位执行情况；各项制度的建立、完善和规范情况；设施需暂时停运、拆除、闲置、关闭、改建、扩建的，排污口需改变原设置位置或增减的，是否办理相关环保手续；设施停运或拆除期间采取的达标排放相应措施执行情况。 ① 正常：填写检查记录； ② 异常：视情况处理	编制计划	① 环保部门会同财政部门按季、按半年或按年度编制污染治理贷款（补助）资金使用计划； ② 部门会同财政部门按季、按半年或按年度编制环保补助费使用计划	制定计划	按污染环境源监控制度来制定监察计划
(3)	复查	对异常情况按规定期限进行复查，检查处理意见（结果）的落实情况	计划执行	① 财政部门按照批准的各项资金使用计划，将环保补助资金拨入环保部门的资金专户； ② 环保部门根据项目进度拨付资金； ③ 按期收回污染治理贷款本息； ④ 用款单位报送资金使用情况及效益情况报表； ⑤ 环保部门向上一级环保部门及同级财政部门报送资金使用情况及效益情况报表	现场监察	① 是否持证排污； ② 计量装置运行情况； ③ 是否超量排污
(4)	审批管理	设施需暂时停运、拆除、闲置、关闭、改建、扩建的，排污口需改变原设置位置或增减的，必须向县环保局提出书面申请。县局可根据具体情况征求大队意见后，立刻或限时办理	财务管理	① 设立排污费征收专户及各项资金使用专户； ② 按排污费财务管理和会计核算办法设立排污费资金收支账户； ③ 按规定及时向上级环保部门报送排污费财务季报、年终快报和年度收支预决算报表； ④ 按规定向同级财政部门报送年度收支预、决算报表和其他报表	视情处理	① 正常；② 异常：对无证排污的，加倍征收排污费；并属现场处罚范围执行现场处罚工作程序，属监察机构处罚范围执行环境监察行政处罚基本程序，超过上述处罚范围填写“环境监察行政处罚建议书”上报
(5)	总结归档	① 所有检查记录、材料分别存入相应设施档案； ② 每季度终了 10 日内总结季度环境监察情况、注明发现的问题和处理建议汇总上报大队领导； ③ 年终总结全年监督检查情况，污染防治设施的运行率、处理率和达标率	总结归档	环保补助资金管理和使用过程中的一切文件、会计账簿、票据、报表等均按规定整理归档		

表 10-4　主要环境监察工作程序（之三）

步骤	征收排污费监察工作程序		现场处罚监察工作程序		环境监察行政处罚基本程序	
(1)	排污申报登记	每年 1 月 15 日前，排污单位将其排污情况填写在“排污申报登记表”上，一式三份报大队排污申报办公室。新建项目，在其试生产 10 日前填写“排污申报登记表”，一式三份报大队征管	及时取证	环境执法人员对在环境监察中发现或发生的环境违法行为，在确认符合现场处罚条件后，及时取证，制作“现场检查询问笔录”“现场勘察记录”	立案登记	对现场监察中发生或发现以及群众检举或控告的违法行为，填写“查处环境违法案件登记表”
(2)	排污申报登记核定	申报办公室或征管科在接到“排污申报登记表”15 日内对报表中所填数据进行核定。通过核定的报表，作为收费的依据。没有通过核定的报表，返回申报单位，重新申报	陈述	① 环境监察人员说明违法单位或个人的违法事实及证据； ② 环境监察人员说明对违法单位的处罚理由及法律依据	调查取证	核实违法事实并取证，制作“询问、调查笔录”
(3)	排污费征收	① 征管科向被征排污费单位下发“排污量核定通知书”； ② 下发“排污量核定通知书”7 日后，且排污单位无异议，下发“排污费缴纳通知单”，同时将收费金额在公开场合进行公示； ③ 征管科不能直接送达的“排污费缴纳通知单”提前 3 天移交办公室，进行公证送达	现场处罚	① 环境监察人员填写“现场处罚决定通知书”一式二联； ②“现场处罚决定通知书”第一联交被处罚单位或个人签收，第二联由环境监察机构存档	按处罚权处理	① 属现场处罚范围的，执行现场处罚工作程序； ② 属环境监察机构处罚范围的，执行本程序（4）～（7）款； ③ 属环保行政主管部门处罚的，填写“环境监察行政处罚建议书”，与调查材料一并上报
(4)	排污费缴纳	被征单位，依照收费通知单金额，在指定银行账户缴纳排污费，也可提现金到大队财务室直接缴纳	报告情况	将“现场处罚决定通知书”第二联、证据材料及“现场检查询问笔录”“现场勘察记录”呈报主管领导审阅	审核决定	① 监察小组提出行政处罚意见； ② 听取被处罚单位陈述； ③ 审议小组审议处罚决定； ④ 监察机构负责人签发“环境监察行政处罚决定通知书”
(5)	不按照规定缴纳排污费的处理	对不按照规定缴纳排污费者，由征管科将被征单位情况提交大队办公室，办公室按法定程序，申请人民法院强制执行	强制执行	对超过起诉和复议期不履行处罚决定的，填写“强制执行申请书”，申请人民法院强制执行	送达签收	送达人要求收件人在“送达回证”上签收，对拒绝签收的要注明送达情况

续表

步骤	征收排污费监察工作程序		现场处罚监察工作程序		环境监察行政处罚基本程序	
(6)	减、缓、免缴纳排污费	按照“排污费征收使用管理条例”第十五条、第十六条和第十七条，财政部、国家发改委、原国家环保总局“关于减免及缓缴排污费等有关问题的通知”执行	结案归档	填写“查处案件终结报告书”，按一案一卷归档	强制执行	对超过起诉和复议期不履行处罚决定的，填写“强制执行申请书”，申请人民法院强制执行
(7)					结案归档	填写“查处案件终结报告”，按一案一卷归档

10.2.3 其他处理程序

1. 环境污染与破坏事故调查和处理程序

(1) 大队办公室在接到12369环境热线或其他环境污染与破坏事故投诉后，应及时报告大队领导和上级有关部门，并做好事故记录登记工作。

(2) 在县局环境污染与破坏事故调查领导小组的统一领导下，参与环境污染与破坏事故的调查取证工作，随同有关部门立即赶赴现场做好现场应急处理工作，采取一切有效的措施，努力把污染事故的危害降低到最低。

(3) 实地勘查并记录环境污染与破坏事故现场状况，记录污染破坏范围、周围环境状况等。收集有关证据，证据应包括：书证、物证、视听材料、证人证言、当事人陈述、鉴定结论、勘验笔录和现场记录等。

(4) 调查结束后，应立即将取证材料上报县局环境污染与破坏事故调查领导小组。

2. 污染纠纷调查处理程序

(1) 按照县局污染纠纷调查组的部署，参与环境污染纠纷调查工作。

(2) 环境监察人员在参与调查时，要依法、客观、公正、全面地收集与案件有关的证据，调查核实污染事实。

(3) 根据调查材料、专业部门的鉴定，理顺案情，辨明是非，分清责任。如果双方当事人都愿意接受调解，调查组召开由当事人参加的协调会，做好会议纪要，制作“环境污染纠纷调解协议书”，盖章后送双方当事人。调解过程中，当事人一方向法院起诉的，调解处理终止。

(4) 双方当事人通过调解达成协议的，双方当事人和县环保局各备留一份调解协议书存查，并写出纠纷处理过程的结案报告；双方调解不成的，在告知双方当事人采取民事诉讼途径解决之后，写出结案报告。并将调查中收集的有关材料及时整理移交县环保局存档备案。

3. 排污申报工作程序

(1) 正常申报

① 申报办于每年的11月底前做好排放污染物申报登记统计工作。

② 申报办公室应于12月15日前负责将“排放污染物申报登记统计表”分发给辖区内各排污单位，并负责对排污单位所填写的“排放污染物申报登记统计表”进行初审。初审内

容包括：填写内容是否完整、填写格式是否正确、数据是否基本符合实际、所附材料是否齐全。

③ 申报办需于 1 月 15 日前将辖区内所有排污单位填报的“排放污染物申报登记统计表”一式三份，连同所有排污单位的通讯录（包括单位名称、联系人、联系电话、地址）报送主管领导审阅。

④ 主管领导负责对申报办初审后的“排放污染物申报登记统计表”按照国家、省、市有关规定进行审核。凡审核不合格的，直接退回室重新申报登记，也可根据具体情况组织有关人员直接对排污单位进行核定，核定合格的“排放污染物申报登记统计表”经审核同意后，由办公室存档 1 份，其余 2 份转交相关征管科。

⑤ 征管室于每季度末 10 日内，对排污单位的排污情况，依据“排放污染物申报登记统计表”和该排污单位本季度的实际排污情况进行核定，下发“（×）季度排污量核定通知书”，在 7 日内送达排污单位。

⑥ 排污单位对核定结果有异议的，首先由各室做好解释工作；需到现场进行核实的，应将排污单位的复核申请连同有关资料于 2 日内报送主管领导，由大队重新组织人员到现场进行重新核实，6 日内做出复核决定；各室应在 2 日内将“（×）季度排污量复核通知书”送达排污单位。

⑦ 对不按规定时限和内容进行排污申报的排污单位，经大队研究同意后，各室可依法对其做出处罚建议，或下达责令改正通知书，责令排污单位限期补报。

（2）变更申报

① 排污单位因排放污染物的种类、数量、浓度、排放去向、排放方式、排放口设施、污染物处理设施发生变化，需要对“排放污染物申报登记统计表”所报内容作变更、调整的，应在变更前 15 日内履行变更申报手续，填报“排放污染物变更申报表”；排污情况发生紧急变化时，必须在变更后 3 日内报告并提交“排放污染物变更申报表”。

新建、扩建、改建和技术改造项目的排污申报登记，应在项目试生产前 3 个月内和污染防治设施竣工并验收合格后 1 个月内办理排污申报手续。

在建制镇以上范围内产生建筑施工噪声的单位必须在开工前 15 日内办理排污申报登记手续，填报“建设施工排放污染物申报登记统计表”。

② 各室应在接到排污单位填报的“排放污染物变更申报表”7 日内，将初审后的意见及有关变更资料报送主管领导批示。

③ 按照有关规定对“排放污染物变更申报表”进行审核，并在 7 日内完成排污申报变更工作。

④ 排污申报变更工作按正常申报工作程序进行。

4. 案件办理工作程序

（1）限时结案

对立案调查的违法案件，按时限要求结案。

（2）立案审查

现场执法中发现违法行为或者接到举报、控告、上级移送的环境违法行为应予审查，由责任部门决定是否立案并填写“查处环境保护违法行为立案登记表”。

① 上级转办、移送、群众来信投诉的环境违法案件由相关业务室负责统一立案；

② 环保 12369 热线投诉的环境违法案件应及时转交局法规科立案处理；

③ 现场执法中查出的违法案件由现场检查的部门负责立案。

（3）现场调查

对立案调查的环境违法行为由立案部门负责调查，制作询问、勘查笔录等。

① 制作“调查询问笔录”：调查人员通过直接向当事人询问的方式，真实地记录下其亲口叙述的有关违法事实。

注意事项：a. 必须由具有执法资格的执法人员两人以上来完成，首先表明执法身份；b. 询问对象的选择要准确，不能将排污单位不认可的人员作为询问对象；c. 询问目的要明确，应当紧紧围绕执法人员现场认定的违法事实进行询问，让当事人承认违法事实，笔录中对认定的违法行为、事实的记录必须清楚，并与现场检查（勘察）记录所描述的违法行为及告知通知书认定的违法行为相一致；d. 结束询问时应提出“以上情况是否属实?”问题，并让被检查单位自己签写“属实”或者“不属实”；e. 文书中改动的地方必须有被检查人按手印、印章以及被检查单位人员的签字；f. 笔录中每个项目要填写齐全、详细。

② 制作“现场检查（勘察）记录”：调查人员将自己通过看、听、嗅、测等具体现场检查（勘察）活动得出的结论，用文字形式予以真实记录。

注意事项：a. 参加检查人员必须两人以上，且都应具备现场执法资格；b. 记录中每个项目要填写齐全、详细；c. 对具体检查场所的部位必须清楚，必要时作出“检查地点方位示意图”对其中重点部位、敏感区位要表示清楚；d. 记录中的内容一定要和其他调查证据相互印证，互为补充，环环相扣；e. 记录清楚违法单位出示的文字资料说明；f. 对水污染防治设施不正常运行现场提取水样的应予注明。

③ 现场调查取证方式：对违法行为可进行录像、摄像取证；现场监测取证；证人证言取证；现场提取水样取证等。

④ 下达“告知通知书”：所认定的违法条款应与现场检查（勘察）记录、调查询问笔录所描述的违法事实相一致。

（4）调查终结

负责调查的部门在调查取证后，应当填写“环保调查终结报告”，供案件审查核对时参考。报告编写事项：

① 标题：应填写违法案件性质和违法行为人（单位），例如“关于×××违反×××规定的调查报告”。

② 正文：首先写明违法行为人的基本情况和案件发生经过；其次写明违法事实和证据；最后写明承办人员对案件性质的认定，引用具体法律条文，对案件依法提出处理意见。

③ 结尾：承办人员应写明制作报告时间并签名。

（5）案件审查

对调查终结的案件材料由调查部门负责人审核签字后在2日内移交大队进行审查。经审查，案件认定的违法事实不清、证据不足或调查取证不符合法定程序时，大队将案卷退回调查部门，由案件调查部门补充调查、取证或者重新调查取证。

（6）违法单位申诉的受理

① 相关室负责受理属于县环境监察大队责任范围内的违法案件的申诉；

② 县环保局法规科负责受理属于县环保局责任范围内的违法案件的申诉。

（7）环境保护行政处罚审批与下达

① 对初次违法且情节较轻的违法案件报环境监察大队研究后并由主管领导签字，由案

件查处部门对违法单位下达“环境保护警告通知书”进行警告，并负责送达、督办；

② 对环境违法情节严重的案件，情节轻微经警告后不积极整改的案件，报经环境监察大队研究并由主管领导签字，案件查处部门应将违法案件材料上报政策法规室签收确认。县环保局政策法规室下达的“环境保护行政处罚决定书”由案件查处部门签字接收和转办。

(8)“环境保护行政处罚决定书”的送达与执行

① 辖区内违法案件“环境保护行政处罚决定书”由立案部门在接到“环境保护行政处罚决定书”后 2 日内送达并督促执行；

②“送达回证”必须逐项填写，内容要详实清晰，不得项漏项。“送达回证”的原件转交县环保局政策法规科，调查部门备案。

(9) 排污费的强制执行

① 排污单位自收到“排污费缴纳通知单”之日起 60 日内未申请复议，3 个月内未提起诉讼，又不履行缴纳排污费决定的，需对其强制执行排污单位的执行条件进行核查，填写“强制执行审批表”及“强制执行申请书”后，将“排污量核定通知”“排污费缴纳通知单”及“送达回证”“排污费限期缴纳通知书（存根）”等有关材料汇总后报环境监察大队办公会研究，在复议或诉讼期满之日起，180 日内报局法制室，申请人民法院强制执行；

② 排污单位自收到“环境保护行政处罚决定书”60 日内未申请复议，15 日内未提起诉讼，又不履行处罚，做出处罚决定的环境保护部门在复议或诉讼期满之日 180 日内请当地人民法院强制执行；

③ 对拒绝按照国家规定缴纳排污费的排污单位，在申请人民法院强制执行的 3 个月期限内，各室应当对该单位的违法行为进行立案调查，进入行政处罚程序。

(10) 案件的档案管理

① 每月末各监察室对本月违法案件处理情况进行汇总列表一式三份上报主管领导，并注明违法案件的到位情况；

② 执行终了的行政执法案件应一案一档，由各室将案件的有关材料立卷进行保存；

③ 每年 3 月底各室应将上年度执行终了的案卷档案移交档案室；

④ 档案管理室负责对行政处罚案件材料进行整理，按照规定归档。

10.2.4 环境现场执法

环境执法是国家执法活动的一个组成部分，包括环境司法执法和环境行政执法。环境现场执法属于环境行政执法的范畴，是指环境行政机关设立的环境监察机构根据法律授权或者行政机关委托，实施环境现场监督检查，并依照法定程序执行或适用环境法律法规，直接强制地影响行政相对人权利和义务的具体行政行为。环境现场执法具有现场性和微观性特点，即在现场实施监督检查，进行微观环境管理。

各级环境监察机构是依法对辖区内一切单位和个人履行环保法律、法规，执行环境保护各项政策、标准的情况进行现场监督、检查、处理的专职机构。国家环保局 1991 年 8 月颁布的《环境监理工作暂行办法》第五条中也规定，环境监察机构的职责是“贯彻国家和地方环境保护的有关法律、法规、政策和规章”，“依据主管环境保护部门的委托依法对辖区内单位和个人执行环境保护法规的情况进行现场监督、检查，并按规定进行处理”等。

实施现场监督检查，查处各种环境违法行为，可直接有效地督促排污单位和个人遵守法规；受理环境问题的投诉举报，及时发现、制止和查处各种环境违法行为，为落实有法必

依、违法必究创造了条件；通过大量环境违法问题和案件的查处，能直接、具体、生动地进行宣传警示教育。因此，开展环境现场执法对于环境保护事业，特别是促进依法管理环境具有重要意义。

环境现场执法的主要内容有以下四个方面：

① 现场监督检查有关组织和个人履行环保法律法规义务的情况，并对违法行为追究其法律责任；

② 现场监督检查有关组织和个人执行各项环境管理制度情况，并对违反制度的行为依法给予处理处罚。这些管理制度包括：污染源管理制度、污染防治设施管理制度、排污申报登记与排污许可证制度、建设项目环境影响评价与“三同时”制度、污染源限期治理制度、污染事故报告与处理制度、排污收费制度等；

③ 现场监督检查自然资源与生态环境保护情况，并对破坏自然资源与生态环境的行为依法给予处理处罚。这些自然资源与生态环境包括：土地、水资源、森林、草原、能源、矿产等自然资源；自然保护区、风景名胜区、水源保护区等特殊保护区域；农、牧、渔业环境等；

④ 现场监督和检查海洋环境保护情况，并对污染海洋的行为依法给予处理处罚。

10.3 污染源监察

10.3.1 污染源监察的含义

污染源监察是环境监察部门依据环境保护法律、法规对辖区内污染物的排放、污染治理和污染事故以及有关环境保护法规执行情况进行现场调查、取证并参与处理的具体执法行为。通过监察可以发现违法、违章行为，并通过采取相关措施（例如排污收费、罚款、限期治理、关停整改等），督促排污单位自觉减少污染物的产生与排放，主动采取防治措施实施污染物总量控制和达标排放，达到保护辖区环境质量的目的。污染源监察的实质是监督、检查排污单位履行环境保护法律、法规的情况，污染物的排放和治理情况。

在市场利益的驱动下，企业为了降低生产成本有时不能自觉实施环保措施，在防止环境污染、防止生态破坏方面缺乏主动性，造成污染物类型、数量、排放规律等发生不规则的变动。通过监察可以了解辖区内各种污染行业的生产工艺、污染物排放规律，通过采取现场检查的方式及时掌握实际排放情况，获取真实有效资料。通过现场监察可以评价环境管理制度（例如企业在执行环评制度、“三同时”制度、限期治理制度）的实行程度和效果，发现问题并解决问题。

实施污染源监察，可以加强环境保护制度的贯彻落实，促进对排污单位加强环境管理和排污收费制度的落实，利于企业升级、结构调整、清洁生产和实施污染预防战略，有助于总量控制的实施和环境质量的改善。

10.3.2 污染源监察的一般内容

1. 排污单位落实内部环境管理制度的检查

（1）企业环境管理机构设置检查

企业环境保护工作范围广、内容复杂、工作量大，具有综合性、技术性强等特点。为了与国际接轨，国内许多企业已开始实施 ISO 14000 系列标准，企业设置环境保护机构的形式可为专门机构、联合机构、专职岗位等形式。机构设置检查的主要内容是检查企业的内部的环境管理机构设置是否完善健全，是否履行其职责。

企业环境管理机构的职责主要是编制环境保护计划，建立和落实各项企业的环境管理制度，协调企业内部、企业之间、企业与社会之间的环境保护关系，实施企业环境监督管理。

（2）企业环境管理人员设置检查

企业环境管理机构必须将环境保护责任落实到人，法人代表是企业污染防治的法定责任人，承担着政府环境保护责任目标中所规定的污染物削减和防止造成污染的责任目标。在企业内部，责任人需要将责任目标分解，制定管理规则，并进行有效地监督检查和考核。

企业环境管理人员可以是专职的，也可以是兼职的，但必须经过培训持证上岗。企业环境监测人员和企业内部污染防治设施的运行管理人员原则上也应持证上岗。检查的主要内容是检查企业的内部环境管理人员的专业水平、学历结构、环保责任制度、持证上岗等情况是否符合有关要求。

（3）企业环境管理制度建设检查

① 企业环境保护规划（或计划）

企业环境保护规划是企业根据自然环境条件、社会经济发展趋势和本企业的发展趋势对企业一定时期内环境保护目标和措施所作出的规定，促使企业生产与环保协调发展。

② 企业环境保护目标责任制

企业作为法人单位是最基层的目标承担者和落实者，应完成政府制定的环保目标，应在企业内部实行分项目标责任制，明确各项指标责任的具体承担部门和承担人，使指标得到层层具体落实，做到目标化、定量化和制度化管理。

③ 有关的专项管理制度

为了使企业各项环境保护工作规范化，企业应根据环境保护法规制定一些具体的规章制度（例如环境监测制度、污染防治设施运行操作规程及管理制度、污染源档案管理制度、环保人员岗位职责等），提高管理的可操作性。

2. 进行工况运行条件下的调查，检查污染隐患

环境监察人员应深入企业的生产车间、班组、岗位，调查工艺、设备及生产状况，了解污染产生的原因、产污规模、排污去向，帮助企业及时发现非正常产污和排污行为及污染隐患，有助于督促企业采取有效技术及管理措施，减少污染物排放，防止污染事故的发生。工况调查主要包括：① 检查生产使用的原材料；② 对生产工艺、设备及运行的调查；③ 检查产品的贮存与输移过程；④ 检查生产变动情况。

3. 排污单位的污染源守法检查

（1）环境管理制度执行情况检查

① 环境影响评价制度和“三同时”制度的执行情况检查

检查排污单位是否存在在建项目，建设项目是否按环评和“三同时”制度进行审定、报批，是否做到同时设计、同时施工和同时投产。

② 排污申报登记与排污许可证制度的实施情况检查

排污许可证执行的日常检查工作，由环境监察部门具体负责。排污许可证制度的实施一般分为 4 个内容：排污申报登记，排污单位按规定的时间、内容填写排污申报登记表并上

报；经审核后向排污单位发放临时或正式排污许可证，限定其排污量、排放方式、排放去向、排放口位置、排放时间等；对许可证进行日常监督管理；检查排污口计量装置运行情况。

③ 环境保护目标责任制的实施情况检查

主要检查排污单位落实环保责任书的情况，督促其按时完成责任书指定的污染物削减指标及其他保护环境的责任。

④ 排污收费制度的执行情况检查

排污收费行为实质上是履行国家赋予的征收权，具有行政强制性，征收的对象、数额及具体征收程序完全由环境监察机构确定。环境监察机构要通过日常监察、明察暗访和群众举报，查处虚报、偷排的排污单位，一方面责令其改正，达标排放，另一方面根据重新核定的排污量数据，依据排污收费标准和排污量，确定征收缴费通知单，及时送达排污单位，并办好发文登记工作。如果排污单位拒缴排污费，环保部门可以增收滞纳金，处以罚款，并可申请人民法院强制执行。

⑤ 限期治理制度的执行情况检查

限期治理是一种行政强制措施，它是由地方人民政府对没有履行环境保护义务、造成环境严重污染的排污单位实行行政强制措施。限期治理制度的重要特征是以时间限制为手段，强制排放单位治理污染，消除危害。

（2）污染物排放情况检查

污染物排放情况检查的主要内容有：污染物排放口（源）的类型、数量、位置，各排污口（源）排放污染物的种类、数量、浓度，排放方式和排放去向及环境危害等，特别要注意异常情况的检查，例如各种参数的变动情况、偷排行为、事故情况等。

（3）污染治理情况检查

污染治理情况检查主要工作内容有：了解各排污单位拥有污染治理设施的类型、数量、性能；检查污染治理设施管理维护情况、运行情况、运行记录，是否存在不正常停运情况，是否按规程操作；核查污染物处理量、处理率及处理达标率等，检查有无违法、违章或直接排污的行为。

4. 指导性监察

环境监察人员不仅要依法监督、检查各种环境违法行为，还要树立服务意识，有责任、有义务协助排污单位搞好环境管理工作，做到“预防为主，防治结合”，积极主动地利用环保部门的优势，给企业提供信息和建议，使企业用最少的投资和最可靠的方法防治污染。但环境监察人员是执法者，决不能代替企业去规划、策划治理措施，更不能滥用手中的权力，不能以任何理由强迫企业采用哪些技术和设备，严禁以权谋私。

5. 污染物排放总量控制的监察

国家规定在总量控制区域的排污单位在排放污染物时，不仅污染物排放浓度要达标，而且污染物的排放总量还要达到总量控制的指标要求。总量控制区域的排污单位应遵循以下原则：

① 贯彻国家产业和技术政策，对属于国务院和省级人民政府明令关停、取缔和淘汰的落后生产能力、工艺设备、产品等排污单位，不得给予排污总量控制指标；

② 排污单位排放污染物必须满足国家和地方污染物排放标准，超过标准排放污染物的排污单位，首先要做到稳定达标排放各种污染物；

③ 总量控制的地区应确定排污总量控制指标，确定主要污染物的削减计划；

④ 所有建设项目的污染物排放指标必须纳入所在区域或流域的污染物排放总量控制计划；

⑤ 排污单位进行改制、改组或兼并后，其排污总量不得超过原指标值；对于分离出来的排污单位，其排污总量控制指标原则上应从原单位排污总量控制指标中划拨。

10.3.3　污染源监察的形式

1. 定期检查

重点污染源污染物种类多，成分复杂，排污量大，对辖区的环境影响较大，针对重点污染源的定期检查是有计划的监察措施，可督促排污单位采取有效的污染防治措施，实现达标排放，并逐步实现削减污染负荷的目的。

进行定期检查必须做好以下两方面工作：

（1）必须提前做好准备工作

了解和掌握污染源的生产工艺（例如工艺流程、主要化学反应过程及工艺技术指标）和关键产污设备、工艺的特点及基本情况（例如产污部位、产污种类和数量、排放方式和去向）、生产管理情况、污染治理设施的基本情况、环境影响等。此外，还应了解以往监察中记录的被监察对象的污染特征。据此预先拟定好现场检查的重点目标、步骤、路线，利于及时发现有关线索，掌握主要问题。

（2）预先通知排污单位

由于重点污染源检查时涉及的部门多、资料查看量大，并且须在正常生产情况下开展检查，因此事前应预先通知，要求企业保证正常生产，准备好相关资料（例如有关原材料使用记录、环境监测记录、主要产污设备和工艺的运行记录、污染防治设施的运行记录等）。要由了解情况的企业环境管理人员接待监察人员，以便在必要时提供有关的资料。

2. 定期巡查

巡查是根据辖区污染源分布情况，按一定的路线对各种污染源分片、定人、定职、定范围进行巡视检查。这种检查主要是查看污染源排污特征的变动情况（例如排污量变化大小、排放去向有无变化、排放规律有无变化等）。定期巡查重点是污染物排放与处理情况和有关环境敏感区的环境保护情况，一般有以下几种形式：

（1）重点污染源巡查

针对定期检查中发现的问题以及重点污染源的排污特征，定期复查和巡视检查其整改情况、排污变动情况等。

（2）一般污染源巡视

对一般污染源的排污口进行巡视检查，对水量、颜色、气味进行必要的简易测定，查看其水量、水质的变动情况；对烟囱排烟黑度进行测定，查看烟气污染状况，巡视废气的颜色、气味，大气环境表观特征等；查看工艺废气的排放情况；检测厂界噪声，确定噪声影响等。发现问题要深入排污单位内部追根溯源，视情况进行处理。

（3）废物倾倒巡视

一些排污单位无视环保法规，为了减少清运和处理费用，随意倾倒废渣、污泥、垃圾和废液等。要通过巡视及时发现废物倾倒行为，可根据发现的倾倒物的性状，通过分析、判断找出倾废嫌疑者，确认并给予处罚。

（4）重点保护区巡视

环境保护区对人类的生产和生活活动具有重要的作用，一旦破坏将会给社会经济造成严重影响，甚至产生社会不稳定因素。因此，必须制订计划、定期巡视这些环境敏感区的环境状况和保护情况，及时发现和纠正不法行为和倾向。

3. 定点观察

许多城市在适当位置设立固定观察点，采用望远镜或烟尘自动监视仪进行巡视，发现问题进行拍照或录像，通知现场监察人员及时赶赴现场取证处理。定点观察所监视的对象一般是各类烟囱或排气筒。观察点一般设在辖区较高的建筑物上，这样可以将所有的烟囱置于监视范围内，其优点是可以节约大量人力物力，并能进行连续监测，能够及时发现和纠正超标排放。

4. 不定期检查

一些违反环保法规的行为有时很难通过定期检查发现纠正，例如污染物偷排行为、环保设施擅自停运行为、稀释排污行为等。随着市场经济的发展，企业经营者往往采取非法手段，规避环境责任，以降低生产的成本，这就需要采取预先不通知的不定期的现场监察。不定期检查也要按计划进行，一般要根据社会经济发展情况、污染源的特征和环境管理的好坏、不同季节比较敏感的污染排放行为，例如冬季的烟尘排放、夏季生活污水和医院污水排放等，制定重点对象、重点污染物的不定期检查计划。不定期检查有以下几种类型：

（1）突击检查

对目标污染源进行不预先通知的检查，重点检查目标源的各类生产与环保记录和污染物处理及排放情况。

（2）临时性检查

临时性检查要做到迅速及时、技术手段完备，首先要尽快摸清情况，确定问题的性质，采取询查、调查监测等方法，及时获取各种证据，还要注意及时解决问题，不应置污染于不顾，一味地以处罚代替治理和恢复环境质量，即不仅要按法律规定对责任者进行处罚，更重要的是首先要令其及时改正和恢复自然环境状况，使污染危害不致扩大。

5. 特殊形式检查

（1）污染源执法检查

我国的法制建设还不十分完善，法治意识比较淡薄，几千年遗留下来的讲关系、讲人情、讲面子等“人治”思维定式依然起着不容忽视的作用。监察人员面对污染源的一些违法行为难以严格依法处罚，有时因社会关系例如领导“重经济轻环保”的意识、亲朋关系等不能顺利执法。对此，很多地方的环境监察部门采取有针对性的污染源执法大检查方法，由主抓环保的政府有关首长和环保局领导带队，以监察部门为主，检查重点污染源的执法情况。

（2）联片交叉监察

在污染源监察中，为了提高效率、便于管理，一般采取“分片监察、任务包干、责任到人、奖罚分明”的原则。为了互相学习、互相促进，并协助解决一些难点监察问题，可采取定期联片监察方法，即在辖区内将不同辖区的监察机构和监察人员混合编队，分别联合检查污染源的执法情况，亦即进行交叉监察。联片监察也含有稽查的内容，它有助于发现监察人员的违法行为，督促监察人员刻苦学习，提高自身素质，严格执法。

（3）特殊时段检查

一些违法排污单位为了逃避检查，往往利用特殊时段（节假日、夜间等监察人员休息的

时间）集中排污，为此必须加强节假日和夜间巡视检查。为了有效地发现违法行为，应在日常监察中注意搜集违法排污的线索。

（4）污染源监视

有些违法排污单位排污行为十分隐蔽和巧妙，不定期、时间短，很难查到。环境监察人员可采取长期蹲点办法，配以先进的技术手段，日夜监视，直到发现问题，立即派人进行现场取证。

（5）组织各部门进行联合执法检查

环保部门是环境执法的综合管理部门。环保法规赋予了环保部门统一监督管理职能，但还有些职能没有明确，有些处理权、监督权与其他执法部门相衔接，因此在环境污染源监察中可采取联合执法方法解决。具体做法是：由人大或环委会牵头，以环境监察队伍为主，组织公安、法院、交通、工商、城管等执法单位，联合行动，解决那些权限不清的环境污染行为。

10.3.4　污染源现场监察要点

1. 水污染源监察要点

水污染源排放造成的污染主要是水中污染物的排放总量。所有排污口必须达标排放，但废水量持续增加，污染物的排放总量也会增加，超过环境容量后会造成环境恶化。排污收费的推出将实施总量控制管理和总量收费，污染物排放浓度和排水量是关键数据。

（1）排水量的复核

各排污口须安装经国家认定的实时监控设备，要检查其是否正常运行，有流量计和污染源实时监控设备的要检查其运行记录，有给水计量装置的或有上水消耗凭证的，按排放计量数据计算。对于缺乏计量数据、排污者又不能提供有效的用水量凭证的，可参照国家有关标准、手册给出的同类企业工况条件的用水排水系数进行估算。

（2）排放的水质检查

检查排放的废水是否达标，一般应检查水质记录、监测数据，还要目测、观察排放的废水的表观性状有无异常。检查是否有人为稀释、偷排行为，如有异常可进行简易的现场测定，发现问题应及时通知监测部门采样分析。

（3）用水工艺和设备检查

检查是否采用了禁止和淘汰的工艺和设备，检查是否浪费水资源项目。

（4）检查是否向水体和地下排放有毒物质行为

（5）排水分流检查

排水分流应做到清污分流。

（6）废水处理检查

检查通过治理设施的水质状况，废水处理设施的运行状态、运行管理和处理效果等，以减少治理设施的负荷，减少废水排放。

（7）废水的重复利用情况

检查处理后的废水的回用情况。

2. 大气污染源监察要点

（1）燃料燃烧废气污染源监察要点

燃料燃烧废气污染源是大气污染源监察的主要对象，几乎所有排污单位都有燃烧废气、

烟尘和二氧化硫污染问题，主要由锅炉、炉窑或其他燃烧设备生产引起。其监察要点为：

① 检查燃烧设备

凡运行中的锅炉必须是由正式厂家生产的，并经劳动部门和环保部门审验合格的，在节能和环保各项指标上应达到国家有关要求。在投产前，须经环保部门验收，燃料种类、烟气黑度及防尘防噪设施必须合乎国家和当地的环保要求。

② 运行检查

检查排气口的林格曼黑度，分析黑度超标原因。检查炉灰与炉渣，若含碳量高则说明燃烧不完全，可在煤种、设备、操作等方面找原因。检查除尘设备，干法除尘要防止漏气或堵塞；湿法除尘要检查灰水的色泽与流量，流量太小是不正常的，无灰水说明不运行，并要检查灰水及灰渣的去向，防止二次污染。

③ 检查二氧化硫的控制

对开采含硫 1.5%以上的煤要求进行脱硫分选；城市用煤的含硫量应低于 1%；对大型燃烧设备要求有脱硫装置，改进燃烧设备和增设脱硫设备；不在城市附近新建燃煤电厂和其他大量排放二氧化硫的工业企业；两控区内的二氧化硫应逐步实行总量控制。

（2）工艺废气、粉尘和恶臭污染源监察要点

工艺废气排放的形式分为有组织排放和无组织排放两种。有组织排放容易计量和监控，无组织排放既不易计量，又不易监控。工艺废气监察的主要内容如下：

① 检查向大气排放含汞、铅、砷、氟、氯和硫化物等有毒物质的废气和粉尘，小型企业原则上不得从事有上述排污行为的生产和加工。

② 检查焦炉煤气、高炉煤气和稳定排放的煤矿瓦斯、合成氨等可燃性气体的回收利用情况，有条件的应限期回收利用并达标排放。

③ 检查屠宰、制革、炼胶、饲料加工、食品发酵、石油生产等向大气排放恶臭的污染程度及治理情况。

④ 检查燃烧沥青、油毡、橡胶、塑料、皮革、垃圾等有害烟尘和恶臭物质是否按规定的设备在指定的地点集中进行。

⑤ 检查可散发有毒、有害气体和粉尘的运输、装卸、贮存的环保防护措施。

⑥ 检查煤场、料场、货场的防扬尘措施。

（3）移动大气污染源的监察要点

移动大气污染源主要指机动车、船、飞机、火车等交通工具排放的尾气。移动污染源的环境监察当前主要指机动车（船）的尾气监察，要求尾气排放要达到国家规定的标准。

要对市区机动车的尾气实施监测，监测可分车辆初检时的尾气监测、年检时的尾气监测和路桩时的尾气监测。监测合格的车辆可发给尾气监测合格证，监测结果不达标的车辆征收排污费和停止运行。

（4）扬尘污染源的环境监察要点

扬尘污染源的环境监察主要检查堆料的扬尘和建筑生产过程中的扬尘，例如煤场、料场、货场、建筑工地及周围，要求货主设置防扬尘的设备，例如库房堆存、包装堆存，及时洒水喷淋或加以苫盖等。在粉状货物运输的过程中，凡有易扬散货物和建筑工地有篮土、灰沙的地方更要有防扬尘的措施，必要时可征收扬尘排污费促进治理。

《中华人民共和国大气污染防治法》明确规定：“在人口集中地区存放煤炭、煤矸石、煤渣、煤灰、砂石、灰土等物料，必须采取防燃、防尘措施，防止污染大气”，“运输、装卸、

贮存能够散发有毒有害气体或者粉尘物质的，必须采取密闭措施或者其他防护措施”，“在城市市区进行建设施工或者从事其他产生扬尘污染活动的单位，必须按照当地环境保护的规定，采取防治扬尘污染的措施”。

3. 固体废物环境监察要点

① 检查固体废物来源，了解生产工艺产生固体废物的种类、数量、产生规律、产生方式，严格控制危险废物。

② 检查固体废物的存放，防止二次污染，防止扬散、流失，防止污染地下水，防止无限期贮藏，防止发酵、自燃和放射性。

③ 检查固体废物的综合利用和无害化处置。

4. 噪声污染源监察要点

① 产噪设备检查

检查产噪设备是否为国家禁止生产、销售、进口、使用的淘汰产品。检查产噪设备的布局是否合理。

② 噪声控制设备使用检查

噪声控制设备常见有隔声罩、隔声门窗、消声器、隔振器及阻尼等。在现场监察中要注意检查噪声控制设备是否完好，是否按要求使用。

③ 交通噪声的检查

在确定的路段设置噪声监测点，随时监测或按规定频次监测，发现超过功能标准的要采取措施。可采取的措施有：加强车辆年审，加强城市交通管理（例如规定禁鸣路段、禁行车辆车种），采取防噪措施（例如高架路加防噪声墙）等。

④ 社会生活噪声的检查

噪声污染防治与人民群众生活息息相关，是最普惠民生福祉的组成部分，是生态文明建设的重要内容。为深入贯彻落实《中华人民共和国噪声污染防治法》，积极回应人民群众对优美环境的新要求新期待，生态环境部等部门联合发布了《关于印发〈“十四五”噪声污染防治行动计划〉的通知》（环大气〔2023〕1 号），对社会生活噪声等作明确规定。

10.4　污染防治设施环境监察

10.4.1　污染防治设施环境监察的含义

污染防治设施环境监察是指环境监察部门依据环境法规的有关规定，对排污单位按规定建设的污染防治设施的管理情况和运行情况进行现场监督检查，并依法对违反环保法规的行为进行处理的环境执法活动，是污染源监察的一部分。目的是为了保证污染防治设施正常运转并得到良好的管理，从而提高污染防治设备设施的完好率、运转率和达标率，提高环保投资效益，改善辖区的环境质量。

污染防治设施的管理是企业环境管理的核心内容。排污单位要达到达标排放污染物的目标，必须采取一些防治措施。为避免出现“宁交排污费，也不治理污染”的现象，需要环境监察部门大力加强污染防治设施的监察，正确运用“排污收费”这个经济手段，也要全面运用环保法规所赋予的权力，对严重违反有关污染防治设施管理与运转规定的依法给予罚款，

停产治理，限期治理乃至追究排污单位负责人行政责任等的环境行政处罚，切实保证污染防治设施的正常运转。2014年修订的《中华人民共和国环境保护法》的按日计罚、查封扣押、区域限批、公益诉讼、黑名单制度、行政拘留等规定十分严厉。

10.4.2 污染防治设施环境监察的一般方法

污染防治设施环境监察方法可采用污染源监察的方法，并应与污染源的监察同时进行，在此仅阐述污染防治设施现场监督检查的一些具体做法。

1. 常规监察方法

“听、问、查、看、测”是污染防治设施现场进行监察的常用方法。“听”是听取排污单位污染防治设施管理与操作人员的介绍；“问”是根据其介绍的情况、以往的监察问题和群众举报等，针对一些关键问题询问其解决的情况、目前的现状等，必要时要求其提供书面材料；“查”是指查阅生产记录、污染防治设施运行记录和监测数据，了解污染防治设施是否配套运行，运行是否正常，处理效果是否达标等；“看”是沿处理工艺路线进行实地查看，以发现存在的问题；“测”是进行必要的现场监测，可用配备的仪器进行监测，必要时可通知或委托环境监测机构进行现场采样、化验，做好记录，并要排污单位有关负责人认可签字。

2. 实时监察方法

污染防治设施的正常运转是一个连续的过程，为避免企业临时应付检查应急启用相关污染防治设施，可对重点污染源开展实时监控，在污染防治设施的一些关键部位安装自动监测设备（例如流量计、COD测量计等），控制设备与污染防治设施联动，随时记录、贮存监测到的数据信息。监察人员可以调取贮存的记录作为监察证据。

3. 污染防治设施管理情况检查

污染防治设施的安全运行离不开严格规范化的管理制度。应建立健全岗位责任制，运行操作规范，监测化验方法等规章制度。建立污染防治设施日常运行情况记录和设施台账，并按规定填报防治设施运行情况表。

污染防治设施必须纳入企业的正常管理，进行考核、维护、定期检修或更新。排污单位及其主管部门应当培训操作人员和管理人员，掌握污染防治设施的性能、操作规程和维修保养知识，保持人员的稳定性。

4. 污染防治设施的运转情况检查

污染防治设施运转情况，是设施监察的一项重要内容。设施是否正常运转，有无擅自停运或闲置环保设施、超标排放污染物等违法行为，只有通过对防治设施运转情况的现场检查，才能发现并予以纠正和处理，起到有效的督促作用。

污染防治设施运行情况监察主要包括：监控仪表装备情况、运转记录检查、运转效果现场检测、运行操作规范化检查、设施的维护检查和防止二次污染。

5. 污染防治设施的变动检查

污染防治设施是随着有污染的生产设施的建立而建立的。需要暂时运行、拆除或者闲置、改造、更新污染物处理设施的，应当提前向所在的环境保护部门申报，申明理由，环境保护部门接到申报后，应当在一个月内予以答复，逾期不答复的，视为认可。

污染防治设施因事故或其他特殊原因暂停运转，又无法提前申报的，排污单位除采取必要措施避免或减少污染损害外，应自停运之时起，24小时内向当地环境保护行政主管部门

报告情况，同时办理申报手续。停运后将使环境受到严重污染或对社会安全带来重大影响的重点生产设施，需相应停止运行或停止向环境排放，并通报可能受到污染危害的单位和居民，以减少污染危害和损失。

6. 污染防治设备和产品的检查

（1）污染防治产品规范化检查的主要内容

产品必须是经省、市级以上环保部门会同技术监督等部门鉴定为合格，并颁发准予销售使用证明的产品。产品的规格、型号须与相应的有污染的生产设施相匹配。产品生产厂家须经过省、市以上环保部门的质量认证和资格认证。

（2）污染防治设施的建设检查内容

① 执行“三同时”情况。

② 设计单位在进行环境污染治理工程设计及设备选型时，应当使用通过认证的并经过使用的技术先进、效益好、质量高的环境保护产品。

③ 承担环境污染治理工程设计任务的单位，必须持建设行政主管部门颁发的资格认定书，向环境保护行政主管部门申请办理环境污染治理环保设计资格证书，按照污染治理的有关规定，进行环境污染治理工程设计。

④ 环保补助资金使用情况。使用资金是否足额到位；单位配套资金是否落实到位；环保补助资金与单位配套资金比例是否符合要求。

（3）污染防治设施的竣工验收检查内容

① 设施建设完工情况，例如工程是否如期竣工并符合施工要求。

② 试运行情况，例如经试运行后，处理后的污染物排放浓度是否达到设计要求，是否符合国家或地方污染物排放标准；处理能力是否符合设计要求。

③ 资金使用情况，例如是否按设计比例使用环保补助资金和单位配套资金。经工程决算后，环保补助资金使用是否足额到位且无多报少用或只用环保补助资金而未使用单位配套资金，或只用单位配套资金而将环保补助资金挪作他用等现象。

7. 各类污染防治设施的监察要点

（1）水污染防治设施监察要点

① 计量设备与水量核定

水污染防治设施都是按一定的水量标准设计的，监察时应检查计量装置是否完备；核定设施处理水量与相应生产系统应处理量是否相符；若处理水量低于应处理水量，则检查企业剩余未处理废水的排放去向。

② 废水的分质管理

许多企业的生产过程中，各生产阶段废水中的污染物的种类和浓度常有很大差异，对其所排废水应进行分质管理，对有些废水还需采用预处理工艺，有利于废水处理设施的正常运行。

③ 水质核定

经取样监测，设施处理后的水质应达到国家或地方规定的污染物排放标准，主要污染因子的去除率应合格。

④ 污泥处理、处置

污泥是指工业废水处理过程中排出的固体沉淀物。废水处理过程中所产生的污泥很不稳定，需要及时处置的目的是使处理设施正常运行，有害的物质得到及时处置，有用的物质得

到利用，以便达到变害为利、综合利用、保护环境的目的。污泥处理、处置的方法有浓缩、脱水、干燥、焚烧等。若污泥未予及时处理而随处堆放，可产生二次污染。

⑤ 废水的重复利用

废水也是一种水资源。对企业而言，要节水减污，加强水的循环回用和重复利用。采用闭路循环等技术措施，也可以采取分类供水、多级用水、局部用水循环等措施，提高水重复利用率。这样，不仅减少了排污费还降低了企业生产成本。废水治理设施监察时，对废水经处理后重复利用的单位要加以鼓励；反之，则要加大监督力度，促进其提高废水重复利用率。

（2）大气污染防治设施监察要点

① 大气污染防治设施

大气污染防治设施主要包括：工业废气净化、回收设施；工业粉尘除尘设施；工业窑炉、电站锅炉消烟除尘设施；工业废气或工业粉尘综合利用设施等。

② 除尘系统检查

a. 除尘系统的有效性。主要指除尘系统的实际除尘效率。

b. 除尘器规格、型号、运行维护情况检查。除尘器的规格、型号因风量的变化对除尘效率有影响。所选的规格与需处理的风量相适应，所选的型号要合适，要选用较为先进并具有较高稳定性和实用性的除尘器。除尘器运行维护，例如要定时清灰，防止堵塞。排灰口不能漏气，排灰口的严密程度是保证除尘效率的重要因素。

c. 除尘废水、废渣处理检查。除尘设施在运行中所产生的废水、固体废物要妥善处理、处置，以防二次污染。

d. 烟气黑度测试。处理后的烟气黑度应达到国家或地方规定的排放标准。

③ 气态污染物净化系统检查

对于气态污染物，利用其不同的理化性质，常采用冷凝、吸收、吸附、燃烧、催化转化等方法进行净化处理，检查要点为：废气收集系统效果核查，产生的废水、固体废物处理情况检查和有毒气体处理排放情况检查。

（3）固体废物处理处置设施监察要点

固体废物处理处置设施一般包括：① 收集、贮存、运输、处置固体废物的设施、设备和场所，以及防扬散、防流失、防渗漏或者其他防止污染环境的措施；② 固体废物综合利用设施，工业和生活垃圾集中处理处置设施；③ 危险废物识别标志等。

危险性固体废物具有毒性、易燃性、腐蚀性、反应性等，不正确处置会造成大气、水体、土壤等的严重污染，因此对危险废物要检查其是否具有识别标志，检查在贮存、处置、运输中是否采取防护措施，检查危险废物管理制度包括监控系统是否健全。

（4）噪声防治设施监察要点

对噪声防治设施的现场要进行检测：检查噪声污染防治设施是否符合设计要求，对新建设施看其是否办理手续，是否经环保部门竣工验收；检查污染防治设施在管理上是否到位，有无擅自拆除或闲置现象；现场检测其噪声污染排放情况及防治效果：根据国家《工业企业厂界环境噪声排放标准》（GB 12348—2008）及《建筑施工场界环境噪声排放标准》（GB 12523—2011），进行现场监测，判断是否符合国家《工业企业厂界环境噪声排放标准》（GB 12348—2008）及《建筑施工场界环境噪声排放标准》（GB 12523—2011）的要求。

10.5　建设项目和限期治理项目环境监察

10.5.1　建设项目环境监察

1. 建设项目环境监察的含义

建设项目，包括新建、扩建、改建、技术改造的工业项目和非土地开发建设项目。对建设项目的环境管理是基于“预防为主”方针，在确定项目阶段要编制完成环境影响评价报告书，在设计阶段、施工阶段和竣工验收阶段实施“三同时”管理。将建设项目的环境保护管理纳入基本建设程序，保证建设项目的环境保护管理与建设项目的工程施工同时实施。建设项目环境影响评价与基本建设程序的结合，体现在基本建设程序的各个阶段。

环境监察机构在建设项目过程中要不断对该项目进行检查，具体落实环境管理各项措施，及时发现建设单位或施工单位的环境违法行为并予以处理处置。其主要内容包括：① 对建设项目执行环境影响评价制度情况的现场监察检查；② 对建设项目执行“三同时”制度情况的现场监督检查；③ 对建设施工现场环境进行监督检查。

建设项目环境管理是环境保护工作的一项重要内容，促进产业的合理布局和项目的优化选址，控制新污染源的产生和老污染源的治理，促进产业结构升级、调整和清洁生产的推行，保护生活环境和生态环境，提高了产业界人士环境意识。

2. 建设项目环境监察的要点

（1）认真清查辖区内建设项目，杜绝建设项目环境管理漏项、漏批、漏管对象

对辖区内发生情况不明的建设项目的实施要主动前去查询，查明该项目是否进行了环境影响评价、是否执行了“三同时”制度的审批，手续是否办齐全；看环保部门的审批意见是什么，审批的前提条件有没有，如果有，是什么，有无执行。对没有办理环境影响评价和“三同时”审批手续的建设项目，要立即制止施工，并及时向环境行政主管部门报告，等候决定。

（2）对已开工的建设项目会检查它的施工红线，是否与批准的位置一致，有无移动

已开工的建设项目包括建设性质、建设内容、建设规模、采用的设备和工艺、使用的原料有无重大改变。环境影响评价报告书中规定的环保措施是否落实，环保设施的资金安排、施工计划、设备订货是否到位。建设项目的实际内容与建设单位所申报的建设内容是否一致，有无虚报、瞒报、漏项或私改项目内容。发现施工行为与施工要求不一致的，应立即报告环境保护行政主管部门。

建设项目的环境监察频次，一般项目每月至少一次，重点项目要加密检查的次数。

（3）环境监察人员应参加建设项目的竣工验收活动

通过参加竣工验收，了解项目的详细情况，掌握该项目的环境优势和不足。对验收时提出的需进一步完善的内容，在以后进行现场监察时应给予特别的重视，监督其按时完成。

对工业、企业项目的关键部位、关键排放口严格验收。所有的排放口都要达到规范要求，否则不予验收。在项目试车阶段，环境监察就要同时进行，提出的环境监察报告是建设项目竣工验收的依据之一。建设项目竣工验收通过后，竣工验收清单副本要交给环境监察机构保存，以便今后查验。

（4）关注建设项目的生态环境问题

对区域性、流域性、资源开发和资源利用项目，生态建设项目，特别要做好环境影响评价工作。对项目的生态保护效果和生态破坏效应要特别注意。要关注该项目建设施工过程尽量减少对生态环境的破坏，如有破坏要限期恢复，严禁野蛮施工。

（5）对分散小型企业、乡镇企业建设项目的环境监察

检查实施的项目是否属于淘汰、限制、禁止的行业、工艺、设备，若属于应取缔的要坚决取缔。

（6）对居民区、小城区、农村环境的建设项目，“三产”项目，居民服务的项目，餐饮娱乐业等建设项目环境监察

如果对环境的影响很小，不需要环境影响报告书、报告表时，一定要填写环境影响登记表，将其纳入管理范围。其环境监察重点是防止生活环境的破坏和建设项目引发的环境纠纷，如有发现应及时纠正。

3. 建设项目环境违法行为的查处

依据《建设项目环境保护管理条例》的有关规定，建设项目环境违法行为的查处由负责审批该项目的环境影响报告书（表）的环境保护行政主管部门施行。环境监察部门要把建设项目的违法情况及时报告给环境保护行政主管部门，并在环境保护行政主管部门作出处罚决定后监督检查执行情况。

10.5.2 限期治理项目环境监察

1. 限期治理项目的定义

限期治理项目是指政府指定污染源在一定期限内完成污染治理任务的环保工程，它一般是环境污染严重、排污量大、群众反映强烈的污染源；或在特别保护区内与环境相悖又不能关、停、并、转的污染源；或法律法规规定必须实行限期治理的污染源。限期治理的项目具有法律强制性、有明确的时间要求、有具体的治理任务和指标要求以及明确的治理对象的特点。

限期治理项目的决定，应由有管辖权的人民政府决定或者由其委托的环境保护部门决定。

2. 限期治理项目违法行为的查处

限期治理制度是一项具有强制性的法律制度，要追究法律责任。

限期治理项目违法行为的认定有两个要素：一是预期，二是治理工程未完成，或已完成但环境目标没达到。

环境监察部门发现经限期治理逾期未完成治理任务的企事业单位，除依照国家规定加收超标准排污费外，应当报告环境保护行政主管部门根据所造成的危害后果处以罚款，或者由做出限期治理决定的人民政府责令停业、关闭。责令中央直接管辖的企事业单位的停业、关闭，需报国务院批注。

发现造成严重污染的企事业单位经限期治理，逾期未完成治理任务的，可以按照国家规定征收两倍以上的超标准排污费，并按上述程序报告环保主管部门和人民政府。根据所造成的危害和损失处以罚款，或者责令其停业或关闭。

限期治理项目的限期一般不得延长，特殊情况需要延长时，应报原决定机关批准。

习题与思考

1. 环境监察的含义和特点各是什么？
2. 环境监察的主要任务与职责是什么？
3. 环境监察的依据是什么？
4. 污染源监察的工作程序是什么？
5. 污染源监察的含义和一般内容是什么？
6. 污染源监察的形式是什么？
7. 污染源现场监察的要点是什么？
8. 污染防治设施环境监察的含义和一般方法是什么？
9. 建设项目环境监察的含义和监察要点是什么？
10. 限期治理项目环境监察的含义和违法查处的要点是什么？

参考文献

[1] 庞素艳，于彩莲，解磊．环境保护与可持续发展[M]. 北京：科学出版社，2022.

[2] 郭怀成，尚金城，张天柱，等．环境规划学[M].3 版．北京：高等教育出版社，2021.

[3] 叶文虎，张勇．环境管理学[M]. 3 版．北京：高等教育出版社，2022.

[4] 尚金城．环境规划与管理[M]. 北京：科学出版社，2020.

[5] 姚建．环境规划与管理[M]. 北京：化学工业出版社，2020.

[6] 任月明，刘婧媛．环境保护与可持续发展[M]. 北京：化学工业出版社，2020.

[7] 钱易，唐孝炎．环境保护与可持续发展[M]. 北京：高等教育出版社，2000.

[8] 王东阳，刘瑞娜，李永峰．基础环境管理学[M]. 哈尔滨：哈尔滨工业大学出版社，2018.

[9] 中国政府网．中共中央国务院关于全面加强生态环境保护，坚决打好污染防治攻坚战的意见[EB/OL].(2018-06-24)[2023-03-26]. http：//www.mee.gov.cn/zcwj/zyygwj/201912/t20191225_751571.shtml.

[10] 《管理学》编写组．管理学[M]. 北京：高等教育出版社，2019.

[11] 邢以群．管理学[M].5 版．杭州：浙江大学出版社，2019.

[12] 周三多，陈传明，刘子馨，等．管理学：原理与方法[M].7 版．上海：复旦大学出版社，2018.

[13] 赵腊平．"两山"理论的历史、理论和现实逻辑：写在习近平总书记提出"两山"理论十五周年之际[EB/OL].(2020-08-16)[2023-03-28]. http：//www.mnr.gov.cn/zt/zh/xjpstwmsx/zypl_36556/202008/t20200816_2542131.html.

[14] 董战峰，郝青旭，李红祥，等．环境绩效评估与管理中国的探索与创新[M]. 北京：中国环境出版集团，2018.

[15] 邓南圣，王小兵．生命周期评价[M]. 北京：化学工业出版社，2000.

[16] 中国环境报社．迈向 21 世纪：联合国环境与发展大会文献汇编[M]. 北京：中国环境科学出版社，1992.

[17] 张璐．环境与资源保护法学[M].3 版．北京：北京大学出版社，2018.

[18] 张承中．环境规划与管理[M]. 北京：高等教育出版社，2007.

[19] 环境保护部科技标准司．中国环境保护标准全书[M]. 北京：中国环境科学出版社，2013.

[20] 杨晓华，刘瑞民，曾勇．新世纪高等教材·环境科学与工程系列教材：环境统计分析[M]. 北京：北京师范大学出版社，2008.

[21] 曾向阳，闫靓，陈克安．环境信息系统[M]. 北京：科学出版社，2022.

[22] 刘利，潘伟斌，李雅．环境规划与管理[M].2 版．北京：化学工业出版社，2013.

[23] 孟伟庆．环境规划与管理[M].2 版．北京：化学工业出版社，2022.

[24] 姚建．环境规划与管理[M].2 版．北京：化学工业出版社，2019.

[25] 李天昕．环境规划与管理实务[M]. 北京：冶金工业出版社，2014.
[26] 郭福利，马歆．循环经济理论与实践[M]. 北京：中国经济出版社，2018.
[27] 杨雪锋．循环经济学概论[M]. 北京：首都经济贸易大学出版社，2009.
[28] 王岩．循环经济的经济学理论基础研究[M]. 北京：经济科学出版社，2020.
[29] 刘建翠．循环经济的协同效应研究[M]. 北京：经济管理出版社，2014.
[30] 袁长祥．用能产品生态设计实用指南[M]. 北京：中国标准出版社，2009.
[31] 中国环境出版社．环境标志产品技术要求[M]. 北京：中国环境出版社，2014.
[32] 董战峰，袁增伟，郝春旭，等. 城市环境绩效评估方法与实证研究[M]. 北京：中国环境出版集团，2018.
[33] 杨永杰．环境保护与清洁生产 [M]. 3 版．北京：化学工业出版社，2017.
[34] 李健．循环经济[M]. 北京：化学工业出版社，2016.
[35] 陈莎，刘尊文．生命周期评价与Ⅲ型环境标志认证[M]. 北京：中国标准出版社，2000.
[36] 汪光焘，焦舰，包延慧，等．城市生态建设环境绩效评估导则技术指南[M]. 北京：中国建筑工业出版社，2016.
[37] 曲向荣．清洁生产与循环经济[M]. 2 版．北京：清华大学出版社，2021.
[38] 曹国志，赵学涛，李万新，等．环境绩效评估：理论与方法[M]. 北京：中国环境出版社，2015.
[39] 赵耿毅．环境绩效审计实务指南[M]. 北京：中国时代经济出版社，2010.
[40] 黄磊，汤瑶，张德强．环保管家工作技术手册[M]. 北京：化学工业出版社，2020.
[41] 雷兆武，薛冰，王洪涛．清洁生产与循环经济[M]. 北京：化学工业出版社，2017.
[42] 谢海燕．企业循环经济模式研究[M]. 北京：中国财政经济出版社，2020.
[43] 国家统计局. 中华人民共和国 2022 年国民经济和社会发展统计公报[EB/OL]. (2023-02-28)[2023-03-27]. http://www.stats.gov.cn/sj/zxfb/202302/t20230228_1919011.html.
[44] 贵州省电力商会. 中电联发布：中国电力行业年度发展报告 2022[EB/OL]. (2022-07-11)[2023-03-25]. https://mp.weixin.qq.com/s?__biz=MzIwMDU1MDM1NA==&mid=2247485015&idx=1&sn=8392856ad984de0f385619c649ef8e56&chksm=96fa34eaa18dbdfc40596b195ba8e9b6f75a228cd2028173c55f08ce3e66fe5d356e62764d12&scene=27.
[45] 中华人民共和国中央人民政府. 国务院关于印发："十四五"节能减排综合工作方案的通知[EB/OL]. (2021-12-28)[2023-03-28]. http://www.gov.cn/gongbao/content/2022/content_5674299.htm.
[46] 中华人民共和国中央人民政府. 碳排放权交易管理办法(试行)[EB/OL]. (2020-12-31)[2023-02-28]. http://www.gov.cn/zhengce/zhengceku/2021-01/06/content_5577360.htm.
[47] 中华人民共和国生态环境部. 关于发布：火电厂污染防治技术政策的公告[EB/OL]. (2017-01-11)[2023-02-15]. https://www.mee.gov.cn/gkml/hbb/bgg/201701/t20170117_394809.htm.
[48] 国家能源局. 国务院办公厅转发国家发展改革委国家能源局关于促进新时代新能源高

质量发展实施方案的通知[EB/OL]. (2022-05-14)[2023-02-18]. http://zfxxgk.nea.gov.cn/2022-05/30/c_1310608539.htm.

[49] 中国铁合金网. 生态环境部发布：2020年度钢铁行业环境评估报告[EB/OL]. (2021-10-19)[2023-03-18]. http://www.ferro-alloys.cn/News/Details/304912.

[50] 中华人民共和国中央人民政府. 国务院关于印发：中国制造2025的通知[EB/OL]. (2015-05-08)[2023-04-18]. http://www.gov.cn/zhengce/content/2015-05/19/content_9784.htm.

[51] 中华人民共和国生态环境部. 关于推进实施钢铁行业超低排放的意见[EB/OL]. (2019-04-28)[2023-04-27]. https://www.mee.gov.cn/xxgk2018/xxgk/xxgk03/201904/t20190429_701463.html.

[52] 刘令传. 我国钢铁工业固废综合利用产业发展现状及建议[J]. 中国资源综合利用，2021，39(01)：113-116.

[53] 徐娟. 化工生产废水环保处理方法研究[J]. 资源节约与环保，2020(09)：111-112.

[54] 中华人民共和国生态环境部. 2021年中国生态环境统计年报[EB/OL]. (2023-01-18)[2023-03-27]. https://www.mee.gov.cn/hjzl/sthjzk/sthjtjnb/202301/t20230118_1013682.shtml.

[55] 中华人民共和国生态环境部. 专家解读丨严格落实新污染物治理行动方案 加快推进石化化工行业绿色发展[EB/OL]. (2022-07-17)[2023-02-27]. https://www.mee.gov.cn/zcwj/zcjd/202207/t20220717_988844.shtml.

[56] 许红霞，苏艺，翟圣佳，等. 我国水泥行业发展存在的问题及环保对策建议[J]. 环境保护科学，2013，39(03)：72-75.

[57] 李琛. 水泥产业政策解析和趋势[J]. 中国水泥，2020(12)：16-19.